日本옴사・성안당공동출간

풍력 에너지 기초

Ushiyama Izumi(牛山 泉) 편저 / 김필호 역

wind energy

BM 성안당

日本옴사・성안당공동출간

풍력에너지 기초

Original Japanese edition
Fuuryoku Energy no Kiso
By Izumi Ushiyama
Copyright © 2005 by Izumi Ushiyama
Published by Ohmsha, Ltd.

This Korean Language edition co-published by Ohmsha, Ltd. and SEONG AN
DANG Publishing Co.
Copyright © 2013
All rights reserved.

지구환경문제에 관심이 높아짐에 따라 화석연료를 소비하지 않고 온실효과가스를 거의 발생시키지 않는 태양광이나 풍력 등의 재생가능 에너지가 주목받고 있다. 특히 풍력발전은 1990년대 이후 세계적으로 매우 활발하게 행해지게 되어 금세기 중반에는 가장 유력한 에너지원의 하나로 성장하게 되었다.

이와 같은 배경에서 풍력발전의 선진국에서는 우수한 풍력에너지의 참고서가 많이 출판되고 있다. 일본에서도 근년 몇 개의 풍력에너지에 관한 저작물이 나타나고 있지만, 풍력발전에 관련한 공학적인 지식을 실제의 설계나 발전사업에 역할을 해낼 때에 충분한 정보가 입수되었다고는 할 수 없었다. 그래서 이 책은 풍력에너지에 관한 기초지식을 전반에 걸쳐 알기 쉽게 정리하였으며, 풍차 설계의 실무에 종사하는 사람들이나 풍력발전의 설치나 발전사업을 행하는 입장의 사람들에게 다리 역할을 하는 것을 목표로 하고 있다. 그래서 바람, 풍력에너지, 풍차설계, 풍력발전, 풍력양수, 제어 등의 기술적인 측면뿐만 아니라 경제적 측면이나 환경면에서도 언급하고 있다.

이 책은 전체 11장으로 구성되어 있다. 제 1장에서는 환경문제와 그 해결에 기여하는 풍력발전부터 해설하였고, 제 2장에서는 고전풍차의 메커니즘이나 풍력발전의 왕국 덴마크를 중심으로 하는 역사와 일본의 알려지지 않은 풍력발전의 역사를 조명하였다. 제 3장과 제 4장은 현재 일본 풍력발전의 실무자의 기초가 되는 독립법인 신 에너지 산업기술 종합개발기구(NEDO)의 가이드북의 당해부분을 소개하였고, 제 5장부터 제 7장까지는 풍차의 기초와 풍차의 공기역학, 구조역학 및 발전기의 설계, 그리고 제어의 사고방식 등에 대해서 자세하게 서술하고 있다. 제 8장은 풍력발전의 계통연계, 독립 전원으로서의 소형풍차 시스템, 그리고 풍력양수 시스템에 대해서, 제 9장은 풍력발전의 경제성에 대해서 구체적으로 설명했다. 그리고 제 10장에서는 버드 스트라이크 등을 필두로 하는 풍력이용에 있어서의 환경문제에 대해서 검토했다. 마지막으로 제 11장에는 풍력에너지의 장래전망으로서 해상풍력발전이나 적정기술적 관점에서의 풍력에 의한 개발도상국 원조, 그리고 세계의 풍력을 리드하는 컨셉인 "윈드포스 12"에 대해서 서술하고 있다.

그러므로 이 책은 에너지 관련 분야의 고등학생, 대학생, 대학원생부터 기업, 연구기관 등의 젊은 연구자, 기술자, 경영관리부문의 실무자, 그리고 자치체의 기획정책 담당자 등 폭넓은 독자층을 상정하고 있다.

또한 이 책의 집필에 있어서는 저자가 위원장과 위원을 맡고 있는 NEDO나 신 에너지 재단(NEF)의 풍력위원회에 있어서의 대학, 기업, 행정의 분야에 걸친 많은 위원 여러 분으로부터 유익한 지적을 받았다.

특히 제 3장 및 제 4장은 저자도 협력한 NEDO의 「풍력발전도입 가이드북(2005년판)」 및 NEF의 「풍력발전도입 촉진검토의 안내서(2005년판)」에서 그 소개도 겸해서 많은 것을 인용하고 있다. 또한 제 6장의 구조설계에 대해서는 저자의 아시카가 공업대학 동료이며 구조역학의 전문가인 나카죠 유이치 교수에게 많은 도움을 받았으며, 일본형 풍력발전 시스템에 대해서는 후지중공업 주식회사 풍력발전 프로젝트의 에이노 테츠 부장의 논문을 인용하였다. 또한 제 9장의 풍력발전의 경제성에 관해서는 그린전력인증기구에서 함께 인증위원을 맡고 있는 환경정책연구소의 이이다 테츠야 소장에게 많은 훈시를 받았다.

이 책은 이렇게 많은 분들과 참고문헌에 제시된 많은 서적과 논문의 저자들에게 맡겨진 바가 크다. 저자는 그것들을 정리하는 역할과 소개자의 역할을 하는 것에 불과하다. 여기에서 이 모든 분들에게 깊은 감사의 말을 전하고 싶다. 또한 이 책의 도표의 작성에 협력해준 아시카가 공업대학 종합연구센터에서의 저자의 동료인 니시자와 요시후미씨, 그리고 출판에 있어서 적극적으로 격려해 준 옴사의 많은 분들에게도 마음으로부터 감사의 말을 전하고 싶다.

이 책이 풍력에너지 이용에 관심을 가진 여러분들에게 조금이라도 도움이 되기를 바란다.

우시야마 이즈미(Ushiyama Izumi)

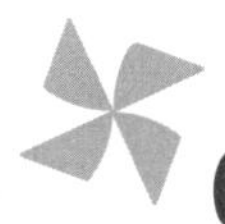

01
지금 왜 풍력 발전인가?

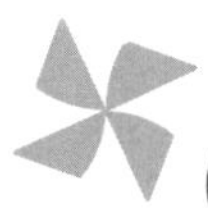

02
고전적 풍차에서 풍력 터빈으로

목차

03
에너지원으로서의 바람

04
풍력 발전의 도입 계획과 설치의 이치

05
풍차의 기초 지식

06
풍차 설계의 기초 지식

07
풍차 시스템 제어

지금 왜
풍력 발전인가?

지구 환경 문제

세계의 인구는 연간 9,400만 명의 비율로 계속해서 증가하고 있으며, 특히 현저하게 인구가 증가하고 있는 곳은 개발도상국이다. 국제연합의 인구 추산에 의하면 2010년 현재 지구상의 인구는 68억 명, 이것이 2025년에는 85억 명, 그리고 2050년에는 100억 명에 달할 것이라 예측하고 있다. 일반적인 사회 현상에서 장래를 예측하는 데 어려운 점이 많고, 정확한 예측은 기대할 수 없지만 인구에 관해서는 예측과 현실이 비교적 잘 일치하고 있다. 이와 같은 인구의 증가는 음식물과 에너지 수요의 증가를 의미한다. 그리고 사람들의 물질적 풍요로움과 생활의 쾌적함을 추구하는 요구는 에너지 소비를 더욱더 가속화시키게 된다.

에너지 자원이 무한하다면 고갈될 걱정이 없겠지만, 그러나 자원은 유한하므로 언젠가는 고갈되는 날이 올 것이다. 특히, 세계 에너지 수요의 90%를 차지하고 있는 화석 연료, 그 중에서도 석유나 천연가스와 같은 양질의 화석 연료의 매장량은 풍부하지 않다. 또한, 화석 연료의 대량 소비로 지구 온난화나 산성비, 혹은 생태계가 파괴되는 등 환경 문제가 차례로 부각되고 있다. 이대로 있으면 문제가 심각해질 것이다. 지금까지와 같이 대량의 에너지를 소비하지 않고는 발전할 수 없는 사회가 아닌, 적절한 에너지 소비로 지속 가능한 발전을 기대할 수 있는 사회를 구축해 나가야 된다.

그림 1.1 >>>

세계 인구, 경제 성장, 음식물 생산, 에너지 소비량의 추이

(출처 : 국제연합 통계 등)

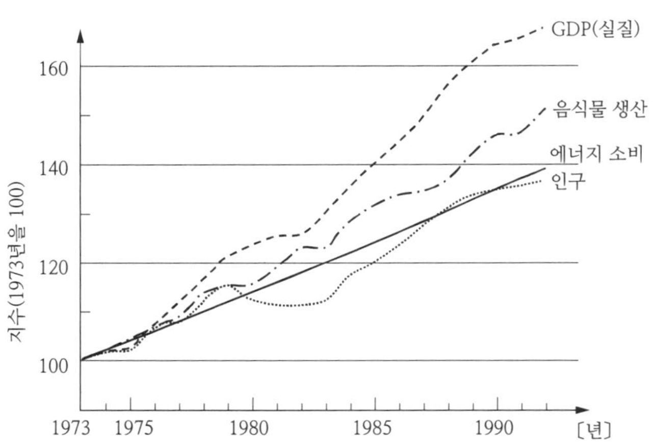

　그림 1.1에 20세기 마지막 4반세기 동안의 세계 인구, 국내 총 생산 (GDP), 음식물 생산, 에너지 소비의 추이를 나타냈는데 전부 상승하고 확대되어 가고 있다는 것을 알 수 있다. 그동안 세계의 GDP는 70% 증가, 음식물 생산은 50%나 증가하였다. 에너지 소비도 1970년대의 두 번에 걸친 석유파동이 있었음에도 불구하고, 그 증가 비율은 인구 증가와 거의 같은 40%에 가까운 수치이다. 이와 같은 상승 추세의 확대 기조가 언제까지나 지속될 수 없다는 것은 누구라도 알 수 있을 것이다.[1]

　또, 인류의 경제 활동과 에너지 소비 간에는 밀접한 불가분의 관계가 있어, 일정한 경제 성장을 거두기 위해서는 에너지 소비의 증대가 꼭 필요하다. 게다가 현재는 1차 에너지의 대부분을 화석 연료에 의존하고 있기 때문에 화석 연료의 연소로 발생하는 이산화탄소는 에너지 소비의 증가에 따라 그 배출량도 증가하며 지구 온난화를 부추기게 된다. 세계의 화석 연료의 소비량이 증가하는 모습은 **그림** 1.2(a), 대기 중의 이산화탄소의 농도가 변화하는 모습은 **그림** 1.2(b)와 같고, 화석 연료의 소비가 증가하고 대기 중의 이산화탄소 농도가 증가하는 그 사이에는 아주 밀접한 상관성이 있음을 알 수 있다.

그림 1.2 >>>
화석 연료의 소비와
이산화탄소 농도의 상관성

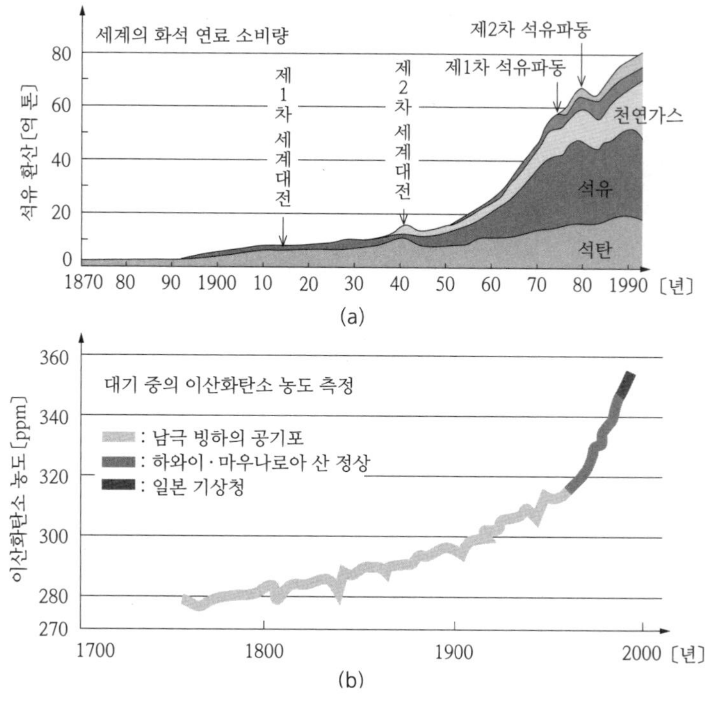

화석 연료의 고갈

1970년대의 두 번에 걸친 석유파동 이후에 세계 경제의 석유 의존도가 심각한 문제로 대두되었다. 게다가 1990년의 걸프전이나 2003년 이후의 이라크 분쟁은 석유 자원의 중동 편재가 가지는 의미를 새롭게 인식시켰다고 볼 수 있다.

인류는 처음에 음식을 조리하거나 보온을 위한 열원으로 장작, 목탄 등을 사용하였고, 농경, 관개, 탈곡, 제분, 운반용 등의 동력원으로 인력부터 시작해서 소와 말 등의 축력, 풍력이나 수력 등의 자연력을 오랫동안 사용해 왔다. 화석 연료를 본격적으로 사용하게 된 것은 18세기 후반 증기 기관의 발명으로 제1차 산업 혁명이 일어나 석탄을 대량으로 사용하게 된 이후부터이다. 그리고 19세기가 되면서 발전기와 전동기가 발명되어 수력과 증기 기관을 구동력으로 하는 전기 에너지도 널리 사용되게 되었다.

석유의 존재는 오래 전부터 알려졌지만 본격적으로 사용하게 된 것은 조명용 석유 램프를 발명한 이후부터이다. 특히 19세기 말에 가솔린 엔진이 발명된 이후 자동차가 대중화되면서 석유의 소비는 가속화되었다. 항공기의 연료를 포함하여 20세기의 수송용 연료로는 실질적으로 석유를 대체할 만한 것이 없었기 때문이다.

인류가 지금까지 소비한 에너지량은 석유가 5,600억 배럴, 천연가스가 40조 m³ 정도로 계산되고 있다. 인류의 탄생 이래, 산업 혁명 전인 1850년경까지 소비한 에너지 소비량은 1850년부터 1950년까지 100년간 소비된 에너지량의 겨우 2배에 지나지 않는다. 더욱이 그 후의 20세기 후반 에너지량의 그래프는 계속 증가하고 있고, 화석 연료 자원의 고갈과 그 연소에 따른 환경 문제는 21세기로 미룬 최대의 과제 중 하나라 할 수 있다.

그렇다면 세계의 에너지 자원량은 어느 정도 남아 있는 것일까? 지하의 자원 매장량을 실제로 조사하는 데는 물리적 · 경제적인 제약이 크고, 그 평가는 탐광(探鑛) 개발의 실적 등에 의한 통계적 방법에 의지할 수밖에 없는데다가 기술 조건, 경제 조건 등 여러 변동적인 요소가 있다. 따라서 조사 결과마다 상당한 차이가 있는 실정인데 **표 1.1**은 일본 자원 에너지청에 따른 세계의 에너지 자원 매장량의 개요이다.[2]

구분	석유	천연가스	석탄	우라늄
궁극 매장량	2조 배럴	204조 ㎥	8.4조 톤 (5.5조 톤)	자세하지 않음
확인 매장량(R)	9,074억 배럴 (1988년 말)	112조 ㎥ (1988년 말)	1조 3,113억 톤 (1조 755억 톤) (1987년 말)	230만 톤 (162만 톤) (1988년 1월)
연생산량(P)	211억 배럴 (1988)	2조 100억 ㎥ (1988)	32.8억 톤 (1987)	3.7만 톤
가채년수(R/P)	43년	56년	328년	63년

또, 세계적인 석유 회사인 쉘 정유사는 **그림 1.3**과 같은 에너지 자원의 예측을 발표하였다. 이에 따르면 석탄은 물론, 석유도 쇠퇴기에 들어서 있고, 현재 증가하고 있는 것은 천연가스와 재생 가능 에너지이다. 그러나 천연가스도 2030년경부터 쇠퇴기에 들어서게 될 것이기 때문에 유일하게 남아 있는 것은 풍력과 태양광 등 재생 가능 에너지뿐이다. 이것은 석유 회사 자신의 표명이기 때문에 화석 연료로부터 재생 가능 에너지로의 원활한 이행을 생각해 두어야 한다.

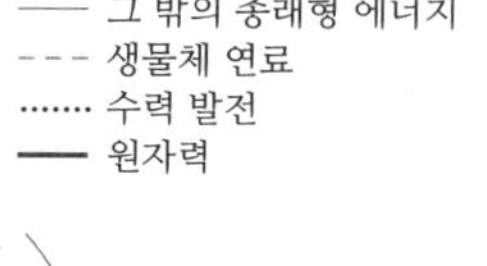

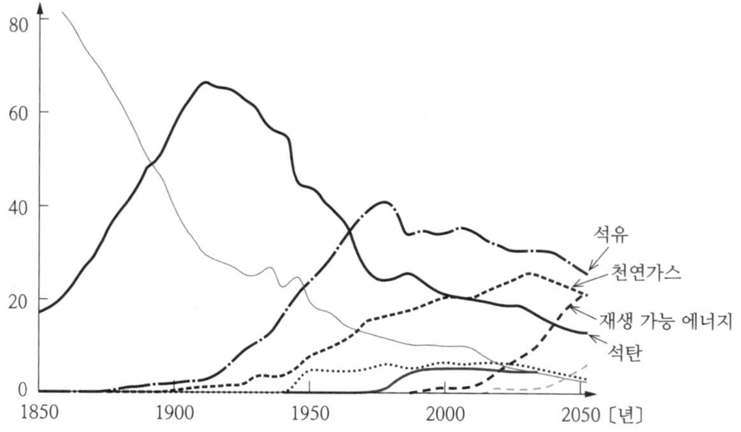

03 트라이렘마(trilemma)의 해결

향후 세계적인 인구 증가를 지탱하기 위해서는 경제(Economy)가 반드시 발전해야 하고, 이를 위해서는 에너지(Energy) 소비의 증대가 따르며, 그에 따라 필연적으로 환경 문제(Environment)가 발생하게 된다. 즉, 경제 성장을 위해서는 에너지·자원을 대량으로 소비해야 하므로 그로 인해 지구 환경이 악화되기 시작하는 복잡한 인과관계가 계속해서 생긴다.

이 '경제 발전', '자원·에너지 확보', '지구 환경 보전'은 서로를 제약하는 딜레마가 아닌 트라이렘마의 관계이며, **그림 1.4**가 이들 3가지의 E의 관계를 나타내고 있다.

그렇다면 이대로 인류는 위기 상황에 빠질 것인가? 앉아서 죽음을 기다리는 수밖에 없는 것일까? 그 유일한 해결책은 지구 환경 문제를 일으키는 에너지의 소비를, 특히 화석 연료 자원을, 환경 문제를 일으키지 않는 풍력과 태양광 등 재생 가능한 에너지로 전환하는 것이다.

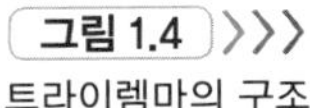

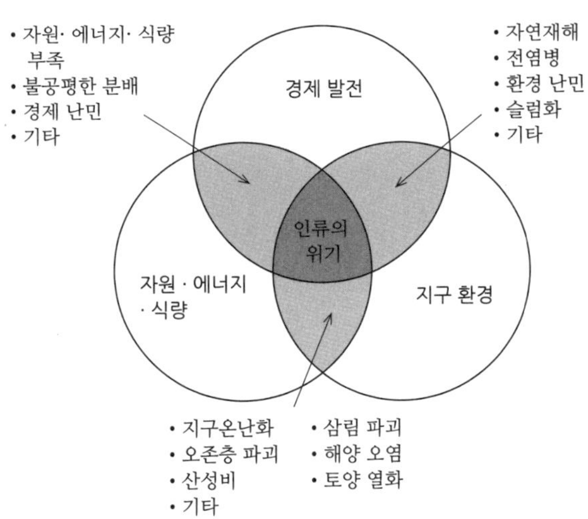

그림 1.4 >>> 트라이렘마의 구조

또, 이와 같은 패러다임의 전환이 이루어지지 않는다면 인류에게 지속 가능한 미래는 열리지 않을 것이다. 재생 가능 에너지로 트라이렘마를 극복하는 것이 21세기를 사는 우리에게 주어진 가장 중요한 과제이다.[1]

04 풍력 발전의 공헌

기존의 화력 발전에 비해 풍력 발전과 태양광 발전 등 재생 가능 에너지로 인한 발전 시스템이 환경 부하, 특히 이산화탄소 배출량이 적다는 것은 많이 알려져 있다. 여기에서 각종 발전 시스템의 이산화탄소 배출량을 비교하면 **그림 1.5**와 같다. 이 그래프가 뚜렷이 보여 주듯이 풍력 발전 등 재생 가능 에너지는 설비·운용에 있어서 아주 적은 이산화탄소만 발생시켜 화력 발전의 경우처럼 화석 연료로 인한 이산화탄소의 발생이 전혀 없다는 것이 큰 특징이다.

그림 1.5 >>>
각종 발전 시스템의
이산화탄소 배출량

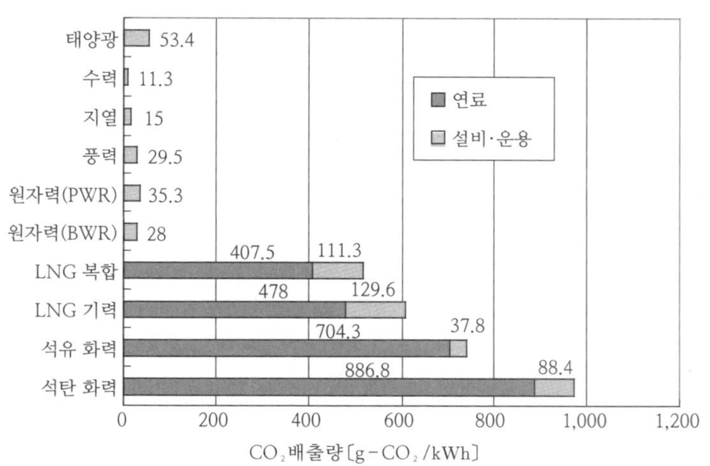

한편, 원자력 발전은 발전 시에는 이산화탄소가 발생하지 않지만, 핵연료 제조와 사용 후 폐기물을 장기 보관하는데 계속 냉각하기 위해서는 이산화탄소의 발생이 있어, 방사능 폐기물의 배출은 이산화탄소와는 차원이 다른 큰 환경 부하 인자라는 점도 논할 필요가 없다. 또, **표 1.2**는 정부의 목표값인 2010년에 풍력 발전을 300만 kW 도입할 경우의 이산화탄소 배출 삭감량을 시산한 것이다. 여기에서는 600kW 풍차를 연평균 6m/s인 장소에 설치한 경우에 연간 발전량을 1,090MWh로 가정하고 있다.

풍력 발전 시스템 도입 목표	대체되는 화력 발전 (2010년도 목표 비율)	풍력 발전에 따른 억제량 〔백만 kWh/년〕	CO_2 삭감 단가 〔g-CO_2/kWh〕	CO_2 배출 삭감량 〔천t-CO_2/년〕
300만 kW (2010년도 목표)	석탄 (25%)	1,362.5	945.7	1,289
	석유 (32%)	1,774.0	712.6	1,243
	LNG (43%)	2,343.5	533.7	1,251
	합계 (100%)	5,480.0	–	3,783

게다가 그 에너지 시스템이 에너지 수지라는 관점에서 보았을 때 건전한 것인지 아닌지도 중요한 평가 기준이 된다. 어떤 에너지 시스템을 평가할 경우, 연료 등 직접 필요한 에너지 외에도 여러 가지 형태로 에너지가 필요해진다. 이를 통틀어 간접 에너지라 한다. 그리고 이 간접 에너지가 얼마만큼 그 배후에 숨어 있는지를 고려해야 한다. 이를 분석하는 것이 이른바 에너지 분석이다.

이 사고방식은 1930년대에 미국에서 번성한 기술주의적인 사회 경제 사상을 배경으로 하워드 스콧이 제안하였다. 그러나 당시에는 세간의 인정을 받지 못하였고 1970년대가 되어 영국의 챔프만 교수 등에 의해 '제품과 서비스가 그것이 실용화 되기까지 투입된 모든 에너지량'을 의미하는 에너지 비용이라는 개념이 정착하게 되었다.[3]

에너지 수지 분석은 크게 나누면 산업관련표와 프로세스법의 두 가지가 있다. 일반적으로 산업 부문이나 평균적인 재(財) · 서비스의 에너지 수지를 계산하는 데는 산업연관표, 각각의 제품과 기술을 평가하는 데는 프로세스법이 적당하다고 여겨지고 있다. 또한, 발전 시스템과 같은 사회 인프라는 일반 제품과 다르게 검토 범위도 매우 복잡해진다. 검토 대상에 발전 설비뿐만 아니라 연료의 채굴, 변환, 수송, 그리고 발전, 송전, 변전, 배전이라는 전력 수송 설비도 포함된다.

발전 시스템의 에너지 수지 분석은 그 계산 방법에 따라 에너지 수지비(比)와 정미(正味) 에너지 수지, 이 두 종류로 분류된다. 에너지 수지비는 설비의 건설이나 운전으로 스스로 소비하는 에너지에 비해 발전 에너지가 몇 배가 될 것인가를 나타내어 주는 지표로, 그 수치가 클수록 효율적인 에너지 생산 시스템이라는 것을 의미한다. 예로, **그림 1.6**에 각종 발전 시스템의 에너지 수지비를 나타내었다. 이 수치를 보면 수력 발전이

가장 우수하고 풍력 발전이 그다음, 종래형 화력 발전과 원자력 발전은
에너지 수지비가 5 정도에 지나지 않음을 알 수 있다.[4]

이와 같이 에너지 수지비가 큰 풍력 발전은 건전하고 효율적인 에너지
생산 시스템이기 때문에 이후 더욱 적극적으로 도입을 추진해야 한다.

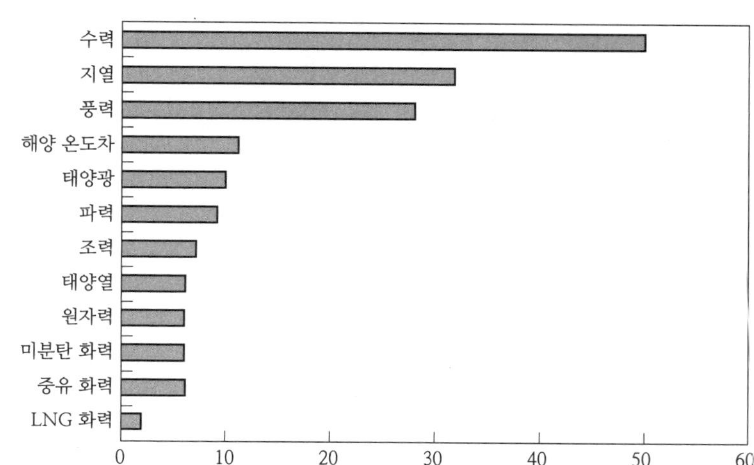

그림 1.6 〉〉〉
각종 에너지 시스템의
에너지 수지비

고전적 풍차에서 풍력 터빈으로

최근 풍력 에너지를 이용하는 것에 많이 주목하고 있다. 최근 풍력 이용의 주류는 풍력 발전이지만 유럽의 여러 나라에서는 700년간 풍력을 이용한 역사가 있고, 다방면에 걸쳐 이용해 왔다. 풍차의 나라 네덜란드에서는 19세기 말 최고 전성기에는 1만 대 이상의 풍차를 이용했고, 현재에도 300대 정도는 양호한 상태로 보존되어 교육이나 관광을 목적으로 시험 운전을 하고 있다. 영국에도 수백 대 규모의 고전적 풍차가 보존되어 있다. 게다가 그리스 등 지중해 연안의 나라에서도 네덜란드나 영국보다 역사가 오래된 풍차가 남아 있다.

이들 풍차에 사용되고 있는 각종 기구는 매우 정교한 것으로, 그 후의 동력 공학이나 기계 공학에도 큰 영향을 미치고 있다. 여기에서는 선인들의 지혜의 진수라고도 할 수 있는 고전적 풍차의 메커니즘에 대해 알아본다.

01 고전적 풍차의 메커니즘

1.1 네덜란드형 풍차의 날개

네덜란드 풍차를 비롯하여 유럽 풍차의 날개 매수는 4매인 것이 압도적으로 많다. 날개 매수는 풍차의 회전 속도와 관계되는데 적을수록 회전 속도가 빠르고, 많으면 기동 특성은 좋지만 회전수는 증가하지 않는다. 드물게 2매나 5매, 6매의 날개도 존재하지만 제분이나 양수에는 날개가 4매인 것이 적당한 회전 속도를 내고, 제작도 용이하며, 균형도 잡기 쉽다. 더욱이 유럽인의 잠재의식 속에 있는 기독교의 십자가도 4매의 날개를 선택하게 한 원인이라 할 수 있다.

이 4매의 날개는 짧은 각기둥을 전후로 직교한 형태의 주철제 허브에 날개형(桁)을 통해 결합되어 있다. 이것으로 풍차 로터의 원심 하중을 지지하기 위해서 쐐기와 볼트로 느슨해지지 않고 뽑히지 않도록 정성을 다하여 설계하였다. 날개형에는 직교하는 횡봉(橫棒)을 다수 관통시켜 전연(前緣)과 후연(後緣)을 따라 연재(緣材)를 붙인다. 전연과 날개형은 떨어져 있기 때문에 중간에는 날개형과 연재에 평행한 세로재(縱材)를 2개 정도 넣는 경우가 많다. 이리하여 완성된 장지와 같은 날개 골격의 전면에 포범을 피면 날개가 완성된다. 운전 시에는 **그림 2.1**과 같이 풍차방을 파수꾼이 날개의 골격을 사다리를 올라가듯이 올라가 돛을 편다. 돛은 범선의 경우와 같이 말아서 전연과 날개형에 묶는다. 돛을 펼 때에는 감은 돛을 펴서 밧줄로 잡아당겨 돛을 횡봉 위로 넓게 편 뒤에 밧줄로 묶는다. 강풍일 때 풍차의 회전을 억제하기 위해서는 **그림 2.2**와 같이 돛을 감아올려 저항을 적게 받도록 한다. 날개 끝부분만 남기고 나머지는 돛을 감아서 날개의 전연에 감아놓은 것을 제1 축범(fast leaf), 날개의 내측 절반 정도를 축범한 것은 그 형태를 보아 검형(소드 포인트), 날개의 끝에서 4분의 1 정도를 축범하면 단검형(대거 포인트), 그리고 만범은 풀 세일(full sail)이다. 이 돛을 접었다 펴거나 하는 조작은 경험자에게는 결코 어려운 일이 아니다.

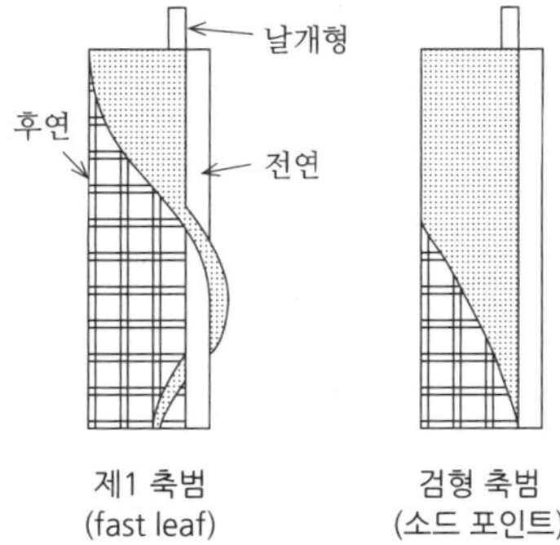
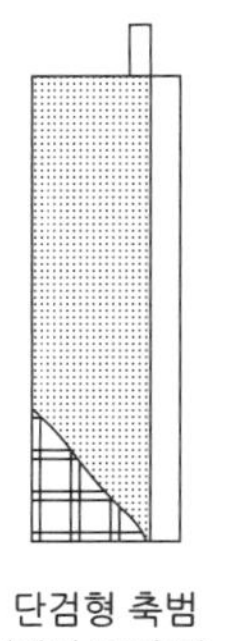
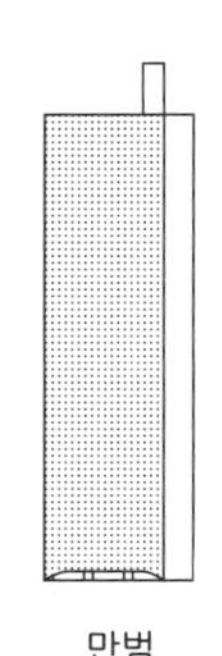

제1 축범 (fast leaf)	검형 축범 (소드 포인트)	단검형 축범 (대거 포인트)	만범 (full sail)

　풍차의 날개는 옛날에는 회전면에 대해 20°의 일정한 날개각으로 비틀어져 있지 않았으나, 그 후 효율 향상을 위해 경제적으로 날갯죽지에서 20°, 끝에서 5°의 날개각이 붙은 것을 사용하게 되었다. **그림 2.3**의 풍차도 날개의 끝을 향해 점점 비틀어진 것을 알 수 있다. 또, 날개의 전연도 옛날 것은 각재를 이용했지만, 이것도 시대와 함께 공기 역학적으로 개량되어 19세기 후반에는 **그림** 2.3과 같이 날개형 전연 목판(리더 보드)을 사용하게 되었다.

그림 2.3 〉〉〉
날개형을 이용한
리더 보드의 예2

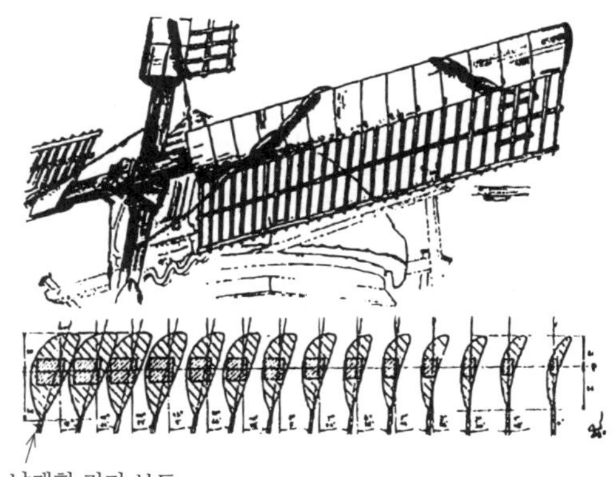

날개형 리더 보드

1.2 풍차의 제어 기구

　바람은 속도와 함께 방향도 변화한다. 풍차의 회전면을 풍향과 정면으로 마주 대하게 하는 가장 간단한 방법은 풍차를 지지하는 꼭대기 부분 또는 방 전체와 함께 회전시키는 것이다. 전자는 대형으로 벽돌이나 돌로 만든 탑 위에 꼭대기 부분만 회전하는 탑형 풍차(tower mill)나 목조방 위에 회전하는 꼭대기 부분을 설치한 가형 풍차(smock mill) 등이며, 후자는 소형으로 방 전체를 기둥 모양의 가대 위에서 회전하도록 한 기둥형 풍차(post mill) 등이다. 이들 풍차의 회전 작업은 풍하측에 설치한 미부봉(尾部棒)(tail pole)을 인력으로 움직이는 원시적인 형태부터 조작륜(capstan)과 권상기(wind lath)를 이용하여 움직이는 것 등이 있다. **그림 2.4**는 탑형 풍차의 조작륜에 따른 풍차의 방위 제어 기구를 나타낸 것이다. 이에 대해 영국에서는 풍차방의 회전하는 꼭대기 부분에 장착한 미부(尾部) 풍차(tail fan)로 방위 제어를 하고 있는 것이 많다.

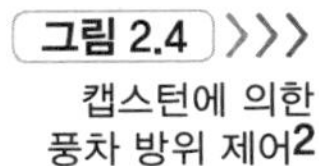

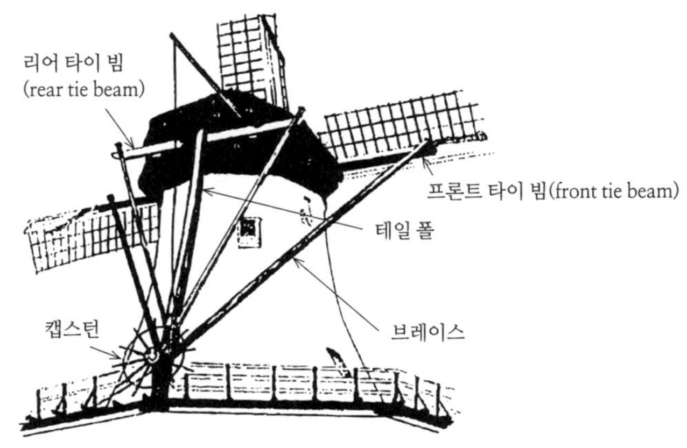

미부 풍차는 기동을 용이하게 하고, 강한 토크를 발생시킬 수 있도록 6매 내지 10매 정도 다수의 날개로 구성되어 있다. 주 풍차가 바람과 정면으로 마주할 때까지 미부 풍차는 계속해서 회전하며, 이 회전은 톱니바퀴에 의해 크게 감속되어 천천히 방의 꼭대기 부분을 회전시킨다. 주 풍차가 바람 방향과 정면으로 마주보면 미부 풍차의 회전은 자동으로 멈추고, 회전하는 꼭대기 부분이 정지하는 매우 정교한 메커니즘이다.

한편, 풍차를 이용해 효과적으로 제분하기 위해서는 조속기(거버너)를 이용한다. **그림 2.5**는 풍차축이 종동(從動) 기어에 의해 아래부터 회전석을 구동하는 방식의 곡물 분쇄기이다. 회전석에는 조금 큰 중심혈(eye, 눈이라 불림)이 뚫려 있고, 이에 철제 브리지를 고정하여 이것으로 구동 지지축(스핀들)의 상단을 받아서 회전한다. 밀은 중심혈에 넣는다. 이 회전석의 구동 지지축은 벨트로 **그림 2.6**에 나타난 조속기에 접속되어 있다. **그림 2.7**은 런던의 윔블던 풍차 박물관에 전시되어 있는 조속기이다.

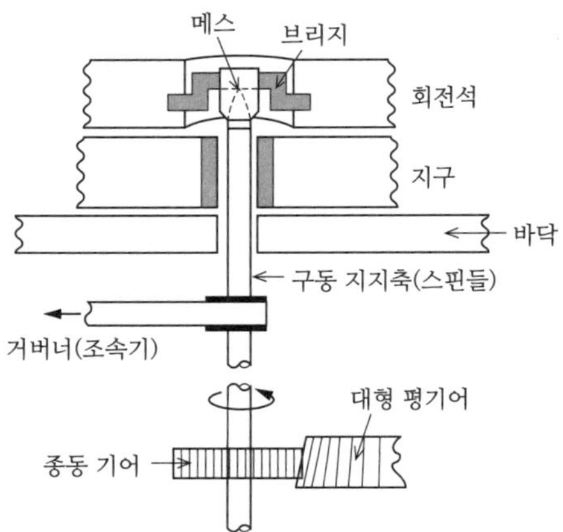

풍차를 시동할 때에는 **그림 2.6**의 조속기 원심추(遠心錘)는 닫힌 상태이고, 아랫부분의 대저울 오른쪽 끝도 내려간 상태에 있다. 대저울의 왼쪽 끝은 쇄지점(鎖支点)으로 가로재(橫材)를 들어 올리고 있다. 그리고 가로재를 들어 올리면 가로재에 의해 구동 지지축도 올라가 회전석과 고정석의 간격이 넓어진다. 이 양방의 돌 사이에는 밀이 가득 차 있기 때문에 그 간격이 넓어지면 회전석은 회전하기 쉬워진다.

한편, 회전이 빨라지면 조속기의 원심추가 열려 대저울의 오른쪽 끝이 올라가기 때문에 가로재는 내려가고 세로재는 구동 지지축을 내려서 회전석을 고정석으로 누른다.

이 제동 작용에 따라 정해진 회전 속도로 돌릴 수 있게 된다. 소정의 회전 속도는 대저울에서 내려간 추의 무게와 위치를 바꿔서 정한다. 회전석과 고정석의 간격은 조정 나사의 가감으로 결정된다.

그림 2.6 >>>
조속기(거버너)의 메커니즘

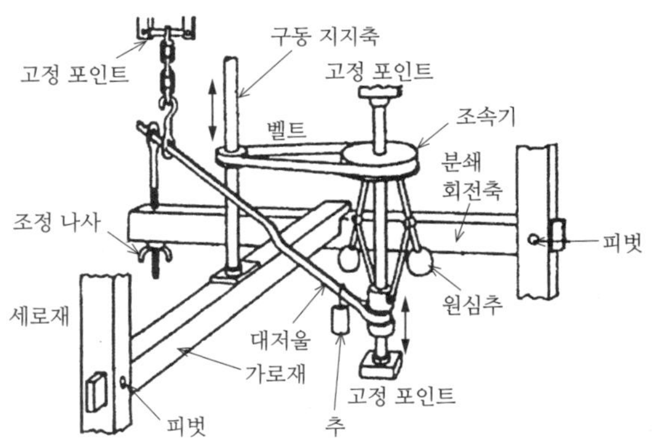

그림 2.7 >>>
풍차용 조속기(거버너)
(영국 윔블던 풍차 박물관
에서 저자 촬영)

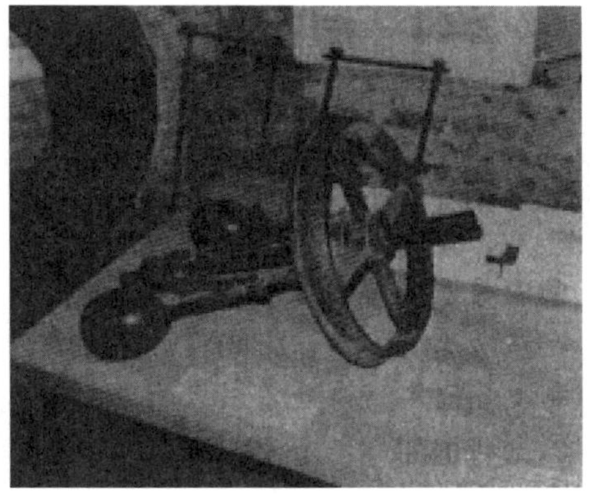

풍차를 어떤 이유로 정지시키기 위해서는 브레이크가 필요하다. 회전 중인 풍차에는 큰 회전력이 작용하고 있기 때문에 브레이크는 매우 튼튼해야 한다. **그림 2.8**에 브레이크 기구를, **그림 2.9**에서는 그것을 자세하게 나타내었다. 풍차 브레이크는 구부러져 있는 목제 브레이크 슈(brake shoe)를 철제 대판(帶板)에 연결한 것으로, 이것이 브레이크 호일 주위에 설치되어 있다. 브레이크를 걸면 무거운 제어자(brake beam)가 자신의 무게로 브레이크 슈를 팽팽하게 잡아당겨 회전을 정지시킨다. 이를 해소하기 위해서는 로프를 잡아당겨 브레이크 레버로 제어자를 들어 올려 훅에 건다. 레버 대신 도르래 시스템을 이용한 것도 있다.

그림 2.8 >>>
브레이크 부의 구성[3]

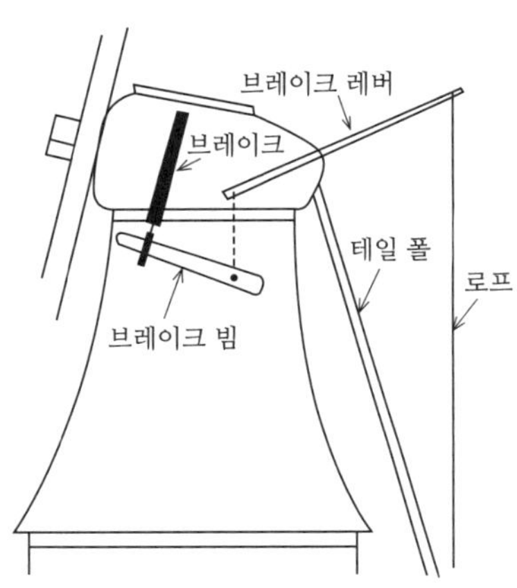

그림 2.9 >>>
브레이크 부의 상세[3]

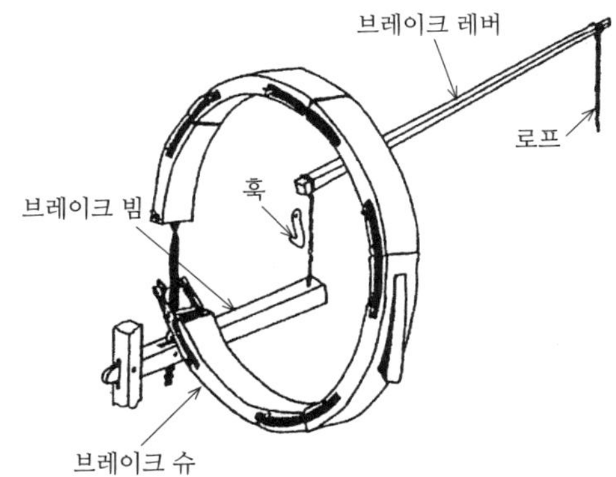

1.3 풍차의 용도와 기구

고전적 풍차에는 여러 가지의 용도가 있었지만 제분과 양수에 이용된 것이 가장 많다. 특히, 저지대인 네덜란드는 간척지에서의 배수가 계속 필요했다. 이 나라는 북해에 면해 있어 낮에는 바다에서 육지로, 밤에는 육지에서 바다로 풍향은 반대가 되지만 끊임없이 해륙풍이 불어 풍차를 돌리기에 매우 적합하다.

풍차로 양수하기 위해서는 풍차축의 풍차바퀴로 종동 기어를 돌려, 이 회전을 수직축으로 하단의 구동 기어로 전달하여 수평축 기어와 수급 수차를 돌려서 양수하게 된다. 수급 수차는 흐르는 물로 구동되는 통상의 수차와 반대되는 작용을 한다. **그림 2.10**은 비프 모렌이라 불리는 네덜란드의 양수 풍차이지만 기술적으로는 중공을 가진 포스트 밀이라 할 수 있다. 즉, 풍차 전체를 지탱하고 있는 중앙의 기둥은 중공이고, 이 안을 수직 구동축이 통하고 있다. 이 풍차의 각추형(角錐形)을 한 기초는 포스트 밀의 경우 가대(架台)와 같은 역할을 수행하고 있다. 또, 네덜란드의 프리슬란트 지방에서는 비프 모렌을 많이 닮은 스핀코프 모렌(스파이더 밀)이 다수 사용되었다.

그림 2.10 >>>
양수 풍차(비프 모렌)[3]

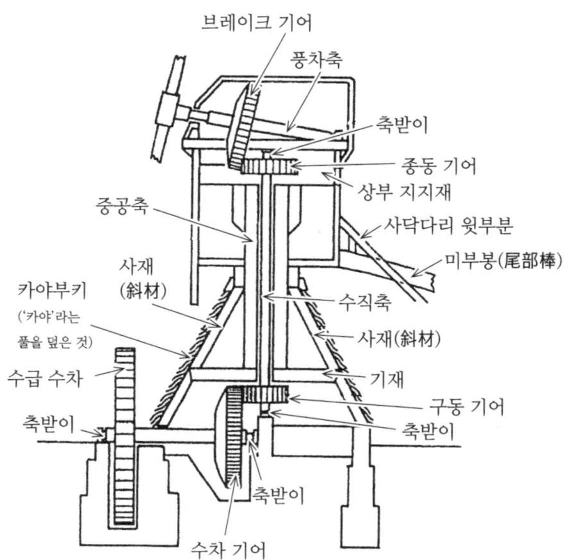

이는 **그림 2.11**과 같이 양수 풍차에 아르키메데스 스크루를 사용하고 있어, 비프 모렌보다 효율은 낮지만 농민들이 양수하는 데는 충분했다. 게다가 영국의 요크셔 지방에서는 **그림 2.12**와 같은 피스톤식 양수 풍차가 사용되었다. 이는 풍차의 회전을 크랭크 기구에 의해 왕복 운동으로 변환하여 펌프를 구동하는 단순한 방식이다. 이 방식을 더욱 단순화하고 소형화한 포제 날개인 풍차 펌프는 현재에도 지중해 크레타 섬에서 3,000대 이상이나 사용하고 있다.

그림 2.11 >>>
양수 풍차(스파이더 밀)[3]

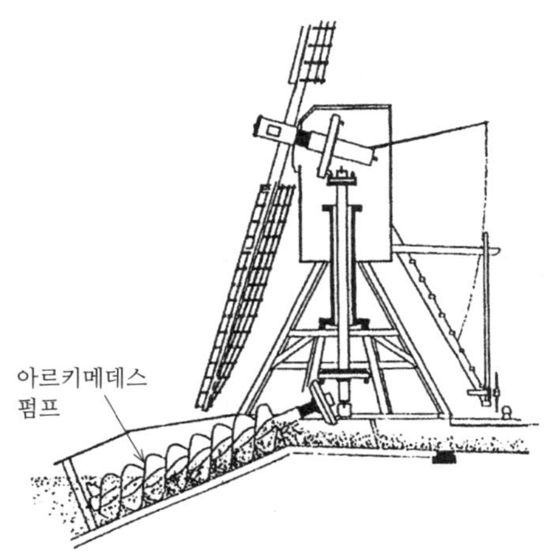

그림 2.12 >>>
양수 풍차
(피스톤 펌프 방식)[4]

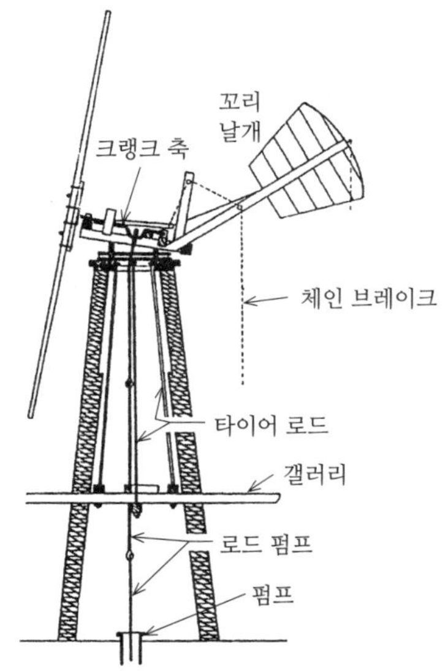

네덜란드에서는 16세기 말에 제재(製材)용 풍차(팔토로크 모렌)가 나타나, 당시 세계 최대의 목조 조선의 중심지였던 잔담(암스테르담 근방)을 중심으로 상당수 보급되었다. 소형 풍차는 풍력으로 원형 톱을 돌리고 대형 풍차에서는 **그림 2.13**과 같이 크랭크 기구를 이용하여 크라운 호일로부터 유도한 회전을 왕복 운동으로 변환하여 커넥팅 로드를 통해 무거운 톱틀을 움직이게 하고 있다. 톱날(블레이드)의 간격은 판의 두께에 맞게 적당히 설치할 수 있으며 동시에 여러 매의 판을 제판할 수 있게 되어 있다.

그림 2.13 >>>
제재용 풍차의 메커니즘 3

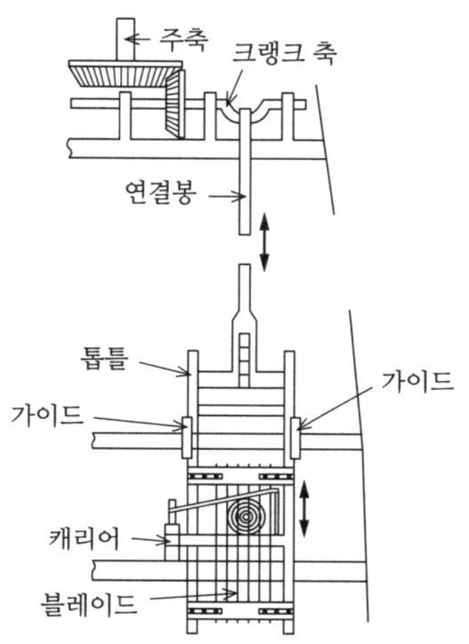

풍차로 밀을 제분하는 것에 대해서는 이미 설명했지만 회전석과 맷돌로 염료, 코코아, 향료, 흑연, 시멘트 등을 빻거나 식물의 종자로부터 기름을 짜내기 위한 전처리도 이루어졌다. 이에는 **그림 2.14**와 같은 접시모양의 맷돌과 회전석을 조합시킨 에지 밀(edge mill)이 이용되고, 맷돌의 접시모양 부분에 넣은 재료는 목제 가이드에 의해 회전부로 옮겨져 충분히 분쇄된 후 게이트가 열려 아랫부분에 있는 저장실에 쌓인다. 게다가 기름을 짜기 위해서는 미리 에지 밀로 썰어낸 종자를 가열하여 마대(麻袋)에 담아, 이를 짜임틀에 넣고 위부터 쐐기로 압축해서 기름을 짜낸다. 이 기름을 짜는 오일 밀은 **그림 2.15**와 같이 수직축에 크라운 기어를 끼워서 수평축의 캠 휠로 회전이 전달되어, 캠으로 인한 망치(램)가 상승과 하강을 반복하여 마대 안에서 기름을 짜낸다.

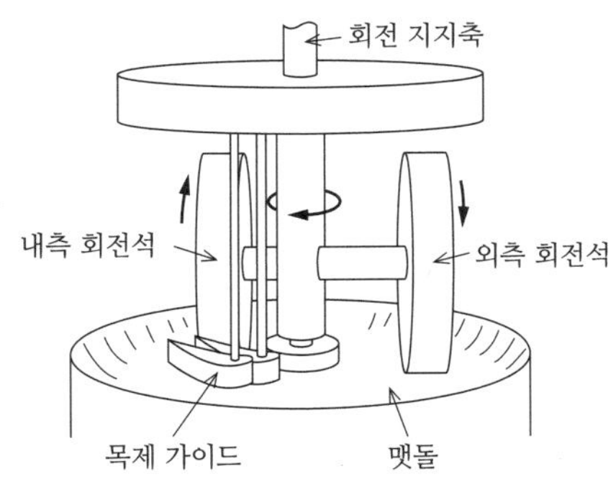

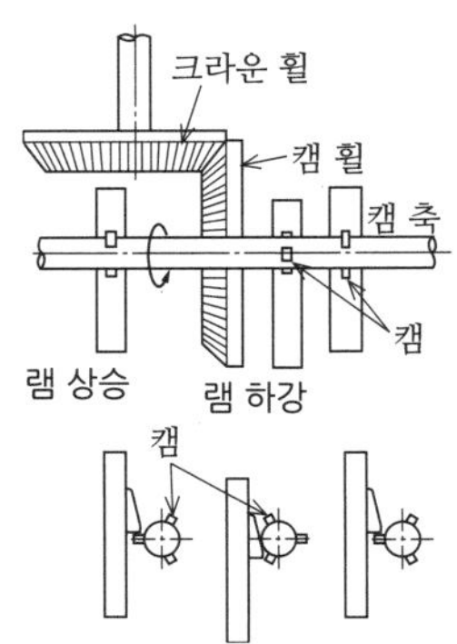

마지막으로 고전적인 풍차에서 근대적인 풍차로의 과도기에는 **그림 2.16**과 같이 풍력을 다목적으로 이용하고 있다. 이것은 수평축 다익형 풍차의 회전을 타워 하부에 수직 회전축으로 전달하고, 그 회전을 삿갓 모양의 기어(bevel gear)에서 수평 회전축으로 전달하여, 이 라인 샤프팅(line shafting)으로 도르래와 벨트를 끼워 평삭반, 시반(施盤), 대거(帶鋸), 환거(丸鋸), 그리고 연삭 지석 등을 구동하는 것이다. 증기 기관이나 전동기에 반해서 회전수가 불안정한 풍력으로 어느 정도의 성과를 기대할 수 있을지 분명하지 않지만 흥미로운 대처 방안이라 할 수 있다.

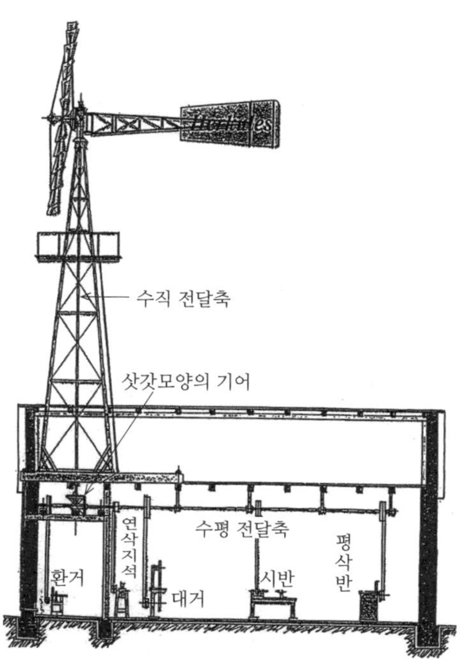

그림 2.16 >>>
풍력의 다목적 이용[5]

1.4 과거로 미래를 예측

지금까지 네덜란드와 영국의 고전적 풍차의 메커니즘에 대해 알아보았는데 기술과 인간과의 관계에 대해서도 구체적으로 상상할 수 있게 하여 흥미롭다. 또, 저자들이 행하고 있는 적정 기술이라는 입장에서 본 개발도상국으로의 기술 원조를 위해서도, 고전 기술을 재평가함에 따라 단순한 착상이 아닌 유용한 힌트를 얻을 수 있다.

오늘날 우리가 직면하고 있는 에너지·환경 문제로부터 알 수 있듯이 기술은 인간의 생활과 밀접한 관계가 있다. 미래에 대한 방향을 잘못 잡으면 그 영향은 매우 크고 심각하다. 따라서 기술자는 역사를 알아야 할 책임이 있다. '역사는 현재를 읽는 데이터베이스, 미래를 추측하는 유일한 척도'인 것이다. 21세기에 들어서 기술 문명의 행방이 매우 불투명해지고 있지만 기술사적 관점에서 과거를 아는 것은 미래 예측을 가능케 하는 중요한 길라잡이이다.

02 덴마크의 풍력 발전

　20세기 말부터 세계 풍력 발전의 도입량은 빠르게 확대되어 2005년 초의 세계 풍력 발전의 총 설비 용량은 4,800만 kW(대용량 화력 발전소와 원자력 발전소 48기 상당)를 넘고 있다. 독일이 세계 제일의 도입량을 자랑하고 스페인, 미국, 덴마크가 그 뒤를 잇고 있지만 한 국가당 전력 수요를 차지하는 풍력 발전의 비율은 덴마크가 가장 높다. 2004년 말 덴마크의 풍력 발전 총 설비 용량은 6,500기, 300만 kW이며 총 전력 수요의 18%를 조달하고 있다. 또, 인구 500만 명이 조금 넘는 덴마크의 풍력 발전 관련 산업으로 인한 고용은 2003년 2만 명을 넘었는데, 일본의 인구 비율로 생각해 보면 50만 명을 고용한 것에 상당한다. 그리고 세계 풍력 발전기의 65%는 덴마크제가 차지하고 있다.

　여기에서는 세계 풍력 발전을 이끌어가고 있는 풍력 발전의 왕국 덴마크가 어떻게 성립되었는지 그 역사적 배경을 주로 하여 기술적인 시점을 더해 살펴본다.

2.1　풍력 발전의 개척자들

　19세기 말에 풍력 발전이 실현된 것은 공기 역학의 성과로서 기존의 네덜란드 풍차가 대표적이다. 항력 이용이 저속이고, 고토크의 풍차(wind mill)를 대신하여 양력을 이용하는 고속 풍차(wind turbine)가 실현되었고 또 패러데이의 전기 공학 성과로 인해 발전기가 실용화되었기 때문이다. 게다가 전력을 필요로 하게 된 사회적 배경도 빼놓을 수 없다.

　일반적으로 풍력 발전의 개척자는 덴마크의 P. 라쿠르라는 것이 정설로 되어 있다. 그러나 영국의 문헌에는 1887년에 글래스고의 J. 브라이스가 수직축 풍차로 인한 출력 3kW의 발전을 시작으로, 이 전력을 배터리에 축적하여 조명으로 사용했다고 서술되어 있고, 이 풍차는 1914년까지 25년간이나 사용되었다고 한다.[6] 또, 미국 문헌에는 1888년에 오하이오 주 클리블랜드의 C.F. 브라시가 지름 17m의 144매의 블레이드로 구성된 거대한 다익 풍차로 12kW의 풍력 발전을 해 350개의 백열전등을 점화하여 1908년까지 20년간이나 사용했다고 한다. 이 풍차는 방위를 제어하는 꼬리날개도 18m×6m의 거대한 크기였고, 로터의 회전은 50:1로 증속하고 있다.[7] 그리고 당시에 기술 선진국이었던 프랑스에서도 1887년에 샤를 드 고와이욘 공작에 의해 지름 12m의 다익 풍차로 2개의 발전기를 구동하는 시스템이 르아브르 근교의 라 에이브 곶에서 실험되었지만 성공하지 못한 채 끝나버렸다.[8] **그림 2.17**에 라쿠르 이외의 3명의 개발자가 만든 풍력 발전기를 나타내었다. 이들 풍력 발전기는 전부 항력을 이용한 저속 풍차로, 발전기를 구동하는 고전적 풍차에서 풍력 터빈으로의 과도기적인 것이었다. 이에 반해 풍력 발전을 위한 고속 풍차를 개발한 것이 덴마크의 P. 라쿠르였다.

그림 2.17 〉〉〉
프랑스, 미국, 영국 각국의
파이어니어 풍력 발전기[8]

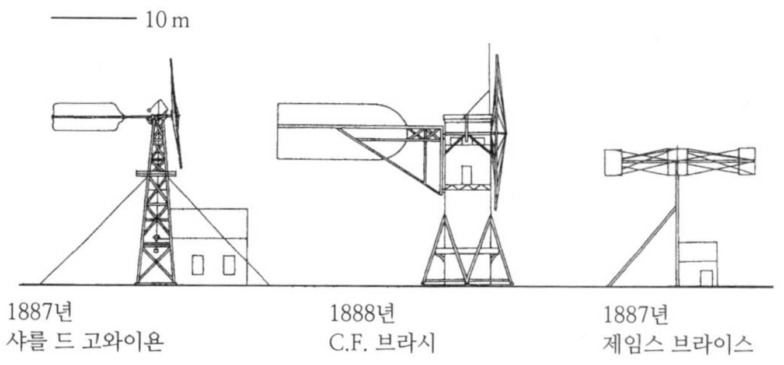

2.2 풍력 발전의 창시자 P. 라쿠르와 그 업적 [9, 10]

풍력 발전의 진정한 의미의 창시자 P. 라쿠르가 덴마크의 유틀란드 반도 남부 아스코우 국민고등학교에 부임했던 것은 1878년이다. 당시 그는 물리학자로서 기상에 관한 업적으로 알려져 있었고, 또 복식 전신 기술 분야에서의 발명으로도 저명하여 '덴마크의 에디슨'이라고 불렸다.

1891년에는 나라에서 보조금을 받아 아스코우에 풍력 발전 연구소를 설립하여, **그림 2.18**과 같은 풍력 발전 실험용 풍차를 설치했다. 풍차는 4매의 블레이드로 반지름 5.8m, 길이 1.2m였다. 그리고 1897년에는 블레이드 지름 22.8m, 길이 2.5m인 대용량 풍력 발전기도 설치했다. 풍차의 변동 출력은 라쿠르가 고안한 조속 장치를 끼워서 2대의 9kW 직류 발전기를 구동시켜, 한 대는 150V×50A에서 축전지를 충전하는 데 사용하고, 또 다른 한 대는 30V×250A에서 물을 전기 분해하는 데 사용하여 수소를 발생시켰다.

1882년에 드베트키가 항공기용 프로펠러에 대한 익소 이론을 발표했지만 라쿠르는 한걸음 더 나아가 이를 풍차 날개를 설계하는 데 응용했다. 그리고 풍차를 설계하는 데 필요한 풍압에 관한 정확한 측정을 위해서 특별한 풍압 측정기도 고안했는데, 이 장치의 시험용 기류를 얻기 위해 지름 0.5m, 길이 2.2m의 원통모양의 자작 풍동을 사용했다.

라쿠르는 발전용 고속 풍차 로터를 설계하기 위해 미국에서 라이트형제가 최초로 비행을 한 것보다 5년 전인 1896~99년에 걸쳐 평판 날개, 곡판 날개, 굴절 날개 등 각종 날개형과 이들의 블레이드를 동일한 지름으로 16, 8, 6, 4매로 매수를 바꾼 풍동 실험을 반복하여, 4매 블레이드가 최대 출력이 발생하는 것을 분명하게 밝혀 그 성과를 전문지에 발표했다. 라쿠르의 풍력 발전을 위한 최초의 발명은 '라쿠르의 열쇠'라 불리는, 약풍 시에 축전지에서의 역류를 방지하는 릴레이와 불안정한 바람에서 일정한 출력을 얻기 위한 **그림 2.19**에 나타낸 조속 장치(쿠라트스타트)였다. 풍차축에서 도르래 A로 동력이 전달되어 이를 균형추 L을 가진 도르래 C로 전달하고, 여기에서 속도를 더욱 증가시켜 발전기를 회전시킨다. 이때 풍속이 빨라져 회전수가 증가하면 추 L이 뜨고 도르래는 미끄러지기 시작한다. 이로 인해 발전기의 회전수는 자동적으로 조정되는 것이다. 당시의 직류 발전 방식으로는 전력의 수송 거리가 3km를 넘으면 전압이 크게 저하되기 때문에 지역 규모의 발전으로 제한되어 있었다.

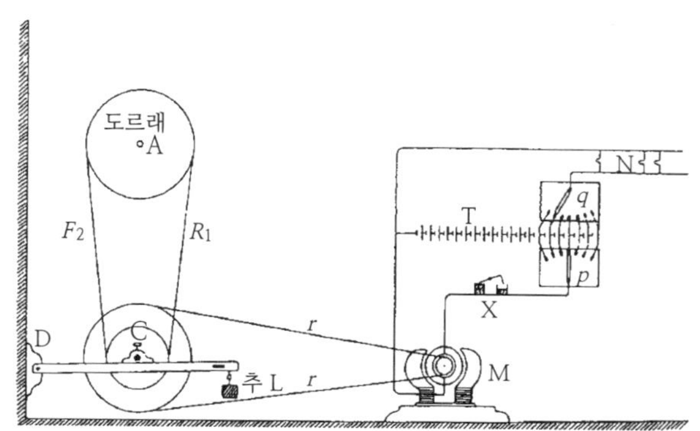

그림 2.19 >>>
P. 라쿠르의 조속 장치
(쿠라트스타트)

한편, 전력 저장은 오늘날에도 큰 과제이지만 라쿠르는 전기를 축적하기 위해 고가의 축전지를 대신할만한 것을 찾아 물을 전기 분해하여 수소와 산소를 발생시켰다. 아스코우 국민고등학교에 설치된 수소 가스로 인한 조명 시스템은 1895년부터 7년간에 걸쳐 사용되었지만 그동안 엄격한 안전 규정으로 폭발 사고는 발생하지 않았다. 이 시스템의 최대 이점은 비용이 저렴하다는 것인데 전기 분해 장치와 수소 가스 저장 용기의 비용은 불과 4,000크로네인 것에 비해, 같은 능력을 가진 축전지는 3만 크로네 이상이었다. 이것은 수소가 에너지 경제의 무대에 등장한 최초의 예이다.

라쿠르에 의해 기초가 다져진 덴마크의 풍력 발전은 DVES(덴마크 풍력발전협회)의 설립으로 결실을 맺고, 1907년 라쿠르가 죽은 뒤에도 전통적인 풍차 목수나 농기구 메이커 등으로 디젤 발전과 병용하는 소규모의 풍력 발전 회사가 다수 설립되었다. 덴마크 퓐 섬의 류카골 사는 그 후 50년에 걸쳐 라쿠르의 원형을 이용한 날개판 방식의 풍차를 제조해왔다. 1908년에는 10~20kW급 풍력 발전 장치의 수가 72기였고, 1918년에는 120기가 되었다.

2.3 20세기 전반 덴마크의 풍력 발전[9, 10]

독일과 국경을 접하는 덴마크는 제1차 세계대전 당시 에너지 사정이 악화되어 교류 전력망에 접속하는 풍차가 절실히 필요했고, 1918년에 P. 윈딩과 J. 옌센 두 사람은 항공기의 공력 날개를 전용한 아그리코(Agricco) 풍력 터빈을 개발했다. 이 풍차는 블레이드의 피치 제어에 의해 저풍속에서의 고효율과 고풍속 시의 안전성을 확보하고 있었다.

1921년부터 24년에 걸쳐 덴마크 국립기계시험소에서 실시된 실증 시험에서는 프로펠러형 43%, 라쿠르형 23%, 다익형 17.5%, 그리고 전통적인 네덜란드형 6%라는 결과를 얻었고, 아그리코 풍력 터빈은 라쿠르 풍차보다 20% 이상이나 효율이 높은 것으로 판명되었다. 그러나 당시 덴마크의 풍력시장은 주로 탈곡기, 벼 자르는 기계, 분쇄기, 둥근 톱, 양수·관개 펌프, 압축기 등의 농업용이 중심이었고, 아그리코 풍차는 발전용으로는 기술적으로 성공했지만 생산 대수는 제한되었다.

게다가 제2차 세계대전이 시작되면서 발전용 대형 풍차를 요구했다. 1940년 4월 이후 덴마크는 나치 독일의 지배하에 놓이면서 연료를 얻는 데 제한을 받았기 때문에 재차 풍력 발전의 사용이 급격히 늘어나 1940년에는 20kW급 16기였던 것이 1944년 봄에는 90기에 달하게 되었다. 이 밖에 F.L. 슈미트 사에서 제조된 40~70kW급의 F.L.S. 에어로 모터도 18기가 운전되고 있었다. 이들은 목제 블레이드의 로터 지름이 17.5m인 2매 블레이드기와 지름이 24m인 3매 블레이드기이고, 주속비는 7~8인 고속 터빈이었다. 로터의 회전수 제어는 블레이드 후방에 장착된 보조 플랩(flap)을 이용했다. 이 에어로 모터는 F.L. 슈미트 사와 덴마크의 유일한 항공기 메이커였던 스칸디나비안 에어로 인더스트리 사가 공동으로 개발한 것으로, 오늘날의 풍력 터빈과 매우 비슷한 콘셉트를 토대로 했다. 기어 박스, 회전축 및 요링은 소형, 경량화된 일체 구조로 되어 있고, 그 위에 직류 발전기가 직접 설치되어 있다. 이 너셀(nacelle) 부분이 콘크리트 타워 위에 위치하고 있다. 덧붙여 말하면 F.L. 슈미트 사는 세계적으로 알려진 시멘트 제조 기기 메이커이다. **그림 2.20**은 덴마크 기술 박물관에 있는 F.L. 슈미트 사의 풍력 발전기 대형 모형이다.

그림 2.20 >>>
F.L. 슈미트 풍력 발전기 모형
(덴마크 기술 박물관)

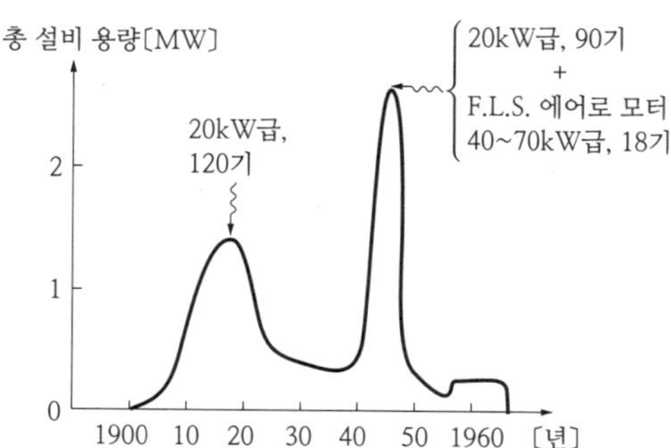

그림 2.21에 덴마크 풍력 발전의 총 발전량의 추이를 나타냈지만 연료 사정이 악화된 제1차 및 제2차 세계대전 기간에 반해 뚜렷하게 절정을 이룬 두 해가 나타나 있다. 덧붙여서 1944년의 발전량은 게저(Gedser)에 설치된 것은 13만 kWh, 프레데릭스하운의 것은 12.9만 kWh를 기록했다. 또, 1940년부터 47년까지의 총 발전량은 1,800만 kWh였다.[11, 12]

한편, 1940년부터 1945년에 걸쳐 'Aerodyn', 'King', 'Swing', 'Rich-mond' 등의 명칭으로 가정용 소형 풍력 장치도 제조되어 판매되었지만 이 풍력 장치들은 자동차용 다이나모를 바꿔 만든 것을 발전기로서 사용했고, 출력은 200W부터 1,500W 클래스인 것이었다.

2.4 J. 율의 계통 연계 방식의 풍력 발전[13]

제2차 대전 후에는 연료 사정의 호전으로 풍력 발전에 대한 관심이 다시 줄어들었지만 라쿠르와 같이 큰 공헌을 했던 라쿠르의 제자인 J. 율 (1877~1969)이 등장했다. 전력회사 SEAS의 기사였던 J. 율은 1947년에 교류 풍력 발전에 의해 기설 전력망에 접속하는 계통 연계 방식을 제안했고, 2매 블레이드, 지름 7.6m인 출력 13kW기와 3매 블레이드, 지름 13m인 45kW기 2기의 실험용 풍차로 실증 시험을 했다. 율은 풍력 터빈의 고정 핀치 블레이드에 의해 실속(失速) 특성을 이용하여 풍차의 출력을 제어하는 방법을 확립했는데 이 실속 제어 방식이 그 후의 덴마크 풍차의 주류가 되었다.

이 성과를 발판삼아 1957년에는 돌극(突極)의 프로토 타입 풍차인 게저(Gedser) 풍력 발전기(로터 지름 24m, 정격 출력 200kW)가 건설되었다. 이 풍차는 J. 율의 풍동 실험과 SEAS의 실험용 풍차의 경험을 토대로 한 것으로, 풍차와 발전기의 정합성을 고려한 것이었다. 이 풍차의 3개의 블레이드 재료는 당시 새롭게 등장했던 유리 섬유가 아닌 강철종통재(鋼製縱通材)와 목제의 바깥 테두리와 리브(rib)를 사용하여 알루미늄 외피로 감싼 것이었다. 날개 끝에서 3°, 날개 뿌리에서 16° 비틀어져 있었다. 게저(Gedser) 풍력 발전기의 외관을 **그림 2.22**에, 너셀 단면과 블레이드의 단면을 **그림 2.23** 및 **그림 2.24**에 나타냈다. 이 풍차의 실증 시험에는 당시 유럽의 풍력 발전의 권위자였던 영국의 ERA(전력연구협회)의 풍력 발전 담당인 E.W. 골딩과 서독의 슈트트가르트 공과대학의 U. 휴터도 참여했고, 풍차가 완성된 후 수년간 해외 23개국에서 풍력 관계자가 방문했다.

이 풍차는 1967년까지 10년간 실용 운전되어, 연간 평균 35만 kWh의 전력을 발생시켰다. 게다가, 석유파동 후인 1977년에는 이 풍차를 높게 평가하는 미국의 ERDA(에너지성 DOE의 전신)와 DEFU(덴마크 전력사업연구소)에 의해 10년간 방치되어 있었던 게저(Gedser) 풍차의 조사가 이루어져, 가동 상태에 있음을 확인했다. 이것이 현재 실속 제어 방식 풍력 터빈의 기초 데이터를 제공했고, 1970년대 후반에 성립된 덴마크 풍력 산업의 콘셉트에 매우 큰 영향을 주었다.

그림 2.22 >>>
게저(Gedser) 풍력 발전기의 외관

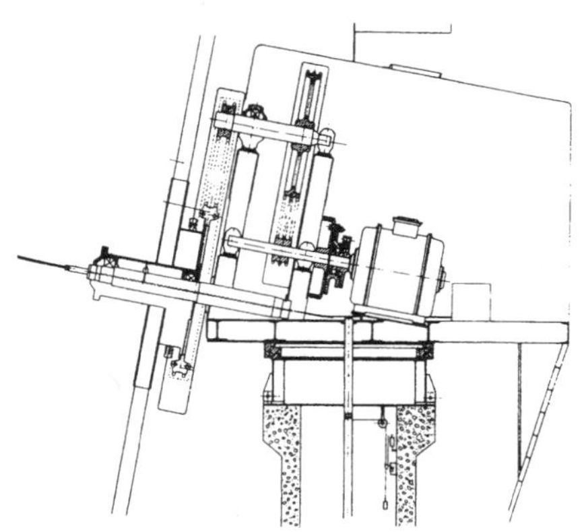

그림 2.23 >>>
게저 풍력 발전기
너셀 단면

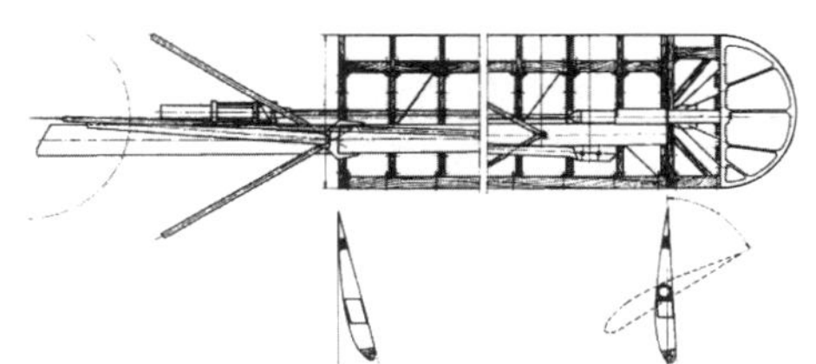

그림 2.24 >>>
게저 풍력 발전기
블레이드 단면

현재 덴마크의 대규모 풍력 발전 프로젝트는 1977년에 개시되어 매년 설비 용량을 증대하여 오늘날에 이르고 있다. **그림 2.25**에 덴마크 최대의 풍차 메이커인 베스타스 사의 풍력 발전기 대형화 추이를 나타내었다.

그림 2.25 >>>
베스타스 사의 풍차
대형화 추이

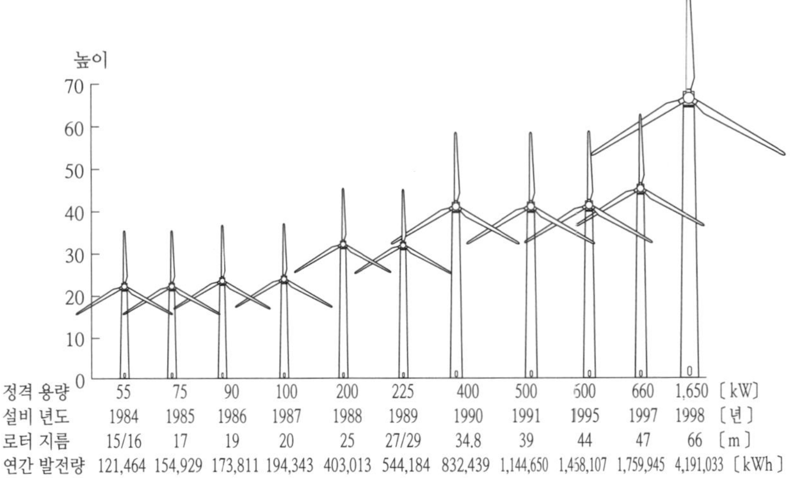

정격 용량	55	75	90	100	200	225	400	500	500	660	1,650	〔kW〕
설비 년도	1984	1985	1986	1987	1988	1989	1990	1991	1995	1997	1998	〔년〕
로터 지름	15/16	17	19	20	25	27/29	34.8	39	44	47	66	〔m〕
연간 발전량	121,464	154,929	173,811	194,343	403,013	544,184	832,439	1,144,650	1,458,107	1,759,945	4,191,033	〔kWh〕

오늘날 덴마크의 풍력 발전이 번성한 것은 덴마크 정부의 재생 가능 에너지 도입 정책으로 인한 점이 크지만, 그 근원을 더 더듬어보면 1860년대의 프로이센 전쟁 패전 후 가장 넓고 가장 비옥한 슐레스비히와 홀슈타인 두 주를 넘겼고 절망의 구렁 속에 빠져 있었던 덴마크 국민에게 희망과 용기를 주었던 니콜라이 그룬트비가 있다. 그는 성직자이자 교육자였으며 정치가이기도 했다. 이 그룬트비가 설립한 Folk high school(국민고등학교)의 정신이 덴마크 국민에게 불굴의 혼과 활력을 주었던 것이다. 이 교육 제도는 농한기의 농민 교육부터 시작했지만 전국적인 제도가 되었고, 실제 교육으로 인한 높은 문화 수준을 이루었다. 그것이 오늘날 세계 일류의 사회 복지 제도를 만들고 세계 제일의 풍력 발전 왕국을 세운 것이라 할 수 있다.

P. 라쿠르는 그룬트비의 사상에 영향을 받아 하사받은 지위를 팽개치고 학술 문화의 중심인 코펜하겐에서 유틀란드 반도 남쪽에 있는 가난한 마을 아스코(Askou)의 국민고등학교로 옮겼고 그 가르침을 받은 J. 율이 제2차 대전 후 오늘날의 덴마크류 풍력 발전의 기초를 구축하였다. 이와 같이, 덴마크의 풍력 발전에는 그룬트비 이래의 Folk high school의 정신이 끊어지지 않고 이어지고 있다고 할 수 있다.

덴마크 풍력 발전의 전력 수요 비율은 세계에서 유일하게 10%를 넘고 있으며, 2005년에는 20%에 달하였다. 덴마크 풍차 제조 조합으로 인한 풍차의 설계 기준이나 안전 기준, 측정법, 소음 규제 등 그 대부분의 기준이 IEC(국제전기표준회의)의 기준을 기초로 하고 있고, 더욱이 이것이 JIS화되어 일본에서도 사용되고 있다.

일본은 메이지 시대 말에 우치무라 간조가 덴마크를 소개한 이래 교육, 사회, 복지, 낙농, 협동 조합, 조선 산업이나 디젤 엔진(B&W 사와의 제휴) 등의 산업과 같은 여러 가지 면에서 덴마크로부터 많은 것을 배워 왔지만, 지금 풍력 발전을 중심으로 하는 재생 가능 에너지에 대해서도 배울 점이 많다. 그러나 중요한 것은 하드웨어로의 풍력 발전과 그 계통 연계 시스템만이 아닌 덴마크라는 나라의 역사적 저류(底流)에 끊이지 않고 흐르고 있는 역사적 정신을 잊어서는 안 된다는 것이다.[14]

03 일본의 풍력 발전

일본에서는 헤이안 시대에 중국에서 장난감 풍차가 들어왔다는 기록은 있지만 북전선(北前船) 범선을 제외하면 메이지 유신 이전에 풍차로 인한 동력용 풍력 이용 역사는 없었다. 일본인이 동력용 풍차를 처음 본 것은 메이지 시대 초기 외국인의 거류지 등에서 사용된 양수용 풍차라 할 수 있다.

그 이유는 일본에서는 수차가 발달되어 풍차를 사용할 필요성이 없었기 때문이었다. 일본에서는 크고 작은 3만 개의 하천이 있고, 지형적, 강수량으로 각지에서 수차가 사용되어 왔다. 따라서 메이지 시대 이후에도 오사카부 사카이 근교, 나가노 현 스와호 남부 지역, 치다반도 히가시우라쵸, 아츠미반도 이라코 곶 부근, 보소반도 마루야마쵸·다테야마 부근, 그리고 이바라키 현 츠치우라시 부근 사쿠라가와 유역 등 **그림 2.26**과 같이 풍차로 인한 양수가 국내 6개 지역에서 집중적으로 이루어졌다. 그러나 이들의 간단한 농업용 양수 풍차를 제외하고는 최근까지 본격적인 풍력 이용은 이루어지지 않았다.[15]

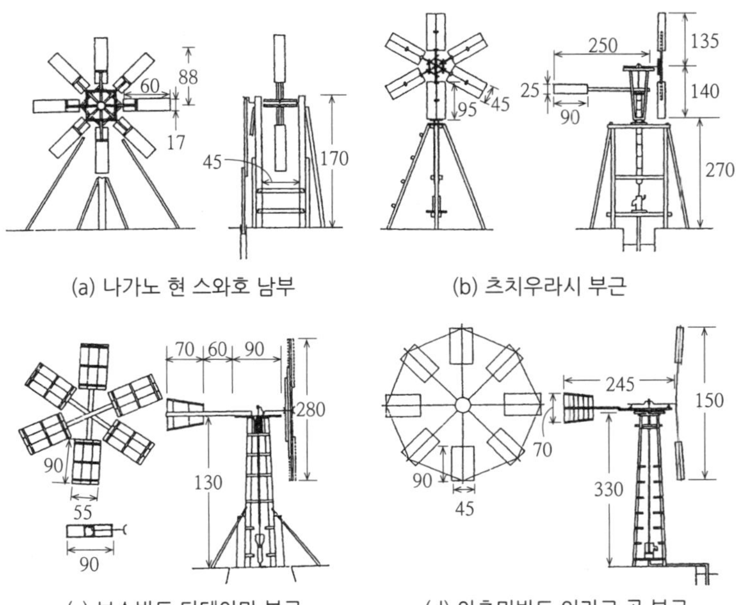

그림 2.26 >>>
일본의 대표적인
풍차 관개용 펌프
(나카시마 미네히로에 의함)

(e) 치다반도 히가시우라쵸 부근   (f) 오사카부 사카이 시 근교

　최근 이바라키 현에서는 현 내의 산업 유산을 영상으로 후세에 남기는 사업이 실시되고 있는데 그 일환으로 이바라키 현 츠쿠바시 콘다의 양수 풍차가 채택되었다. 츠쿠바시 콘다 지역 부근의 사쿠라가와 유역의 수전 지대에서는 1903년부터 1955년대까지 많은 풍차를 이용하고 있었다고 한다.

　이들 풍차는 이 지역의 마스야마키요시로 씨가 1903년 미츠미네산에 참배하러 가던 도중에 깊은 계곡에서 본 풍차를 스케치한 것을 토대로 스스로 1대를 만든 것이 호평을 받아, 이것이 금세 콘다 지역 전체로 퍼지게 되었다고 한다.

　그 배경이 된 콘다 지역은 지하수는 풍부하나 논밭의 토양 보수력이 약해서 오랫동안 물 부족으로 고통받아 왔다. 이 풍차를 도입하기 이전에는 논밭에 물을 대기 위해 두레박으로 물을 길렀지만 이는 시간이 많이 걸리는 중노동이었다. 그러나 풍차로 인해 노동이 대폭 경감되어 이 지역의 농업을 발전시켰다고 할 수 있다. 또, 봄에 강한 바람이 부는 것도 풍차 이용을 가능하게 하였다. 현재도 콘다 지역의 농가에서는 바람막이 울타리가 설치되어 있는 것을 볼 수 있다. 이 지역 풍차의 전성기는 1930년대 중반으로, 이바라키 현의 1936년 조사에 의하면 현 내에는 약 1,000대의 풍차가 사용되고 있었다. 전성기에는 각각의 논에 **그림 2.27**과 같은 양수 풍차가 죽 늘어서 있어 멋진 경관이었다고 한다. 주요 부분은 목제이고, 풍차의 회전을 크랭크 기구로 왕복 운동으로 바꾸어 왕복동 수동 펌프를 구동하는 것이다. **그림 2.28**은 그 성능 곡선인데 매분 30L 정도의 양수량을 얻을 수 있다는 것을 알 수 있다.[16]

(a) 츠쿠바의 양수 풍차

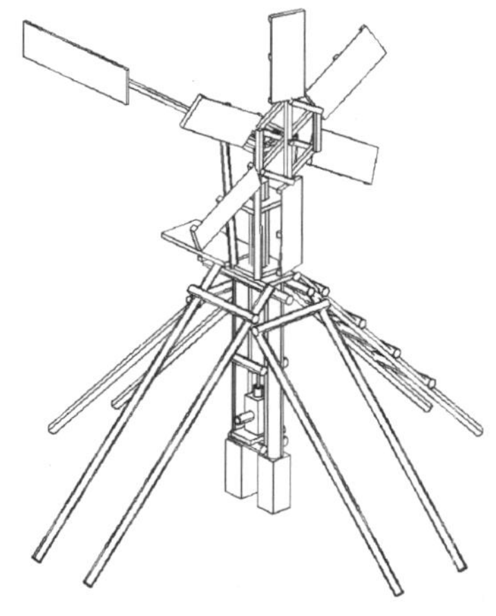

(b) 양수 풍차 개요도

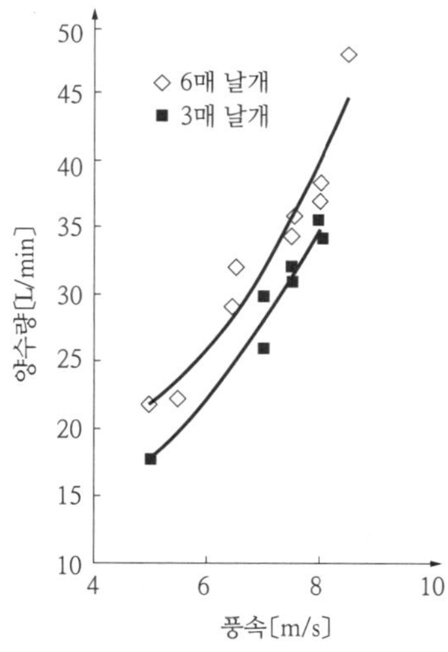

또, 이 측정에서는 풍속의 수치가 약간 지나치게 큰 것을 볼 수 있다. 실제로는 풍속 4~6m/s일 때에 동일한 양수량을 얻을 수 있게 된다.

이와 같은 한정된 지역에서의 풍력 양수 이외에 대부분 풍력 이용의 역사가 없는 일본에서 풍력 개발에 힘쓴 두 사람이 있었다. 공무원인 모토오카 타마키와 민간인인 야마다 모토히로이다.

모토오카는 1904년에 도쿄고등공업(현, 도쿄공업대학) 전기과를 졸업하고, 1921년 해군기사로 임명되어 전기 부원으로 동력 자원으로서의 풍력 이용의 연구를 겸무했다. 1925년에 퇴관한 이래 농촌 동력으로서의 풍력 이용에 전념했다. 그 후 1935년에 만주국 대륙과학원 연구관 동력 연구실의 책임자로 부임하여 1945년 8월까지 풍차를 중심으로 하는 동력원의 연구 개발을 했다.

대륙과학원의 풍력 연구 개발은 1935년경 모토오카의 부임과 거의 동시에 시작되어 처음에는 농업용 양수, 관개, 배수 등으로 이용하고, 그 후에는 농산 가공, 제재, 발전 등의 동력 이용으로 발전시킬 예정이었다. 이 때문에 우선 각지에 몇 대의 시험 풍차를 설치해 실증 시험을 함과 동시에 대륙과학원의 부지 내에는 풍력 실험소를 설치해서 각종 용도에 적용할 수 있는 풍차의 기구와 성능에 관한 기초 실험을 했다. 또, 만주국의 풍황(風況)에 대해서도 조사를 실시했지만 이 보고에는 "만주국의 풍황은 대륙적 강풍이 많고, 겨울부터 봄까지 특히 바람이 강하며, 풍향은 서풍 또는 북서풍이 많다. 풍속의 분포로는 서부에서 중앙을 향해 최강 풍지대가 있고, 그 외의 지역은 보통 바람이다. 최강풍지(風地)는 쓰핑제(四平街) 부근으로, 연평균 풍속 13~14m/s, 최대 풍속 23~25m/s도 드문 일이 아니다."라고 기록되어 있다.[17]

그 2년 후의 보고에 따르면 대륙과학원의 풍력에 관한 연구 개발은 순조롭게 이루어졌고 만주의 풍황, 특히 신징 부근의 풍력을 관측한 결과, 풍속계 고안, 대륙과학원식 풍차의 조속 장치, 대륙과학원식 조속 날개의 풍동 실험 보고, 대륙과학원식 표준형 풍력기와 조속 연동기, 풍력을 이용한 양수, 풍력 전기에 따른 양수법, 풍력 관개, 농산물 조정 기계의 풍력 응용 등이라는 성과를 얻었다.[18]

또, 위 보고서에는 대륙과학원의 풍차 실험실 옆에 설치된 4매 블레이드의 표준형 풍차와 풍력 이용 농업 기기의 배치가 나타나 있다. 또, 뤼순(族順)공과대학에서는 1921년경부터 풍력 발전의 연구가 진행되었고 이에 대해서는 코가와 쿠몬이 그 성과를 저술하였는데 그 저서도 모토오카의 업적을 높이 평가하고 있다.[19]

한편, 모토오카는 농업용 외에도 만주전신전화 주식회사 방송총국의 의뢰로 변경(邊境 ; 벽촌) 개척단의 주민을 위한 라디오나 조명의 전원으로, 소형은 지름 4m, 대형은 지름 12m까지 50여 대의 풍력 발전 장치 건설을 계획했지만 실제로 건설되었던 것은 몇 대에 지나지 않았다. 또, 2001년에 나가노 현 미나미사쿠군 미나미마키무라에 풍차를 설치할 때, 구 만주에서 모토오카와 벽지(僻地) 전화(電化)를 위한 풍력 건설에 관련된 일을 한 오카모토 타케오 씨의 소설에는 당시의 사정이 분명하게 기록되어 있어서 내용이 매우 흥미롭다.[20]

1937년 보고에는 **그림 2.29**와 같은 각종 방면의 소동력으로 사용할 수 있는 일반 동력용으로서의 대륙과학원식 표준형 풍력기의 설계에 대해서 서술되어 있다. 그 설명에는 "만주 각지의 산업 등에 이용하는 풍차 구조에 대해서는 여러 조건이 적합해야 되기 때문에 그 설계는 매우 어렵다. 즉, 매년 4·5월의 최강풍을 충분히 견뎌내고, 기계 소양이 적은 것에도 이용할 수 있는 구조로 되어 있어야 한다. 주유할 때에는 거의 주의를 요하지 않는 것, 수리 등도 전혀 할 필요가 없어 취급이 간단한 것 등이다."라고 되어 있다.

모토오카는 만주에서 귀국한 뒤 도쿄의 전기 시험소(후일 전자 기술 총합연구소)에서 풍차를 연구하는 연구 촉탁이나 일본 학술진흥회의 농촌용 동력원으로서의 풍차 연구 특별위원을 정하여 1949년에 자신의 20년 이상에 걸친 일본 및 만주에서의 풍력 개발 경험을 토대로 저서를 집필하였다.[21]

대륙과학원식 제1호 풍력기

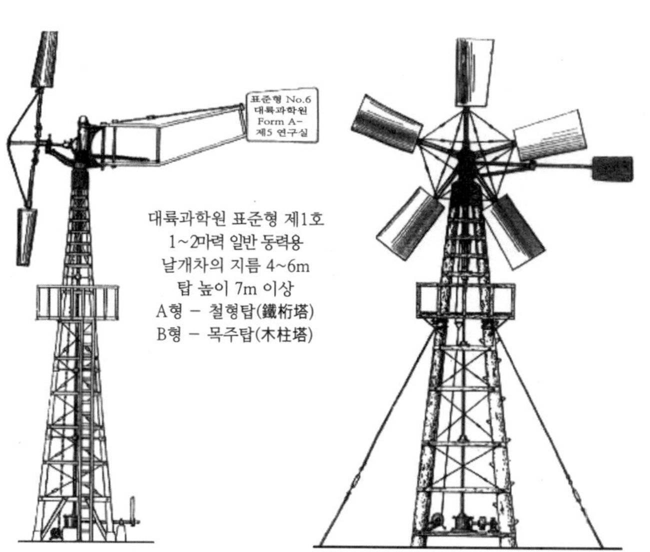

야마다 풍차는 풍력 발전을 거의 하지 않았던 전쟁 전부터 전후에 걸쳐 일본에서 양산된 유일한 소형 풍차이다. 야마다 풍차라는 명칭은 제작자인 야마다 모토히로 씨에게서 유래되었다. 야마다 씨는 1918년생의 기술자로서 전쟁 전, 전쟁 중, 전쟁 후의 에너지가 부족한 시대에 자신의 경험을 토대로 수많은 풍차를 개발했다. 개발된 풍차는 2매 블레이드인 200W기와 3매 블레이드인 300W기이고, 총 생산 대수는 수천 대에 달한다고 한다.

이 풍차들은 전쟁이 끝난 직후 대륙에서의 인양자(제2차 세계 대전 후 국외로부터 일본 본토로 돌아온 사람)에 의해 개척되었던 홋카이도나 토호쿠 지역을 중심으로 다수 설치되었고, 한동안은 농림수산성이나 홋카이도청에서 보조금도 나왔었다. **그림 2.30**은 당시 야마다 풍차를 농가에 설치한 모습이다. 목제 누각 위에 2매 블레이드의 풍차가 설치되어 있는 모습임을 알 수 있다.

그림 2.30 〉〉〉
홋카이도 개척 농가의
야마다 풍차 200W기 설치 모습
(야마다 모토히로 씨 제공)

2매 블레이드인 200W기는 1매판에서 잘라낸 지름 1.8m의 것으로, 발전기는 자동차용 직류 발전기를 사용하고 있고, 로터 블레이드와 발전기가 직결되어 있다. 그리고 강풍이 불 때는 로터 회전면이 위쪽으로 치우쳐서 수풍 면적을 감소시켜 강풍을 피할 수 있게 되어 있다. 한편, **그림 2.31**과 같은 3매 블레이드인 300W기는 지름 2.4m로 로터 블레이드와 발전기는 직결되어 있지만 3매 블레이드는 허브(hub)의 설치 부분에서 피치가 변하게 되어 있다. 게다가 이 풍차 블레이드의 가변 피치 특징은 강풍 시에 피치 각도를 크게 하여 페더링(feathering) 상태로 만들 뿐만 아니라 피치를 역방향으로 변화시켜 블레이드 뒤쪽에서 박리시켜 실속 현상에 의해 회전수를 저하시키는 방법을 사용하고 있다.

그림 2.31 >>>
야마다 풍차 300W기
(야마다 모토히로 씨 제공)

야마다 풍차는 블레이드의 평면 형상이 특징이고, 날개부 근방의 길이를 짧게 하여 바람이 쉽게 통과하게 만들며, 날개에서 35% 이상의 위치에서 길이를 길게 함에 따라 큰 토크를 얻을 수 있다. 이에 대해서는 6.1절에서 실험 결과를 나타내고 있으므로 참고하길 바란다. 또, 블레이드 재료는 경량으로 가공하기 쉬운 에조 소나무가 사용되어, 로터의 회전을 발전기에 직결하고 있기 때문에 기동이 용이하며 약풍으로도 이용할 수 있도록 연구해왔다.[22, 23]

그 후, 1970년대 말에 실시된 과학기술청의 '카제토피아(風トピア)' 계획에 있어서도 출력을 1kW로 크게 한 야마다 풍차는 좋은 성적을 거두었고, 1980년에는 황수포장(黃綬褒章)을 수상하였다.

에너지원으로서의
바람

01 바람의 특성

1.1 풍력 에너지

바람이 눈에 보이지 않는 공기의 흐름이라는 것은 잘 알려져 있다. 이 공기의 흐름이 가진 에너지는 운동 에너지이다. 일반적으로 물리학에서는 질량 m, 속도 v를 가진 물질의 운동 에너지를 $1/2mv^2$으로 나타낸다. 지금 수풍 면적(受風面積) 혹은 소과 면적(掃過面積)(swept area) A〔m²〕의 풍차를 생각하면 이 면적을 단위시간당 통과하는 풍속 v〔m/s〕의 바람 에너지(바람의 힘) P〔W〕는 공기 밀도가 ρ〔kg/m³〕일 때 다음과 같은 식으로 나타낼 수 있다.

$$P = \frac{1}{2}\dot{m}v = \frac{1}{2}(\rho Av)v^2 = \frac{1}{2}\rho Av^3 \quad \cdots\cdots\cdots\cdots\cdots (3.1)$$

여기에서 $\dot{m}$은 질량 m의 시간 미분이다(5.3절 참조). 식 3.1에서 풍력 에너지는 수풍 면적에 비례하고 풍속의 3승에 비례한다는 것을 알 수 있다. 따라서 풍속이 2배가 되면 풍력 에너지는 8배가 되고, 풍속이 1/2이 되면 풍력 에너지는 1/8이 된다. 이 점으로부터 풍력 에너지를 활용할 때는 조금이라도 더 바람이 강하고 안정적으로 부는 곳을 선정하는 것이 중요하다는 것을 알 수 있다. 단위면적당 풍력 에너지를 풍력 에너지 밀도라 하며 다음과 같은 식으로 나타낸다.

$$P_0 = \frac{1}{2}\rho v^3 \quad \cdots\cdots\cdots\cdots\cdots\cdots\cdots\cdots (3.2)$$

여기에서 **그림 3.1**에 풍속에 대한 풍력 에너지 밀도의 그래프를 나타냈다. 또, 공기 밀도 ρ의 수치는 기온이나 기압에 따라 변화하지만 일본의 평지(1기압, 기온 15℃)에서의 평균값인 1.225kg/m³를 이용하고 있다. 또, 통상 지상의 풍속은 지상 10m 높이의 풍속을 말한다. 눈으로 대강 그 풍속을 알 수 있는 것을 기준으로 하여 **표 3.1**의 기상청 풍력 계급이 자주 사용된다.

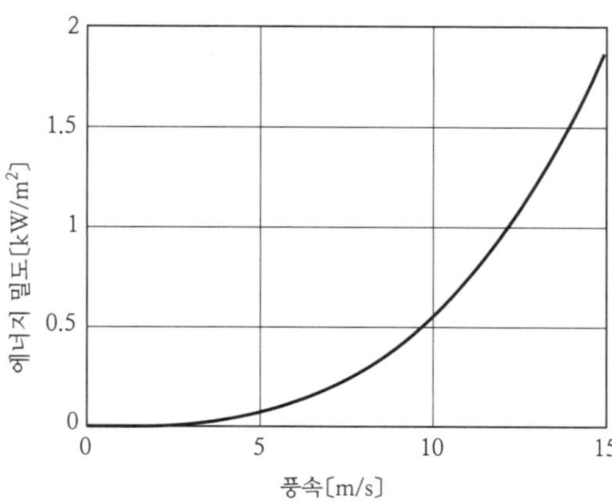

그림 3.1 >>>
풍력 에너지 밀도

1.2 바람의 종류[1]

바람은 대기의 순환에 의해 발생한다. 즉, 지표나 해면이 태양광에 의해 따뜻해지면 이에 접하고 있는 공기도 따뜻해지고 가벼워져서 상공으로 상승하게 된다. 그리고 그 빈공간을 채우기 위해 흘러 들어오는 주위의 공기 흐름이 바람인 것이다. 이와 같은 대기 순환에는 지구 규모의 바람과 소규모의 국지적인 바람이 있다. 일본에서는 다음과 같은 몇 가지 종류의 바람이 존재한다.

① 해륙풍

해안 지역에서는 해양과 육지의 열용량 차이에 따라 태양열을 받아들이는 방식이 다르기 때문에 온도차가 발생하는데, 이에 따라 생긴 기압차를 원인으로 부는 바람이 해륙풍이다.

낮에는 같은 일사량을 받더라도 육지 쪽이 바다 쪽보다 더 쉽게 따뜻해져서 온도가 높고 상대적으로 저압이 되기 때문에 바다에서 육지 쪽으로 바람이 불게 되는데, 이것이 해풍이다. 반대로 밤에 바다는 열용량이 크고 온도가 쉽게 낮아지지 않는 것에 비해 육지 쪽이 빨리 냉각되기 때문에 상대적으로 고압이 되어 육지에서 바다 쪽으로 육풍이 불게 된다. 풍향이 바뀌는 조석(朝夕)에는 풍속이 약해지는 잔잔한 상태가 된다.

해륙풍은 지형이나 기후에 크게 영향을 받지만 일반적으로 해풍은 5~6m/s 정도, 육풍은 2~3m/s 정도로 온도차가 큰 해풍 쪽이 강하고, 내륙으로 20~40km나 불어오는 경우도 있다.

풍력 계급	탁 트이고 평평한 지면에서 10m 높이의 상당 풍속(m/s)	상태	
		육상	해수면
0	0.0~0.2	평온, 연기는 바로 위로 상승한다.	거울 같은 해수면
1	0.3~1.5	바람의 방향은 연기가 나부끼는 것으로 알 수 있지만 풍향계로는 느낄 수 없다.	비늘 같은 잔물결이 생기지만 파도에 거품은 없다.
2	1.6~3.3	얼굴로 바람을 느낀다. 나뭇잎이 움직인다. 풍향기도 움직이기 시작한다.	잔물결이 작게 일고, 아직 짧지만 분명하게 보인다. 파도는 완만하고, 부서지지 않는다.
3	3.4~5.4	나뭇잎과 잔가지가 끊임없이 움직이고, 깃발이 약하게 펄럭인다.	잔물결이 크게 일고, 파도가 부서지기 시작한다. 거품은 유리처럼 보인다. 군데군데 흰 파도가 나타나기도 한다.
4	5.5~7.9	모래먼지가 일어나고, 종잇조각이 날아오른다. 잔가지가 움직인다.	파도는 작고 길어진다. 흰 파도가 꽤 많아진다.
5	8.0~10.7	잎이 있는 관목이 흔들리기 시작한다. 연못과 늪의 수면에 파도가 친다.	파도는 중간 크기이고, 한층 분명해지고 길어진다. 흰 파도가 많이 나타난다(물보라를 일으키는 경우도 있다).
6	10.8~13.8	큰 가지가 움직인다. 전선이 흔들린다. 우산을 쓰기 힘들다.	파도가 커지기 시작한다. 곳곳에 흰 거품이 일어난 파도의 범위가 한층 넓어진다(물보라를 일으키는 경우가 많다).
7	13.9~17.1	수목 전체가 흔들린다. 바람을 향해 걷기 힘들다.	파도가 점점 커지고, 파도가 부서지기 시작한 흰 파도는 선을 그으며 풍하로 불리기 시작한다.
8	17.2~20.7	잔가지가 부러진다. 바람을 향해 걸을 수 없다.	큰 파도의 약간 작은 것으로 길이가 길어진다. 파도의 끝은 부서지고 물보라를 일으키기 시작한다. 거품은 명료한 선을 그으며 풍하로 불린다.
9	20.8~24.4	인가에 약간의 피해를 입힌다(굴뚝이 무너지고, 기와가 벗겨진다).	큰 파도가 일어난다. 거품은 짙은 선을 그으며 풍하로 불린다. 파봉은 허물어지고 전복되며, 소용돌이치기 시작한다. 물보라때문에 시정(視程)이 나빠지는 경우도 있다.

풍력 계급	탁 트이고 평평한 지면에서 10m 높이의 상당 풍속(m/s)	상태	
		육상	해수면
10	24.5~28.4	육지 내부에서는 보기 힘들다. 수목이 뿌리째 뽑힌다. 인가에 대재해가 발생한다.	파도가 길고 짓누르는 것 같은 매우 높은 큰 파도이다. 큰 덩어리가 된 거품은 짙은 흰색의 선을 그으며 풍하로 불린다. 해수면은 전체가 희게 보인다. 파도의 무너지는 방식은 격하고 충동적이게 된다. 시정은 나쁘다.
11	28.5~32.6	좀처럼 일어나지 않고, 넓은 범위의 파괴를 동반한다.	산과 같이 높은 파도이다(작거나 중간 크기의 선박은 일시적으로 파도의 그늘로 보이지 않게 되는 경우도 있다). 해수면은 바람이 부는 길고 흰 파도의 덩어리로 완전히 덮이게 된다. 곳곳에서 파도의 끝이 세차게 날려 물보라가 된다. 시정은 나쁘다.
12	32.6 이상	–	대기는 거품과 물보라로 가득찬다. 해수면은 세차게 날리는 물보라때문에 완전히 하얗게 된다. 시정은 현저하게 나빠진다.

② 산곡풍

산곡풍도 해륙풍과 같이 열에 의해 일어나는 바람으로, 낮과 밤에는 풍향이 반대가 된다. 낮에는 산비탈과 정상이 골짜기 정상과 같은 높이의 공기로 따뜻해지기 때문에 상대적으로 저압이 되어, 골짜기에서 산 쪽으로 곡풍이 불게 된다. 반대로 밤에는 산 쪽이 기온이 내려가 상대적으로 고압이 되기 때문에 산에서 골짜기로 산풍이 불게 된다.

산곡풍은 넓은 의미와 좁은 의미로 사용되고 있다. 넓은 의미로는 산비탈을 따라 부는 바람이고, 좁은 의미로는 낮에는 골짜기 줄기를 따라 산으로 상승하고 밤에는 골짜기 줄기를 따라 내려가는 바람이다.

③ 계절풍

계절풍은 계절에 따라 대륙과 해양의 일사로 인해 따뜻해지는 방법의 차이에서 발생하는 바람으로, 여름과 겨울에 상대적인 열 관계가 반대로 되어 풍향이 변화한다. 여름에는 대륙 쪽이 쉽게 따뜻해지므로 저압부가 되어 해양에서 대륙으로 바람이 분다. 겨울에는 반대로 해양 쪽이 쉽게 차가워지지 않으므로 대륙보다 상대적으로 저압이 되어 대륙에서 해양으로 바람이 분다. 일본에서는 여름에 태평양에서 불어오는 남동풍, 겨울에 대륙에서 불어오는 북서풍이 계절풍에 해당한다.

🔳4 저기압과 고기압으로 인한 바람

저기압과 고기압에 따른 바람은 저기압의 크기나 위치 관계에 따라 풍속과 풍향이 변화하게 된다. 일반적으로 기압차가 큰 곳일수록 바람이 강하고, 북반구에서는 저기압으로 인한 바람은 반시계 방향으로 회전하며 중심부로 불어오고, 고기압으로 인한 바람은 시계 방향으로 회전하며 중심에서부터 불기 시작한다. 저기압이 통과하기 전에는 남쪽에서 바람이 불고, 통과 후에는 북쪽에서 바람이 불며 전선이 통과할 때는 강풍이 분다. 일본에서는 봄과 가을에 3~4일 주기로 이동성 저기압과 이동성 고기압이 서로 번갈아서 나타난다.

🔳5 태풍

태풍은 열대 저기압 중에서 최대 풍속이 17.2m/s 이상인 것을 말하며, 전선(前線)을 동반하지 않는다. 태풍은 지름 100~1,500km로, 중심 부근의 지름 수십km는 태풍의 눈이라 불리며 바람이 약한 청천역(晴天域)이지만 중심에서 50~150km 부근에서 바람이 가장 강하다. 태풍의 바람은 반시계 방향으로 회전하며 중심으로 불고, 풍속은 진행 속도와 합쳐지기 때문에 풍속 자신의 소용돌이 풍속에 따라 진행 방향의 우측은 빠르고, 좌측은 느려진다.

🔳6 지역적인 국지풍

특수한 지형인 곳에서 어느 특정 기압 배치가 되었을 때 그 토지 특유의 바람을 형성하는 때가 있다. 이 국지풍은 그 원인이 지형 인자에 따르기 때문에 비교적 풍황이 안정되어 있고, 복잡한 지형인 일본에서는 각지에서 볼 수 있으며, 가늘고 긴 협곡의 개구부에서 평야와 바다를 향해 부는 바람은 '오로시(颪 : 겨울철 산에서 불어오는 바람)', 산에서부터 부는 바람은 '다시(だし)'라고 한다. 특히, 야마가타 현의 키요가와 다시, 오카야마 현의 히로토 카제(広戸風), 그리고 에히메 현의 야마지 카제(やまじ風)는 예로부터 농작물 등에 피해를 주어 왔기 때문에 일본의 3대 악풍(惡風)이라고 불리고 있다. 일본 각지의 주요 국지풍이 발생하는 지역은 **그림 3.2**와 같다.

일본에서 국지풍의 분포
(출처 : 요시노 마사토시,
"기후학"(1978), 마키타이치,
"풍해와 폭풍 시설"(1987) 등)

주) '쓰쿠바오로시', '하루나오로시' 등은 각각 산에서 불어 내려오는
것이 아니라 부근의 유명한 산의 명칭을 딴 것이다.

1.3 풍속의 고도 분포

일반적인 공기의 운동은 기압의 경사, 지구 자전으로 인한 전향력, 지표의 마찰 등에 의해 좌우되기 때문에 풍속과 고도 관계를 생각할 경우에는 **그림 3.3**과 같은 대기의 구조를 생각한다. 지표 마찰의 영향이 미치는 고도 1,000m 정도까지의 범위를 대기 경계층이라고 하고, 대기 경계층의 윗부분을 자유 대기라 한다. 대기 경계층은 지표에서 100m 정도까지의 지표 경계층과 그 위의 상부 경계층으로 분류된다. 지표 경계층에서는 마찰 효과가 크고, 전향력은 무시할 수 있다. 상부 마찰층에서는 지표 마찰과 전향력의 효과가 거의 같다.

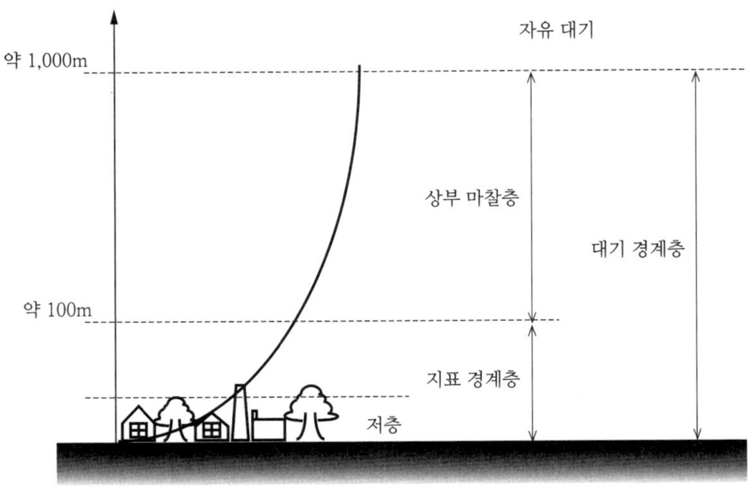

바람은 지표 마찰의 영향을 받기 때문에 지표에 가까울수록 약해진다. 이 고도 분포의 변동은 지표의 조도(粗度)(식생, 건물)가 클수록, 또 지형이 복잡할수록 커진다. 풍차가 대상으로 하는 지표 경계층의 풍속의 고도 분포에 대해서는 경험칙으로는 지수 법칙이 성립하는 것이 알려져 있고 아래의 식을 사용한다.

$$v = v_1 \left(\frac{z}{z_1} \right)^{1/n} \quad \cdots\cdots\cdots\cdots\cdots\cdots\cdots\cdots\cdots\cdots (3.3)$$

여기서, v : 지상 높이 z의 풍속

v_1 : 지상 높이 z_1의 풍속

n : 지수 법칙의 거듭제곱 지수

거듭제곱 지수 n의 수치는 지표의 조도 상태에 따라 변하고, **표 3.2**와 같이 평탄한 해안 지역 등에서는 $n=7$, 내륙에서는 $n=5$ 정도가 사용된다. **그림 3.4**에 $n=5$ 및 $n=7$의 경우 풍속의 고도 분포를 나타내었다.

지표 상태	n	$1/n$
평탄한 지형의 초원	7~10	0.10~0.14
해안 지방	7~10	0.10~.014
전원	4~6	0.17~0.25
시가지	2~4	0.25~0.50

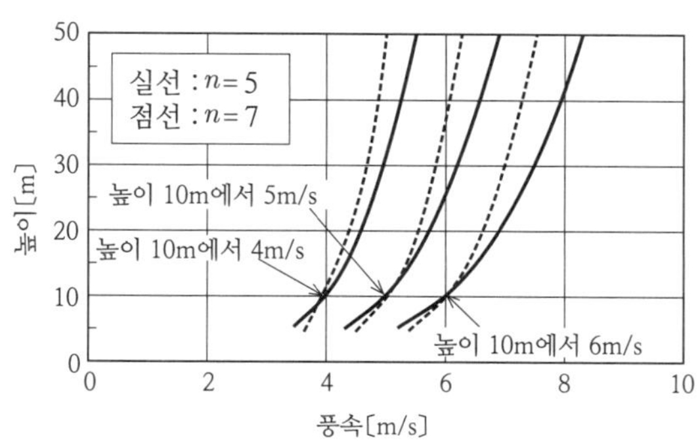

그림 3.4 >>>
풍속의 고도 분포

1.4 지형 등으로 인한 바람의 변화[1]

지표 부근의 바람의 흐름은 지형 조건과 지상 구조물 등의 장해물에 의해 여러 변화가 나타난다.

1 지형에 따른 변화

바람은 기본적으로는 지형을 따라 부는데 지형의 변화에 따라 흐름의 박리와 수속(收束)이 일어난다. 비교적 평탄한 지형상의 완만한 경사면에서의 흐름은 경사면을 따라 흐르고, 경사면의 기울기가 커지면 흐름은 경사면에서 분리되게 된다. 또, 완만한 언덕 위에서는 흐름이 수속함에 따라 풍속이 강해진다.

그림 3.5 >>>
복잡한 지형과 풍황 분포의 모식도(일본기상협회 자료)

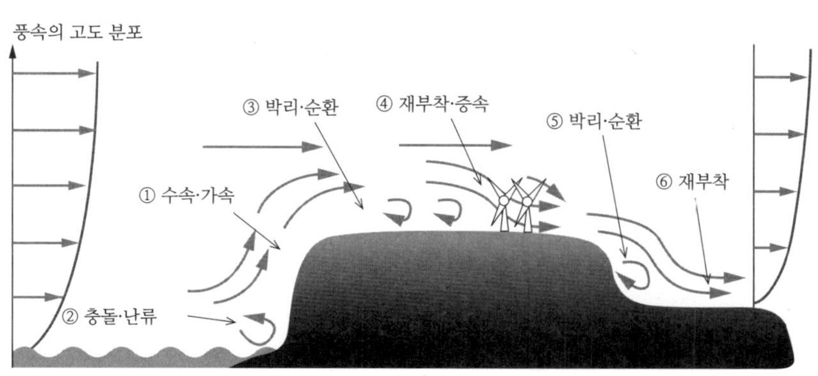

복잡한 지형과 풍속 분포의 모델은 **그림 3.5**와 같지만 경사면의 기울기가 큰 급경사면이나 벼랑이 되면 그 위에서는 수속으로 인한 가속류가 되어 풍속이 증가하여 벼랑 아래에서는 충돌로 인한 난류 영역이 발

생하고, 벼랑 위에서는 박리로 인한 순환 영역이 발생한다. 게다가 벼랑 끝에서 후방 부분으로 바람이 재부착하여 속도가 증가하는 영역이 형성된다. 또, 바람이 불어가는 쪽에 급경사나 벼랑이 있는 경우에는 박리로 인한 순환 영역이 발생하고, 그 하류에서는 재부착 영역이 형성된다. 이 순환 영역의 크기는 풍속에 따라 다르기 때문에 재부착 지점도 이동하게 되어 매우 복잡한 움직임을 보이게 된다.

2 장해물에 따른 변화2

건물이 바람에 미치는 영향은 **그림 3.6**과 같다. 건물 주변에는 활류 영역이 형성되어, 그 영역은 풍상측에 건물 높이 h의 2배, 풍하측에 건물 높이의 10~20배, 높이 방향에 건물 높이의 2배의 범위에 이른다. 바람의 방향에 대해 폭이 넓은 건물(폭이 높이의 4배 이상)의 경우, 바람은 수평 방향으로는 넓어지지 않고 대부분 건물 윗부분을 통과하기 때문에 풍하측의 난류 영역의 거리는 길어진다. 한편, 폭이 좁은 건물의 경우, 바람은 수평 방향으로도 넓어지기 때문에 풍하측의 난류 영역의 거리는 짧아진다.

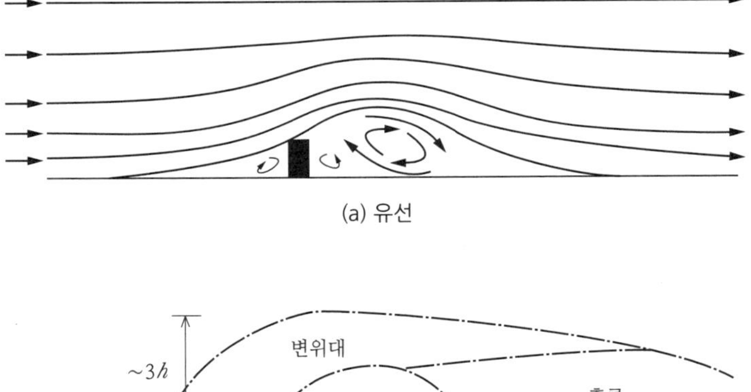

그림 3.6 >>>
흐름에 직각으로 놓인
장해물 주위의 바람

또, 높고 큰 빌딩이 생긴 경우에 그 근방에서 지상풍이 매우 강하게 부는 일을 자주 경험하는데, 이를 빌딩풍이라 하며, **그림 3.7**은 그 풍동 실험의 일례이다. 이 그림으로 빌딩의 전면과 측면이 강풍역이라는 것을 알 수 있다. 이와 같은 현상은 사전에 파악하기 매우 어렵기 때문에 풍동 실험으로 추정하는 경우가 많다.

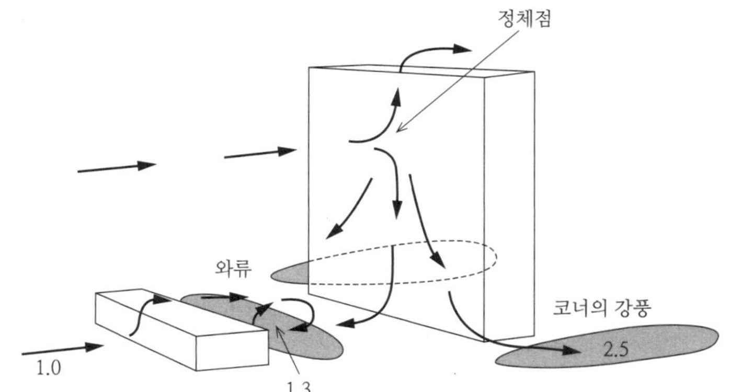

그림 3.7 >>>
바람이 불어오는 쪽에
낮은 빌딩이 있는
고층 빌딩 부근의 바람

건물이 불투과성인 것에 비해 자연적 장해물인 삼림대 등은 투과성이 있고, 바람은 이들 장해물 속을 통과할 수 있다. **그림 3.8**에 밀도가 높은 삼림대에 따른 풍황의 변화를 나타내었다. 삼림대의 높이도 원인이 되고 난류 영역은 풍상측(風上側)에서 높이의 5배, 풍하측에서 높이의 5~15배 정도이다.

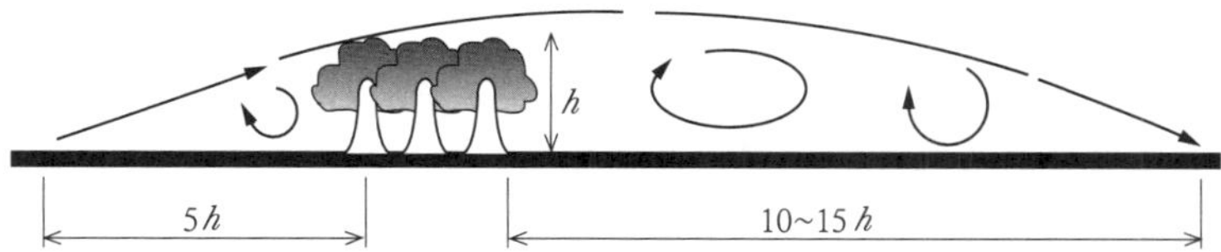

그림 3.8 >>>
삼림대에 따른 풍황의 변화

1.5 풍속의 시간적 변화

바람은 단시간 동안 끊임없이 변화하고 있고 바람이 부는 원인 등에 따라 몇 가지 종류의 경향이 눈에 띈다. 다음에서 풍속의 일 변화, 계절 변화, 경년 변화의 특징에 대해서 설명한다. 풍속의 일 변화는 **그림 3.9**에 나타난 예와 같이 낮에 커지는 경우가 있다. 이는 낮에 지표 부근의 공기가 따뜻해지기 때문에 대기가 불안정해져서 상층의 공기와 서로 섞이기 때문에 일어나는 현상으로, 특히 해안 지역에서는 봄에서 가을에 걸쳐 낮에 부는 강한 해풍의 영향도 있어 이와 같은 경향을 나타내는 경우가 많다.

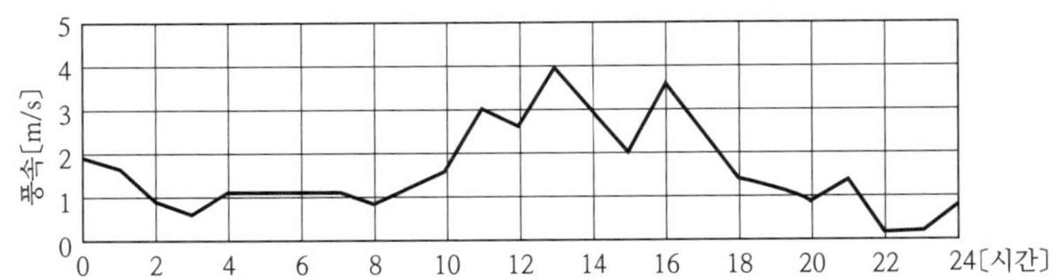

풍속의 계절 변화는 일본에서는 **그림 3.10**의 예와 같이 겨울에 커지는 경향이 있다. 이는 겨울의 강한 계절풍으로 인한 것이다. 풍속은 단기간 변동과 함께, 비교적 장기간의 연평균 풍속도 마찬가지로 변동한다. **그림 3.11**이 그 예를 나타내고 있다. 이는 매년 기후의 변화에 따른 것이며 일반적으로 평년값(30년간 평균값)의 ±10%의 범위 내에서 변화한다고 한다.

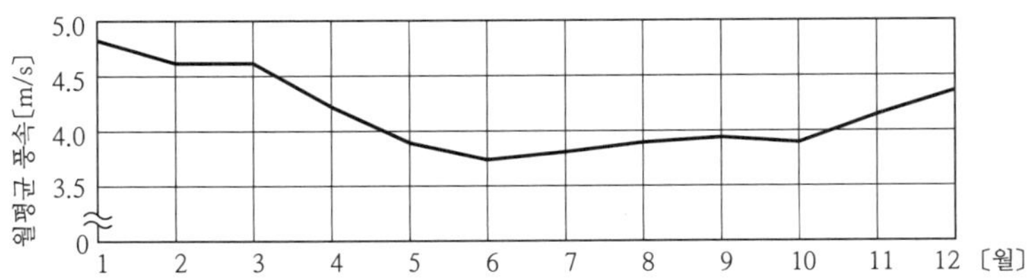

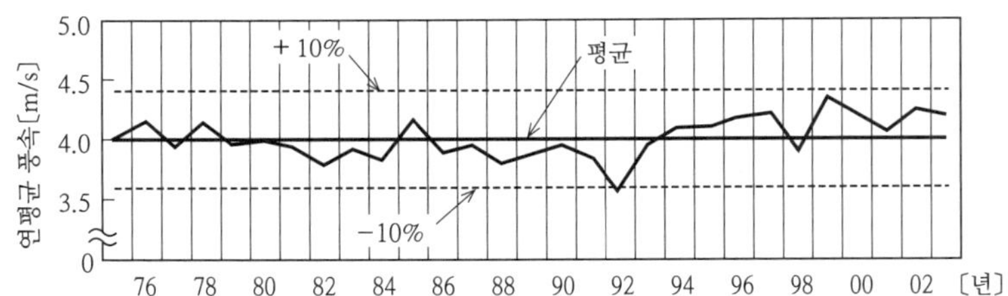

1.6 풍향·풍속 분포[1]

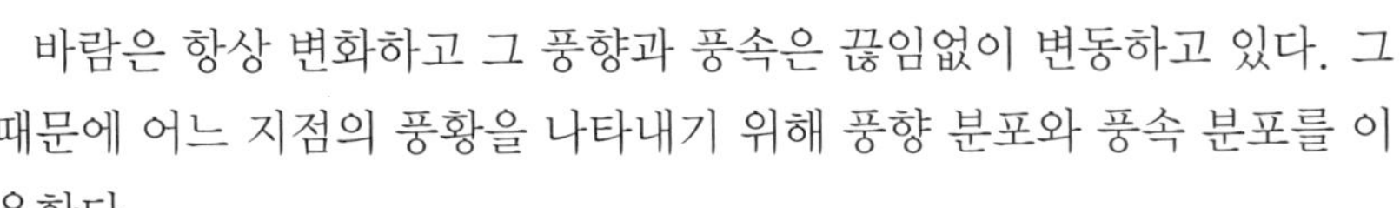

바람은 항상 변화하고 그 풍향과 풍속은 끊임없이 변동하고 있다. 그 때문에 어느 지점의 풍황을 나타내기 위해 풍향 분포와 풍속 분포를 이용한다.

1 풍향 분포

어느 특정 기간의 각 방위별 풍향의 출현율(빈도)을 방사상 그래프로 나타낸 것을 풍배도(wind rose)라 한다. **그림 3.12**에 연간 풍배도의 예를 나타내었다. 어느 기간에 가장 빈번하게 나타나는 풍향을 탁월 풍향(卓越風向)이라 하며, 그림 속 실선의 예로는 동남풍이 이에 해당한다. 풍력 발전을 할 경우에는 안정된 풍향 조건이 바람직하고, 복수의 풍차를 설치할 경우에는 풍배도부터 탁월 방향을 조사하여 이와 직각 방향에 설치하는 것이 바람직하다.

그림 3.12 >>>
연간 풍배도의 예

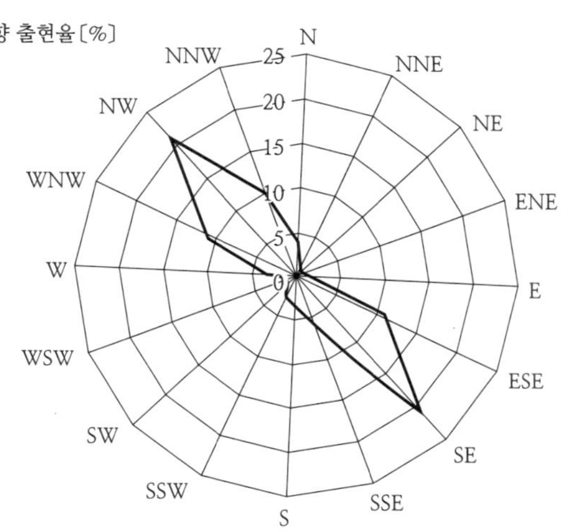

2 풍속 분포

어느 기간에 풍속 계급마다 출현율(빈도)을 그래프에 표시한 것을 풍속의 출현율 분포 또는 도수 분포라고 한다. **그림 3.13**에서 풍속의 출현율(도수) 분포의 예를 나타내었다. 풍속의 출현율 분포는 그림으로 알 수 있듯이 좌우 비대칭이고, 출현율의 최대는 약풍 쪽으로 기울어져 있다. 또, 그림 속의 곡선은 앞으로 다룰 와이블 분포(Weibull distribution)를 적용한 경우를 나타내고 있다. 출현율을 풍속이 큰 쪽부터 차례대로 가산 누적한 것을 누적 출현율이라 하며, 이를 그래프로 옮긴 것을 풍황 곡선이라 한다. **그림 3.14**에 풍황 곡선의 예를 나타내었다.

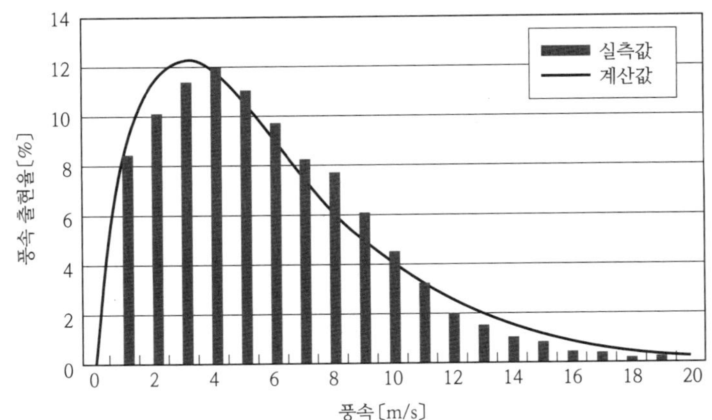

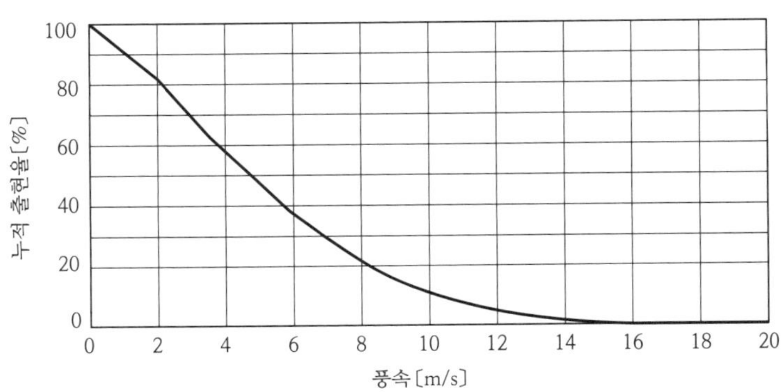

02 바람의 **자원량**[1]

2.1 풍황 데이터

풍력 에너지를 활용하기 위해서는 적어도 바람이 강하게 부는 곳을 선정하는 것이 중요하다는 것은 이미 설명했으며, 그러기 위해서는 풍황 데이터를 수집할 필요가 있다. 풍황 데이터는 기상 데이터의 하나로, 인간의 사회생활과 크게 관련되기 때문에 몇 개의 기관에서 관측하고 있다. 풍황 관측을 하고 있는 일본의 주요 기관은 다음과 같다.

- 기상청 : 전국의 기상대, 측후소, AMeDAS(지역 기상 관측 시스템)를 전개하여 기상 관측을 하고 있다.

- 해상보안청 : 항로 표식 사무소(등대)에서 풍향, 풍속 등을 항로 안전을 위해 관측하고 있다.

- 소방청 : 일본의 각 도도부현의 소방서에서 재해 시를 예측하거나 대책용으로 관측하고 있다.

- 국토교통성 : 도로, 하천, 댐 등의 관리, 공사 사무소에서 재해 방지를 위해 관측하고 있다.

- 농림수산성 : 농업, 원예, 임업 시험장에서 기상과 관련된 것을 조사하기 위해 관측하고 있다.

- 방위사업청 : 자위대의 훈련장, 비행장 등에서 안전을 목적으로 관측하고 있다.

- 지방자치체 : 환경, 대기 보전 등을 목적으로 관측하고 있다.

- 대학연구소 : 연구, 실험에 이용하는 자료로서 관측하고 있는 경우도 있다.

- 도로공단 : 고속도로, 다리에서의 눈보라, 횡풍 감시 등으로 기상 관측을 하고 있다.

- 철도 : 다리, 고가도로 등에서의 돌풍, 횡풍 감시로 풍속만을 관측하고 있다.

- 공항 : 비행장에서의 안전한 이 · 착륙, 비행을 위한 기상 관측을 하고 있다.

- 전력회사 : 발전소나 댐, 송전 철탑에서 재해 방지를 위한 관측을 하고 있다.

- 민간회사 : 유원지에서는 로프웨이, 리프트 등의 안전을 위해 관측하고 있다.

이들 기관의 데이터 중 기상청의 데이터는 장기간 관측을 통한 관측 자료를 통계적으로 정리하여 쉽게 열람할 수 있도록 해 준다. 기상청의 풍황 데이터는 주로 기상관서(기상대 및 측후소, 전국 161개소)와 전국 약 1,300여 개소의 AMeDAS 중 약 845개소에서 풍향을 16방위, 풍속을 0.1m/s 단위로 매 정시 전 10분간의 평균값을 관측하고 있다. 기상관서에서의 풍황 관측은 평지인 곳, 지상 10m의 높이가 기준으로 되어 있지만 장해물 등의 관계로 실제로는 10~30m 정도의 높이에서 관측되고 있다. 한편, AMeDAS는 홍수 예방 등의 목적으로 강수량의 관측을 주목적으로 하고 있기 때문에 지상 높이 6.5m가 기준으로 되어 있고, 풍황 관측 지점으로의 입지 조건(주변 장해물 등의 관계)을 만족시키고 있지 않는 지점도 많으며, 데이터를 이용하는 데 있어서 사전에 입지 조건을 평가할 필요가 있다. 기상관서 및 AMeDAS 관측소의 배치도 및 관측 데이터는 기상청(일본)의 홈페이지에 게재되어 있다.

○ http://www.jma.go.jp/jma/index.html

2.2 전국 풍황 지도

전국 풍황 지도는 풍력 개발의 추진을 목적으로 하여, 여러 풍황 관측 데이터를 토대로 지도상에 풍속 계급을 나타낸 것이며, 풍력 개발이 진행되고 있는 각국에서 작성되어 유망 지역을 선정하는 데 쓰이고 있다. 일본의 전국 풍황 지도는 신 에너지 산업기술종합개발기구(NEDO)에 의해 1993년도에 작성되었다.

NEDO에서 개발한 전국 풍황 지도는 NEDO에서 실시한 38지점의 풍황 관측 데이터를 포함하여, 기상청 등 관계된 각 중앙관청에서 수집한 합계 964지점의 풍황 데이터를 기초로 하고 있다. 또한 이에 더해 건설성 국토지리원이 전국을 대상으로 약 1km/h로 정비하고 있는 국토 수치 정보에 따른 지형 인자와의 상관 분석(중회귀분석)에 따라 풍속 예측식을 작성하고, 이에 1km/h의 지형인자를 대입해서 전국의 연평균 풍속값을 산정하여 작성한 것이다.

전국 풍황 지도를 개발하는 데 사용된 풍황 데이터 수집 기관의 데이터는 수집 기간 및 관측 고도가 달라지기 때문에 이를 10년(1980~1989년) 상당의 평균 풍속값으로 하며 지상 높이 30m로 고도 보정해서 사용하고 있다. 지형 인자는 국토 수치 정보로 인한 기복량, 최대 경사량, 육도(陸度), 방위별 개방도 등 14종류이다. 일본은 남북으로 이어져 있기 때문에 지역에 따라 특유의 기후 조건을 가지고 있는 점을 고려하여, 풍속 예측식을 작성하는 데 있어서 전국을 4개 지역으로 구분하고, 또 이 각 지역들을 풍황 특성에 따라 2개 블록으로 분류해서 실시하고 있다. 또, NEDO에서는 지역 블록별 전국 풍황 지도와 컬러판 전국 풍황 지도를 공개하고 있다.

또, 전국 풍황 지도를 사용함에 따라서 풍력 발전이 유망한 지역의 선정이 가능해졌지만 풍황은 지형 조건 등에 의해 크게 변화하는 경우도 있기 때문에 전국 풍황 지도는 여러 기준 중 하나를 활용하는 것이 좋다. 따라서 풍차의 건설 지점을 결정하는 데 있어서는 전국 풍황 지도와 그 밖의 풍황을 추정하는 데이터를 토대로 지리적 조건 등을 검토하여 추출한 지역에서 현지의 상세한 풍황 조사를 실시할 필요가 있다.

그리고 1999년부터 4년간에 걸쳐 NEDO에서는 국소적 풍황 예측 모델(LAWEPS ; Local Area Wind Energy Prediction System)을 개발했다. 이 모델은 일본처럼 복잡한 지형 조건하에 있어 바람의 변화가 현저한 지역에서도 충분한 예측 정밀도를 얻을 수 있게 해 주었는데 기상 모델과 공학 모델의 결합이 낳은 풍황 예측 모델이다. 이 모델에 의해서 기존 지형 인자법에 따른 전국 풍황 지도에 비해서 현격히 정밀도도 높아져 풍력 발전이 유망한 지역을 선정하는 도구로 유효하게 활용할 수 있다. 이는 NEDO 홈페이지에서 쉽게 열람할 수 있다.

➔ http://www.nedo.go.jp/nedo/top.html

또, 일본 내에서 바람 에너지를 어느 정도 이용할 수 있는지를 분명하게 한 것이 풍력 에너지의 부존량이다. 이에 대해서는 NEDO를 비롯해 몇 가지의 보고가 있지만 어떠한 전제 조건을 두는지에 따라 가치는 달라진다. 그것의 대표로 NEDO, 치요다 딤스 앤 무어(주) 및 CRC 설루션즈(주)에 따른 것을 **표 3.3**에 나타내었다.[3] 또, 해상의 풍력 에너지 부존량에 대해서는 11장에 기술하였다.

표 3.3 〉〉〉 일본 육지 지역에서의 풍력 발전 부존량

번호	전제 조건	도입 가능량	비고	출처
1	· 평균 풍속 5m/s 이상(지상 높이 30m)의 풍력 발전 시설을 건설할 수 있는 지역 중 자연 공원, 특별 환경 보호 지역 내를 포함한 농지, 삼림, 해변 등의 모든 토지를 대상으로 도입을 가정하면 설치 가능한 지역 면적은 약 3,600km² · 이 토지 면적에 500kW급의 풍차를 1기당 0.048km²(10*D*×3*D*)마다 건설한다고 가정	3,500만 kW (341억 kWh)	물리적 한계 잠재량으로서 위치 잡은 부존량	NEDO 전국 풍황 지도(1993)의 시나리오 2

번호	전제 조건	도입 가능량	비고	출처
2	【풍속 5m/s 이상(지상 높이 30m)인 경우】 · 자연 공원 등은 대상으로 하지 않는 등 일정 조건이 붙지만 농지, 삼림, 해변 등 모든 토지를 대상으로 도입을 가정하면 설치 가능한 지역 면적은 939km² · 이 토지 면적에 600kW급의 풍차를 건설한다고 가정 【풍속 6m/s 이상(지상 높이 30m)인 경우】 · 상기와 같은 조건하에서 설치 가능한 면적은 394km² 【풍속 7m/s 이상(지상 높이 30m)인 경우】 · 상기와 같은 조건하에서 설치 가능한 지역 면적은 108km²	【5m/s 이상】 500만 kW[*1] 【6m/s 이상】 220만 kW[*2] 【7m/s 이상】 60만 kW	[*1]과 [*2]는 실제적 잠재량(사회적 조건 등을 염두에 둔 일정한 폭을 가지고 얻을 수 있는 수치)으로서 위치 잡은 부존량	치요다 딤스 앤 무어(주) [*1]과 [*2]는 종합 에너지 조사회 신에너지 부회 자료(2000년 1월)
3	풍차의 정격 출력을 1,000kW로 한 경우	【5m/s 이상】 6,400만 kW 【6m/s 이상】 270만 kW 【7m/s 이상】 75만 kW		
4	풍속 조건(5m/s, 6m/s, 7m/s, 8m/s(지상 높이 60m))별로 시나리오(4가지 케이스) 작성(대상 풍차의 정격 출력 1,000kW) 〔시나리오 1〕 · 개발 가능 면적 : 풍속 조건을 만족하는 면적 · 토지 이용 면적률 : 100% · 토지 취득률 : 50% · 풍차 설치률: 80% · 토지 이용률 : 67% · 풍차 점유 면적 : 0.0615km²	【5m/s 이상】 · 시나리오 1 1,114,512만 kW · 시나리오 2 110,152만 kW · 시나리오 3 106,673만 kW · 시나리오 4 6,947만 kW 【6m/s 이상】 · 시나리오 1 60,348만 kW · 시나리오 2 59,127만 kW · 시나리오 3 58,100만 kW · 시나리오 4 2,427만 kW		CRC 설루션(주)

번호	전제 조건	도입 가능량	비고	출처
4	〔시나리오 2〕 상기와 거의 같은 조건하에서 토지 이용 면적(논, 밭, 과수원, 삼림, 황지)의 비율이 50% 이상인 지역 〔시나리오 3 · 4〕 상기와 거의 같은 조건하에서 토지 이용 면적 비율이 75% 이상인 지역	【7m/s 이상】 · 시나리오 1 28,637만 kW · 시나리오 2 28,390만 kW · 시나리오 3 28,154만 kW · 시나리오 4 740만 kW 【8m/s 이상】 · 시나리오 1 11,639만 kW · 시나리오 2 11,594만 kW · 시나리오 3 11,560만 kW · 시나리오 4 317만 kW		CRC 설루션(주)

풍력 발전의 도입 계획과 설치의 이치

풍황 해석과 풍력의 이용 가능량[1,2]

풍력 발전이나 풍력에 따른 양수를 계획할 경우, 그 전제가 되는 것이 후보 부지의 풍량에 대한 정보이다. 정밀도 높은 풍황 데이터를 구할 수 있다면 그 해석 결과로부터 어느 일정 기간의 풍력에 따른 발전량이나 양수량을 정확하게 구할 수 있다. 여기에서는 풍황 해석에 가장 잘 사용되는 와이블(Weibull) 분포와 그 특수한 사례인 간단한 레일리(Rayleigh) 분포에 근거한 풍력 발전 도입의 이치를 설명한다.

1.1 풍황 해석과 와이블 분포

자연풍을 동력원으로 사용하는 풍력 발전 시스템에서는 어느 기간에 여러 크기의 풍속이 어느 정도의 빈도로 나타나는지를 꼭 알아야 한다. 이것이 풍속의 출현율 혹은 도수 분포이며, 도수로 시간수를 사용하거나 퍼센트[%]를 사용한다. 후자의 경우에는 풍속의 누적 관측수에 대한 비율로 상대 도수 또는 출현 확률이라 한다. 앞에 나온 3장의 **그림 3.13**이 풍속의 도수 분포이다.

풍속의 도수 분포 혹은 출현 확률은 좌우 비대칭으로 도수의 최대는 좌측(약풍측)으로 치우쳐 있다. 이것을 관수형으로 나타낼 수 있는 포이즌 분포, 와이블 분포, 레일리 분포, 야코브스(Jacobus)의 분포식, 올손의 분포식 등 많은 식을 제안하고 있지만 이들 중에서 풍속의 출현율 분포에 적합하고, 풍황 곡선으로 자주 이용되는 것은 와이블(Weibull) 분포관수이다.

$$f(v) = \frac{k}{c}\left(\frac{v}{c}\right)^{k-1} \exp\left\{-\left(\frac{v}{c}\right)^{k}\right\}$$

여기서, $f(v)$: 풍속의 출현율

   c : 척도 정수(scale parameter)

   k : 형상 정수(shape parameter)

또, 풍속이 v_x 이하가 될 확률 $F(v \leq v_x)$는

$$F(v \le v_x) = 1 - \exp\left\{-\left(\frac{v}{c}\right)^k\right\}$$

가 된다. 또, 평균 풍속 $\bar{v}$는 다음의 식으로 나타낸다.

$$\bar{v} = c\Gamma\left(1 + \frac{1}{k}\right) (\text{단}, \ \Gamma : \text{감마 함수})$$

그림 4.1에 평균 풍속 6m/s의 경우 형상 계수 k의 여러 가지 수치에 대한 와이블 분포를 나타내었다. k의 수치가 커질수록 피크가 뾰족해진다. 척도 계수는 위 관계식에서 풍속이 작은 쪽에서의 누적 출현율이 63.2%가 되는 곳의 풍속 v와 동등하다. 형상 정수 k는 일본의 경우, $k=0.8\sim2.2$ 정도이며, 연평균 풍속이 클수록 커지는 경향이 있다. 연평균 풍속이 5m/s 이상인 경우 $k=1.5\sim2.2$ 정도이다.

와이블 분포에서 특히 $k=2$인 경우를 레일리(Rayleigh) 분포라고 하며 다음의 식으로 나타낸다.

$$f(v) = \frac{\pi}{2} \ \frac{v}{\bar{v}^2} \exp\left\{-\frac{\pi}{4}\left(\frac{v}{\bar{v}}\right)^2\right\}$$

그림 4.1 >>>

평균 풍속 6m/s인 경우의
와이블 분포

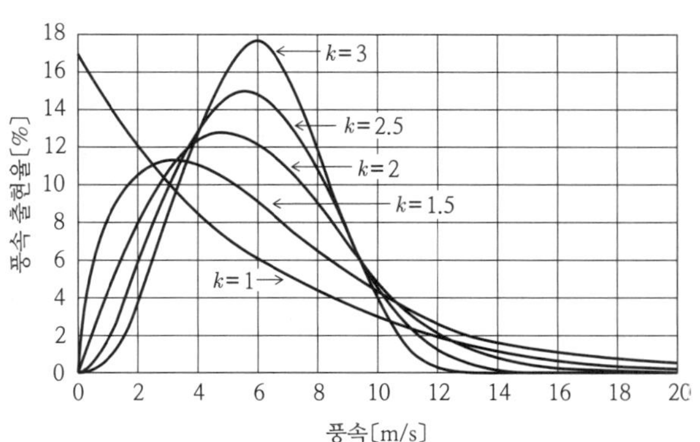

레일리 분포는 평균 풍속으로 풍속 출현율 분포를 추정할 경우, 간단하기 때문에 자주 사용된다. 평균 풍속에 대한 레일리 분포는 **그림 4.2**와 같다.

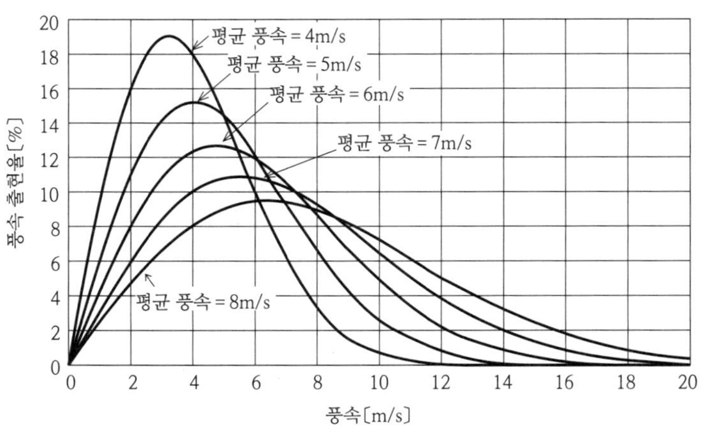

1.2 풍력 발전 시스템의 운전 특성[2, 3]

풍력 발전 시스템은 일정 풍속 이상이 되면 발전을 개시하고, 출력이 발전기의 정격 출력에 달하는 풍속 이상이면 피치 제어 혹은 스톨 제어에 따른 출력 제어를 하며, 풍속이 더욱 커지면 위험 방지를 위해 로터의 회전을 멈추고 발전을 정지시킨다. **그림 4.3**은 이 운전 특성의 예를 나타낸 것이고, 각각의 풍속을 컷인 풍속, 정격 풍속, 컷아웃 풍속이라 한다. 이들 풍속값은 기종에 따라 달라지지만 일반적으로 아래와 같은 수치를 적용하고 있다.

- 컷인 풍속 : 3~5m/s

- 정격 풍속 : 8~14m/s

- 컷아웃 풍속 : 24~25m/s

풍속에 대한 출력 특성은 성능 곡선 혹은 출력 곡선(파워 커브)이라 하며, 풍력 발전 시스템의 성능을 나타낸 것이다.

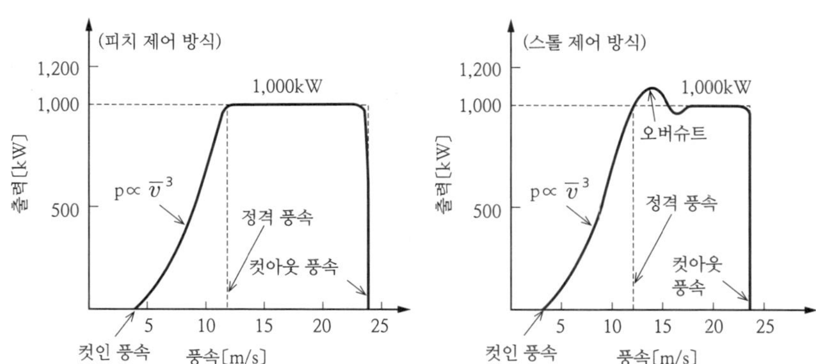

1.3 에너지 취득량

출력 곡선과 설치 지점의 풍차 타워 높이에서 풍속 출현율 분포를 사용하여 다음 식으로 구한다.

$$연간\ 발전량[kWh] = \sum \left(v_i \times f_i \times 8{,}760\,[h] \right)$$

여기서, v_i : 풍속 계급의 발전 출력[kW], f_i : 풍속 계급의 출현율

풍속 출현율 분포의 관측 데이터가 없는 경우, 평균 풍속으로 추정되는 와이블 분포를 이용해서 발전 전력량을 추정하는 것이 가능하며, 도입을 검토할 때 개략 평가로서 이용된다. 일반적으로는 간단하기 때문에 형상 계수 $k{=}2$의 와이블 분포인 레일리 분포를 이용한다.

그림 4.4에 레일리 분포를 가정한 경우의 연평균 풍속에 대한 연간 발전량의 예를 나타내었다. 예를 들면, 연평균 풍속이 6m/s라면 1,000kW의 풍차로 연간 2,000MWh의 발전량을 얻을 수 있다.

풍력 발전 도입에서의 시스템 평가 항목으로 에너지 취득량 이외에 설비 이용률(capacity factor)과 구동률(availability factor)이 있다. 설비 이용률은 시스템의 정격 출력에 대한 이용률을 나타낸 것이며, 다음의 식으로 구할 수 있다.

$$연간\ 설비\ 이용률[\%] = \frac{연간\ 발전\ 전력}{정격\ 출력 \times 8{,}760[h]}$$

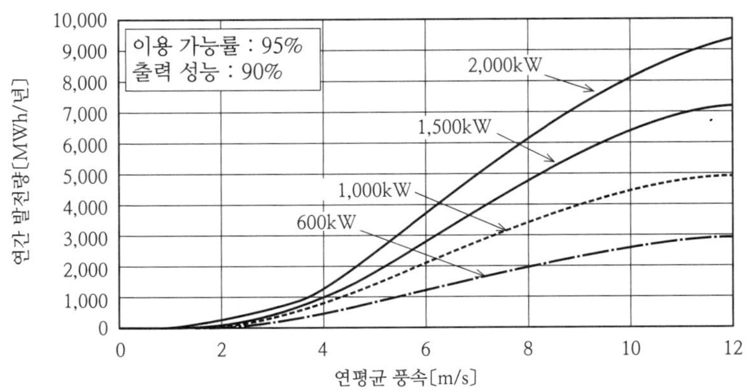

그림 4.4 >>>
연평균 풍속에 대한
연간 상정 발전 전력의 예

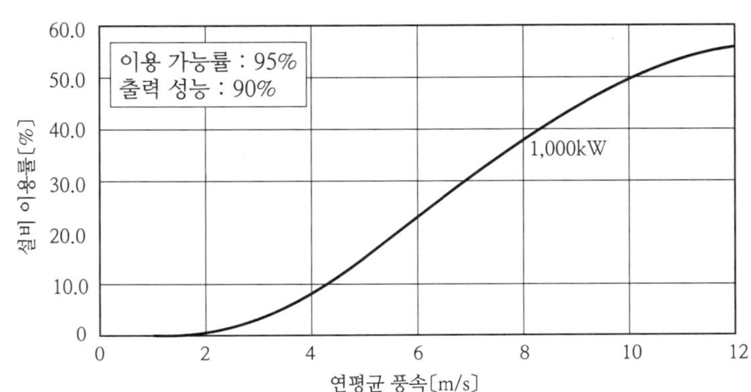

그림 4.5 >>>
연평균 풍속에 대한
설비 이용률의 예

    그림 4.5에 **그림 4.4**의 데이터를 이용한 1,000kW기의 연간 설비 이용률의 예를 나타내었다. 이 경우 연평균 풍속 6m/s로, 연간 설비 이용률 24%를 얻을 수 있다. 즉, 연간 8,760시간 중 2,100시간 정도가 정격 출력으로 운전되는 것을 나타내고 있다.

    구동률은 시스템의 구동 시간율을 나타낸 것으로, 풍차를 운전하고 있는 시간의 합계값을 연간 시간으로 나눈 수치이다. 또, 컷인 풍속부터 컷아웃 풍속까지의 풍속 출력률의 누적으로 구할 수 있다. 풍황 곡선(누적 출현율)을 얻을 수 있는 경우는 다음 식으로 산출할 수 있다.

가동률 = 컷인 풍속 이상의 누적 출현율 − 컷아웃 풍속 이상의 누적 출현율

02 풍력 발전 설치의 노하우[2,3]

NEDO에서는 1996년도 이후 "풍력 발전 도입 가이드북"을 작성하고, 풍력 발전의 도입 보급에 노력해왔지만 여기서는 그 2005년도판을 인용하고 있다. 자세한 내용은 풍력 발전 도입 가이드북을 참고하길 바란다.

풍력 발전 도입에 관한 전체 흐름은 **그림 4.6**과 같다. 다음은 NEDO의 방식에 따른 입지 조사부터 기본 설계까지 검토의 진행 방향에 대해서 설명한다. 풍력 발전 도입을 검토하는 데 있어서는 먼저 양호한 풍황을 기대할 수 있는 유망 지역을 선정하여 그 지역의 풍황 데이터, 자연 조건 및 사회 조건을 조사하여 설치 후보 지점의 선정과 대강의 풍차 도입 규모를 상정한다.

2.1 유망 지역 선정

유망 지역을 선정하기 위해서는 국소 풍황 지도나 기상청 등의 풍황 데이터를 활용한다. 국소 풍황 지도(지상 높이 30m)에서는 연평균 풍속이 5m/s 이상, 가능하면 6m/s 이상의 지역을 대상으로 하고, 그 점유 면적이 큰 지역, 혹은 풍속 계급이 높은 지역이 밀집되어 있는 지역을 선정한다. 기상청 등의 관측소 풍황 데이터에서는 관측 고도나 설계 지점의 입지 조건에도 따르지만 연평균 속도 최저 4m/s 이상은 필요하다.

2.2 후보 부지 근방의 풍황 데이터 수집

선정된 유망 지역에 대해서 앞서 서술한 기상청 등 풍황 관측을 하고 있는 기관이 실시한 근방의 풍향 데이터를 수집한다. 수집해야 할 풍황 데이터는 풍향 풍속의 1시간 단위 수치이지만 풍력 에너지 취득량의 월 변화나 탁월 풍향을 알기 위해 적어도 월별 평균 풍속과 연간 풍향 출현율을 수집한다. 수집하는 데이터의 기간은 최저 1년은 필요하지만, 기상학적인 트렌드를 고려하기 위해서는 10년간 데이터를 수집하는 것이 바람직하다.

풍력 발전에 있어서 풍황을 평가하는 기준으로는 연간 월평균 풍속 5m/s 이상인 달이 4~5개월 이상이라면 거의 양호하다고 판단한다. 또, 상정된 풍차의 성능 곡선과 연평균 풍속(레일리 분포 또는 와이블 분포를 적용)으로 이용 가능률을 고려하여 연간 추정 발전량과 설비 이용률을 산정하고, 설비 이용률(capcity factor)이 최저 20%라면 거의 양호하다고 할 수 있다.

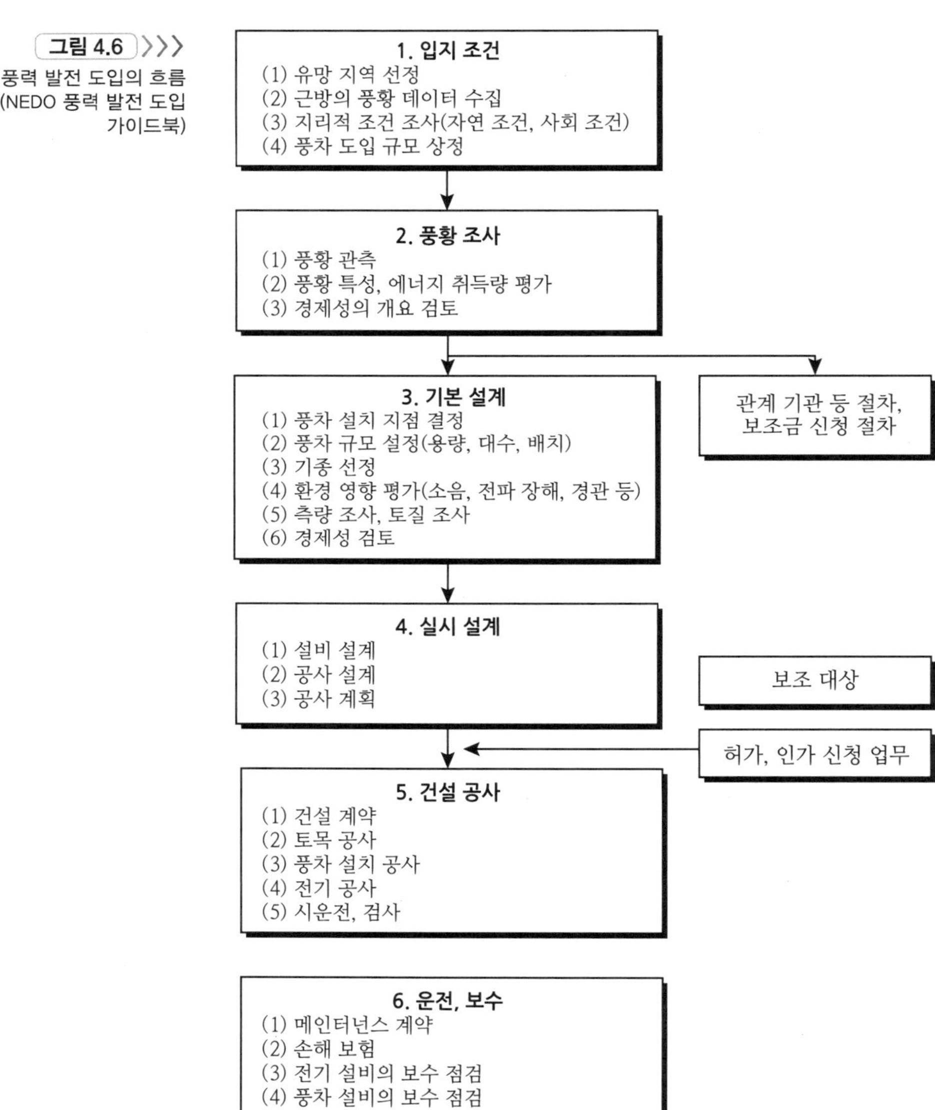

그림 4.6 >>> 풍력 발전 도입의 흐름 (NEDO 풍력 발전 도입 가이드북)

2.3 자연 조건 조사[3]

풍황은 지형 조건에 따라 크게 변화하는 경우도 있으므로 일본처럼 산악 구릉지가 많은 복잡한 지형의 나라에서는 대상 지역의 지형 조건을 반드시 조사해야 한다. 또, 풍차의 운전에 지장을 줄 가능성이 있는 특징적인 기상 조건 및 풍차 건설에 관계되는 지반 조건에 대해서도 조사해야 한다.

1 지형 조건

풍황은 지형, 장해물 등에 따라 변화한다. 지형이 급격하게 변화하는 경우 바람의 흐름이 커질 가능성이 있으며, 구릉이나 벼랑 위에서는 풍속이 증대할 것을 예상할 수 있지만 높이나 경사면의 경사각이 커지면 난류 영역이 발생할 가능성이 있다. 또, 구릉 뒤쪽에는 구릉 높이의 10배 정도의 범위로 난류 영역이 형성된다.

주변에 건물이 있는 경우, 풍상측에 건물 높이의 2배, 풍하측에 건물 높이의 10~20배, 높이 방향에 건물 높이의 2배 정도의 범위에 난류 영역이 형성된다. 한편, 삼림대 등에서는 높이에도 영향을 받지만, 풍상측에 높이의 5배, 풍하측에 높이의 5~15배 정도의 범위도 난류 영역이 형성된다(3장의 1.4 참조).

2 기상 조건

일본에서 풍력 발전의 사업 계획을 좌우하는 가장 큰 기상 조건은 낙뢰와 태풍으로서, 이로 인해 블레이드의 손상이나 유도뢰로 인한 제어 기기의 손상, 풍차가 무너지는 경우 등이 생길 수 있다. 그 밖에 바람의 흐름, 착설·착빙, 염해, 모래먼지 등을 들 수 있다.

[1] 낙뢰

낙뢰는 사계절을 통해 발생하지만 뇌운(雷雲)의 대표적인 것으로 여름의 적란운(積亂雲)이 있는데 지표면 온도와 대기 온도의 차가 10℃ 이상이면 형성되어 열운이라고도 한다. 한편, 겨울철 동해 연안에 발생하는 뇌운은 발달된 한랭기단의 유입과 대마 난류의 난기단이 접하는 전선면에서 한기가 아래로 내려가고 온기가 그 위로 올라와 격한 상승 기류를 일으켜 발생하는 것으로, 전선운(前線雲) 또는 계운(界雲)이라고 한다.

뇌운은 싸라기눈이나 얼음의 입자가 격하게 서로 부딪혀 입자가 큰 싸라기눈에는 마이너스 전하가 대전하여 중력에 의해 아래로 이동하고, 작은 얼음의 입자에는 플러스 전하가 대전하여 상승 기류의 작용으로 위쪽으로 옮겨져 뇌운을 형성하게 된다. 전하의 축적량이 일정한 수치를 넘으면 뇌운 속 혹은 뇌운간에 뇌방전이 일어나고, 뇌운 속 전하와 지표로 유도되는 반대 부호의 전하와의 사이에서 일어나면 낙뢰가 된다. 또, 동계뢰는 시베리아 한랭기단의 강풍이 세차게 불어 지상 100~수백m의 장소에서 전하 분리가 이루어지고, 대지 방전은 운저가 낮기 때문에 도중에 차단되는 경우가 없으며 1회로 낙뢰의 전부하가 방전되어버리는 경우가 많아 방전 시간도 길고 에너지가 매우 커진다. 동계뢰의 특징 중 한 가지는 계속 시간이 비정상적으로 긴 것과 전하량이 300〔C〕을 넘은 경우가 많이 관측된다는 것인데, 보통 하계뢰의 수치의 100배 이상에 달하는 것도 있다. 해외에서는 노르웨이 등에서 관측되는 예가 있지만, 세계적으로 봐도 진귀한 현상이라 할 수 있다.

직격뢰는 블레이드의 손상을 초래할 우려가 있고 풍력 발전 설비의 절연 강도를 훌쩍 뛰어넘기 때문에 전기 · 제어 부품 등의 보호를 충분히 검토해야 한다. 또한, 유도뢰로 인한 이상 전압이 선로의 기준 충격 절연 강도를 넘어, 배전용 변압기를 비롯해 개폐기류의 절연 파괴, 인버터의 손상, 퓨즈 용단(溶斷) 등의 뇌해를 초래하는 경우가 있다. 이 때문에 낙뢰가 많은 지역에서는 풍차 타워에 대한 피뢰 설치(특별 제3종 접지 공사 등), 통신 케이블의 광케이블화나 전기 · 제어 부품 등에 어레스터(피뢰기) 설치, 그리고 배전 선로와의 사이의 내뢰 변압기나 전기 회로로 어레스터 등을 설치할 필요가 있다.

블레이드 등으로 낙뢰하는 것은 블레이드의 재질이나 보호 대책에 따라 방비책이 달라지므로 메이커 연구와 개발 상황에 입각하여 미리 검토하는 것이 요구된다. 특히 동해측의 동계뢰는 하계뢰에 비하여 에너지가 매우 크고, 블레이드의 손상이나 전기 · 제어 부품의 손상 피해가 풍차 설치 수의 증가와 함께 증가해 왔기 때문에 방뢰 대책에 대해서 충분히 검토해야 한다.

어떤 지역의 낙뢰일수의 개요를 파악하기 위해서는 기상청의 연간 뇌우일수 분포도(IKL), 전력중앙연구소가 정리한 1992년부터 2001년까지의 뇌격 빈도 지도 외에 번개 관측을 전문적으로 해 온 기업 등에서 여러 가지 정보를 얻어야 한다. 겨울철 낙뢰 발생 상황의 예는 6장의 **그림 6.44**를 참고하길 바란다.

[2] 태풍

일반적으로 태풍은 최대 풍속 17.2m/s 이상의 열대 저기압의 영향으로 생기는데, 풍력 발전기의 컷아웃 풍속 이상의 풍속을 동반하는 경우가 많아 최근 타워의 기초가 무너지거나 블레이드나 너셀 커버가 파손되어 공중으로 흩어지는 사고가 발생하고 있다.

풍력 발전기는 일본, 해외 제품 모두 동일한 규격(IEC 61400-1, JIS C 1400-1)에 따라 설계되어 있지만, 태풍이나 허리케인 등으로 인한 강풍에 대비한 기종은 특별 클래스(S 클래스)로 분류되어 있으므로 주의를 요한다. 일본의 태풍으로 인한 풍차 사고의 구체적인 예에 대해서는 6장을 참고한다.

일본건축학회(1993)는 일본 설계 풍속의 기준이 되는 기본 풍속으로 지상 높이 10m에서 10분간 평균 풍속의 100년 재현 기대값의 분포도를 작성하고 있다. 특히 태풍이 직접 통과하고 상륙하는 오키나와 지방이나 큐슈, 시코쿠 지방에서 풍차를 도입하는 경우에는 미리 주변 지역을 포함한 과거의 최대 풍속(10분 평균값) 또는 최대 순간 풍속(0.25초간 평균값)의 50년 재현 기대값 등을 고려해야 한다.

[3] 바람의 산란

일본과 같이 복잡한 지형이 많은 산악 지역은 바람의 박리 현상이 일어나거나 풍속 변동 및 풍향 변동이 심한 곳이어서 블레이드의 피로 손상이나 수명에 영향을 줄 우려가 있다.

바람의 산란 지표가 되는 '난류 강도'는 10분간 평균 풍속에 대한 풍속의 표준 편차비로 정의하는데, 10분간 평균 풍속이 15m/s 시의 난류 강도는 I 15에 나타나 있다. 바람의 산란에 관해 IEC 61400-1과 JIS C 1400-1에서는 높은 산란 특성의 클래스 A(I=0.18)와 낮은 산란 특성의 클래스 B(I=0.16)의 2가지의 카테고리로 나뉘어져 있지만, 풍력 개발 필드 테스트 사업(풍황 정밀 조사)의 1995년부터 1999년까지의 자료에 의하면 난류 강도는 모든 데이터의 평균값 0.2를 넘는 수가 많아 난류가 심한 지점이 많은 것을 알 수 있다. 또, 일본 산악지의 바람 산란의 예는 6장을 참고하길 바란다.

[4] 착설, 착빙

눈이 내리거나 눈보라로 인해 휘날리는 눈이 물체에 부착되는 것을 착설이라 한다. 착설은 정도의 차이는 있지만 난세이 제도를 제외한 전국에서 일어날 가능성이 있으며, 풍차의 고정 부분이나 회전 부분 혹은 풍향, 풍속 센서에 착설될 우려가 있다. 바람이 불지 않을 때 눈보라가 착설되고, 그것이 야간 동결된 후에 바람이 불면 블레이드 등의 빙설은 부분 탈락하여 이상하게 변형되거나 센서 이상으로 제어 불능이 되는 경우가 있다.

착빙은 과냉각된 비나 구름이 물체에 닿았을 때 얼어붙는 현상으로서 생성 원인으로부터 수빙(樹氷)·조빙(粗氷)·우빙(雨氷)으로 나뉜다. 조빙이나 우빙으로 인한 착빙은 매우 단단하여 제거하기가 어렵다. 착빙은 겨울의 운저(雲底) 높이가 700m 이상인 지역에서 많이 생기기 때문에 높은 장소에 풍차를 설치하는 경우에는 유의해야 한다.

[5] 염해

바람으로 인해 발생한 해상의 파도나 해안의 파도 물결이 공중으로 증발함에 따라 생긴 해염 입자가 바람에 의해 옮겨져 물체에 부착되어 장해를 주는 것을 염해라 한다.

해염 입자의 발생량은 해상 풍속의 3승에 비례해 증가하기 때문에 강풍이 불 때일수록 공기 중 염분량은 증가한다. 이 해염 입자는 바람을 타고 옮겨가는 사이에 낙하하기 때문에 공기 중 염분량이나 염분 부착량은 해안으로부터 거리가 멀어질수록 감소한다. 해염 입자가 물체에 부착되더라도 상당량의 비가 내리면 표면에 있는 염분은 씻겨 내려가기 때문에 염해가 생기기 어렵지만 기구 내부로 들어간 염분은 축적된다. 풍차를 해안 근처에 설치할 경우에는 부식이나 전기 계통의 절연 저하에 대한 대책이 필요해진다.

[6] 모래먼지(비사(飛砂))

모래먼지가 많은 장소에서는 블레이드가 손상되어 수명이 현저하게 단축된다. 또, 기계 안으로 들어가 바퀴 등의 구동부에 지장을 초래할 수도 있다.

3 지반 조건

풍차의 중량은 500kW급으로 50~80t, 1,000kW급으로 130t, 2,000kW 급으로 230t 정도로 대형 기기이기 때문에 설치 장소는 지반이 튼튼한 곳을 선정한다. 지반이 약한 장소에 설치할 경우에는 지지 지반까지 기초 항(基礎杭)을 설치하게 된다. 또, 일본은 지진의 발생 빈도도 높기 때문에 액상화의 가능성을 조사하여 필요에 따라 대책을 세울 필요가 있다. 더욱이 활단층의 유무에 대해 더 조사하는 것이 바람직하다.

2.4 사회 조건 조사[3]

풍력 발전의 입지를 선택하는 데 있어서 후보 지역의 풍황은 입지의 가부를 결정하기 위한 가장 중요한 조건이다. 그러나 풍황이 양호하더라도 후보 지역의 각종 사회 조건이 풍차의 건설을 제한하는 경우가 있으므로 사회 조건에 관한 사전 조사도 중요하다.

사회 조건의 조사 항목으로는 구획 지정, 토지 이용, 배전선, 송전선, 수송, 도로, 소음, 전파 장해, 경관, 생태계를 들 수 있지만 소음, 전파 장해, 경관, 생태계에 미치는 영향 등에 대해서는 10장 '풍력 발전이 환경에 미치는 영향'에서 설명하도록 한다.

1 구획 지정

일본에서는 각종 목적을 위해 일정 범위를 지정 지역으로 설정하고 있고, 이들 지역에 건설물과 공작물을 건설할 경우에는 법적 규제를 받게 된다. 풍차의 건설에 관한 법적 제한 요인으로는 다음의 것을 들 수 있다.

· 도시 계획 지역 : 도시 계획 구역, 용도 지역, 시가화 구역 등

· 자연공원 : 보통 지역, 특별 지역, 특별 보호 지구

· 자연환경 보전 지역 : 원생 자연환경 보전 지역, 출입 제한 구역 등

· 그 외 : 보안림, 국유림, 현유림, 조수 보호 지역, 농지, 농업 진흥 지역 등

앞의 예 중 주로 대상이 되는 것은 자연공원이다. 자연공원의 종류에는 국립공원, 국정공원, 현립공원 등이 있으며 국립공원은 환경성, 국정공원 및 현립공원은 도도부현이 관리자로 되어 있다. 이들 지정 지역 중에서 풍차 건설을 제한하는 요인은 높이 제한인데 지상 높이 13m 이상의 구축물이나 건축물을 건설하는 데는 신고나 허가, 인가가 필요하다. 또, 지정 조건에 따라서 모든 풍차를 건설할 수 없는 경우도 있다. 풍차 건설을 원활하게 진행하기 위해서는 후보 지점을 결정할 때 이들 지정 지역에 대해서 충분히 검토해야 한다.

또, 환경성에서는 2003년도에 국립 · 국정 공원 내의 풍력 발전 시설을 설치하는 것에 대한 검토회를 개최하고, '기본적인 사고 방식'을 정리하여 일정 기준을 만족시키는 경우에 풍력 발전 시설을 설치하는 것을 인정하기로 했다. 구획 지정 상황에 관한 정보는 도도부현 및 시정촌(市町村)의 창구에서 얻을 수 있다.

❷ 토지 이용

주택 용지, 건설 용지, 간선 교통 용지, 항공 지역과 같은 토지 이용 조건으로는 풍차를 건설하기 어려운 경우가 있으므로 후보 지점을 결정할 때는 미리 검토할 필요가 있다.

❸ 배전선 · 유송 도로

풍력 발전 시스템을 계통 연계할 경우, 풍차에서 전력 계통까지의 거리가 길면 건설 비용이 증가하므로 풍차의 설치 지점과 계통 연계가 가능한 기설(旣設) 배전선, 송전선, 변전소 등과의 거리를 조사할 필요가 있다. 또, 풍황이 좋은 산악 지대나 곶 등에서 배전선이나 송전선의 용량이 적은 경우(배전선 등으로부터 수전하고 있는 시설, 공장이나 가정의 소비 전력이 적은 지역이 해당)나 이미 다른 풍력 발전 시스템이 계통 연계되어 있는 경우에는 전력의 품질을 유지하기 위해서 설치 가능한 발전 출력에 제한을 받는 경우가 있기 때문에 계통 연계 지점을 포함해서 사전에 근처 전력회사에서 확인해 두는 것이 바람직하다.

풍차 건설 시 기재 반입이나 너셀이나 블레이드를 타워 위로 쌓아 올리는 크레인의 통행에 4~5m 폭의 도로와 20~40m 길이의 블레이드를 수송하기 위한 충분한 커브 곡률이 필요하고, 경우에 따라서는 새롭게 도로의 폭을 넓히거나 가설 도로를 설치해야 한다.

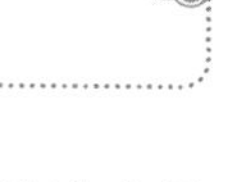

　후보 지점에 자연 조건과 사회 조건에 따라 필터를 설치한 영역이 풍차를 설치 가능한 공간이 된다. 단기(單機) 설치인 경우, 이들 공간 속에서 풍황이 가장 좋은 지점을 선정한다. 풍차의 점유 면적은 대략 아래와 같은 정도이다.

- 250kW급 : 35m×35m

- 500kW급 : 50m×50m

- 1,000kW급 : 65m×65m

- 2,000kW급 : 85m×85m

　한편, 여러 대의 풍차를 설치할 경우 풍차의 배치는 해당 지역의 탁월 풍향을 고려하여 결정해야 한다. 풍차의 풍하(風下)에 형성된 풍황의 산란된 영역은 웨이크 영역이라 하며, 이 영역에 풍차를 설치한 경우 에너지 취득량은 크게 감소한다. 웨이크 영역은 풍향과 직각 방향으로 $3d(d$: 로터 지름), 풍하 방향으로 약 $10d$ 정도인 것을 실험과 실측으로 확인할 수 있다. 따라서 여러 대의 풍차 설치를 대상으로 할 때는 이들 웨이크 영역으로 설치 지점이 들어가지 않도록 해야 한다. 구체적인 배치 예로는 탁월 방향이 현저하게 출현하는 지역에서는 $10d \times 3d$, 탁월 방향이 현저하게 출현하지 않는 지역에서는 $10d \times 10d$의 풍차 간격을 기준으로 하면 좋지만, 웨이크로 인한 난류 강도 증가율과 거리의 관계로부터 난류 강도가 증가하는 것은 로터 지름 12배 정도의 거리에 있어서도 약 1.3배의 크기를 유지하고 있는 것이 확인되었다. 복수의 풍력 발전기 배치를 계획할 때에는 웨이크에 관한 지금까지의 지견을 토대로 지표 조도나 풍차의 허브 높이에 대한 것을 감안하여 적절한 배치 계획을 검토해야 한다.

Memo

Memo

풍차의
기초 지식

풍차의 종류와 특징[1]

풍차의 기원은 기원전으로 거슬러 올라갈 정도로 오래되었지만 유럽에서는 14세기 이후 700년 이상에 걸쳐 제분과 양수를 중심으로 여러 가지 용도로 사용되었다. 풍차는 나라, 지역에 따라 용도, 사회 기반, 기술 풍토, 이용 가능한 재료 등 조건이 다양해서 매우 많은 종류의 풍차가 존재했다. 또, 풍력 발전이 시작된 것은 1890년대 이후이지만 이 분야에서는 20세기에 들어 항공 기술의 진전과 함께 단기간에 큰 발전을 이루고 있다. 여기에서는 역사적인 배경도 포함하여 풍차의 종류와 특징에 대해서 살펴보자.

1.1 풍차의 종류

풍력 에너지 변환 장치로서의 풍차는 회전축의 방향과 형태에 따라 일반적으로 **그림 5.1**과 같이 분류할 수 있다. 일반적으로 수평축 풍차와 수직축 풍차는 지면에 대한 회전축 방향으로 정의하고 있지만, 수직 덕트(duct)의 내부에서 프로펠러형 풍차를 수직 회전축 풍차로 이용한 예나, 패들형이나 사보니우스형 풍차를 수평 회전축 풍차로 이용한 예도 있다. 따라서 '회전축이 풍향에 대해 평행한 것을 수평축 풍차, 수직인 것을 수직축 풍차'라고 하는 것이 정확한 정의라 할 수 있다.

게다가 풍차를 구동하는 원리에 따라서 저회전 항력을 이용한 풍차와 고회전 양력을 이용한 풍차로 나누는 경우도 있다.

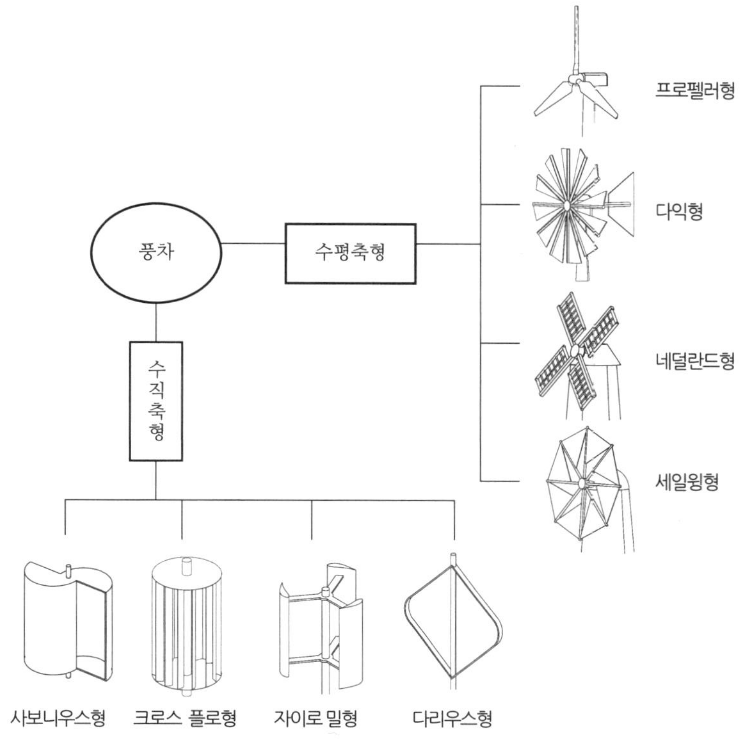

1.2 수평축 풍차의 종류와 특징

1 프로펠러형 풍차

소형 프로펠러형 풍차를 **그림 5.2**에, 대형 프로펠러형 풍차를 **그림 5.3**에 나타내었다. 날개 모양은 항공기의 날개와 거의 같고 날개 전체에 익근 부분에서 강하게, 날개 끝 부근에서는 약해지도록 비틀어져 있는 것이 많다. 보통 날개는 2매 또는 3매인 것이 많지만 균형추를 붙인 1매 날개나 여러 매의 날개를 가진 것도 있다. 프로펠러형은 풍향에 대해서 회전면을 정면으로 마주대하지 않으면 안 되기 때문에 방위 제어가 필요하다. 따라서 풍향 변화가 일어났을 때 수평축 풍차는 수직축 풍차에 비해 추종 성능이 낮다.

2 네덜란드형 풍차

유럽에서 많이 사용된 풍차의 대표적 예인 네덜란드 풍차는 **그림 5.4**와 같다. 풍향에 의해 풍차방 전체를 회전시켜 바람에 풍차의 회전면을 정면으로 마주하게 하는 소형 농형 풍차(포스트 밀)에서 날개가 설치되어 있는 꼭대기 부분만을 회전시키는 탑형 풍차(타워 밀)로 발전했다. 동력의 조정은 날개에 설치한 돛의 면적을 가감하는 방법이 많지만, 날개에 블라인드 모양의 셔터를 설치하여 그 열려진 정도에 따라 조정하는 것도 있다. 날개의 지름은 상당히 거대한 것이 많고, 지름이 20m 이상인 것도 있다.

3 다익형 풍차

19세기 중기에 미국의 농장이나 목장에서 양수용으로 개발된 다익형 풍차는 **그림 5.5**와 같이 여러 개의 날개로 구성된 저속 회전, 고토크 풍차로 지금까지 600만 대 이상 생산되었다고 한다. 현재에도 미국, 오스트레일리아, 아르헨티나 등에서 농장이나 목장의 양수용으로 20만 대 이상 사용되고 있다. 또, 양수용으로 이용되는 평판 날개 대신에 적극적으로 양력을 이용하기 위한 날개형을 사용한 **그림 5.6**과 같은 발전용 소형 다익 풍차도 만들어져 있고 저풍속으로도 기동하며, 조용한 것이 특징이다.

그림 5.5 >>>
미국 다익형 풍차
(텍사스 주 러브록의
American Wind Power
Center에서 저자 촬영)

그림 5.6 >>>
자전거 휠형 다익형 풍차
(오클라호마 주
스틸 워터에서
저자 촬영)

4 세일윙형 풍차

지중해 섬이나 지중해 연안 지역 등에서 오래 전부터 사용되어 왔던 형식으로, 범선의 돛과 마찬가지로 풍차의 날개에 범포(帆布)를 사용한 방식으로 **그림 5.7**에 포르투갈의 세일윙형 풍차의 예를 나타내었다. 최근에는 공기 역학적으로 세련된 프로펠러형의 세일윙형 풍차도 개발되고 있다.

그림 5.7 >>>
포르투갈의 세일윙형 풍차
(저자 촬영)

5 원심 토출형 풍차

1953년에 프랑스인 기사(技師) J. 앤드류가 설계하고, 영국의 엔필드 케이블 사가 건설한 풍차로서 **그림 5.8**은 그 단면을 나타내고 있다. 이 풍차는 덕티트 로터라고도 부르며 회전하는 공중 블레이드가 원심 펌프를 작동하도록 하고 있다. 풍력으로 블레이드가 회전하면 탑 하부의 공기 취입구로 유입된 공기는 발전기를 구동시키는 공기 터빈을 통해 탑 하부에서 상승한 후, 블레이드 끝부터 원심력으로 토출된다. 그러나 실제로는 공기 통로에서의 마찰 손실이 크기 때문에 예상한 정도의 효율은 얻을 수 없었다.

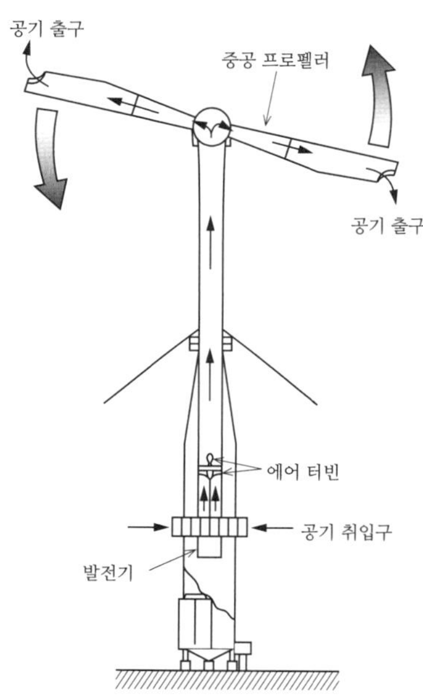

그림 5.8 >>>
원심 토출형 풍차의 단면

6 멀티 로터형 풍차

1개의 지지탑에 다수의 풍차를 설치하여 건설 비용을 저감하려는 풍차이다. 대규모인 것으로는 1970년대에 매사추세츠 대학의 W. 히로니마스가 제안한 **그림 5.9**와 같은 다수의 로터로 구성된 해상 부유식 풍력 발전 플랜트의 구상이 있다. 이는 바람으로 둘러싸인 뉴잉글랜드의 앞바다 부근에 다수의 풍력 발전 플랜트를 설치하여 발생된 전기로 해수를 전기 분해하여 산소-수소 시스템에 의해 전력을 저장한다는 웅대한 계획이다. 그러나 다수의 풍차 메인터넌스를 생각해 보면 소수기 대형 풍차가 더 경제성이 있다.

1.3 수직축 풍차의 종류와 특징

1 패들형 풍차

패들형 풍차의 예는 **그림 5.10**과 같다. **그림 5.10(a)**는 풍배형(風杯形)이라고도 하며 로빈슨 풍속계 등으로 잘 알려져 있는데 이는 풍배의 볼록한 부분과 오목한 부분에서는 공기 저항이 다른 것을 이용해 토크를 얻는 것이다. 한편, **그림 5.10(b)** 및 **그림 5.10(c)**는 각 수풍부가 풍상(風上)을 향해 전진할 때는 공기 저항이 최소가 되도록 스크린으로 덮거나 수풍 부분을 풍향에 평행하게 유지하고, 또 풍하로 후퇴할 때에는 공기 저항이 최대가 되도록 수풍 부분이 풍향에 직각으로 유지되도록 하고 있다. 이리하여 전진측과 후퇴측의 공기 저항의 차를 이용해서 토크를 얻고 있다. 이 형식은 풍속 이상의 속도로 회전할 수 없기 때문에 풍차의 중량 및 가격당 출력이 적다.

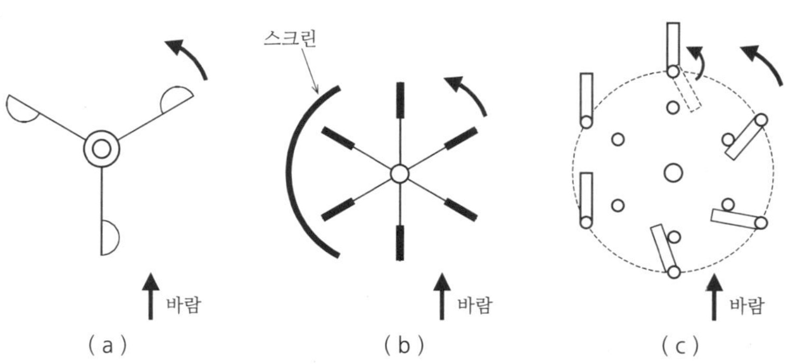

■2 사보니우스형 풍차[2]

　사보니우스형 풍차는 1929년 핀란드인 S.J. 사보니우스에 의해 발명되어 특허를 받았다. **그림 5.11**에 그 외관을, **그림 5.12**에 그 구조를 나타냈는데 반원통 모양의 날개를 서로 마주 보게 하여 편심(偏心)하여 조합시켜 만든다. 반원통 모양 날개는 2개의 형식이 많지만 3개나 4개를 조합시킨 형식도 있어 기동 토크가 커진다. 이 형식도 항력에 의해 작동하기 때문에 기동 토크는 크지만 회전수가 적고, 효율도 주속비 0.8 전후로 최대 15% 정도에 지나지 않는다. 현재에는 빌딩용 환기 장치(벤틸레이터), 조류계, 양수 펌프 등으로 사용되고 있다.

그림 5.11 〉〉〉
사보니우스형 풍차
(교토대학 농학부 시험 농장)

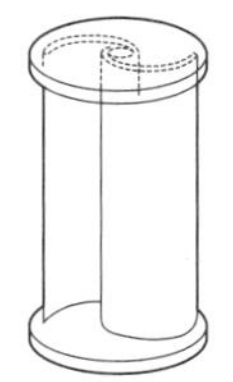
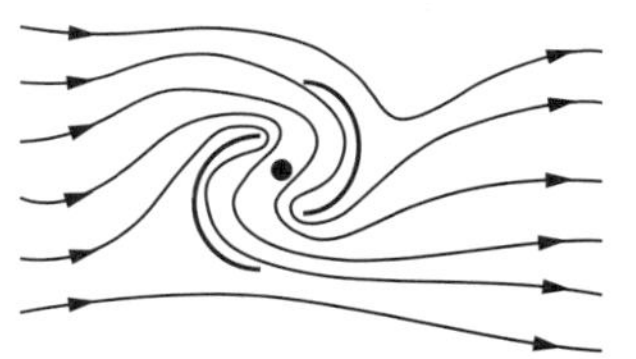

그림 5.12 〉〉〉
사보니우스형 풍차와
공기의 흐름

■3 크로스 플로형 풍차[3]

　이 풍차는 **그림 5.13**과 같이 여러 개의 가늘고 긴 곡면판 블레이드를 상하 원반의 원주를 따라 설치한 것으로, 공조용(空調用) 시로코 팬이나 저낙차용(低落差用) 소수력 발전의 방키 터빈과 유사한 모양이다. 블레이드의 오목한 면과 볼록한 면에 작용하는 항력의 차를 이용하여 구동력을 얻고 있다. 기류는 블레이드의 오목한 면에 작용하여 로터 내부로 유입되어 관류하는 공기류가 볼록한 면에서 재차 흐름의 방향을 바꿔 가는데, 이때 부가적인 토크를 초래하게 된다. 크로스 플로의 명칭은 기류가 풍차 내부를 관류하는 것에서 유래되었으며, **그림 5.14**는 오챠노미즈 여자대학의 사토 교수 등에 의한 시뮬레이션 결과로서 풍차 내부 흐름의 거동을 잘 나타내고 있다.

그림 5.13 >>>
크로스 플로형 풍차
(아시카가 대학
바람과 빛의 광장)

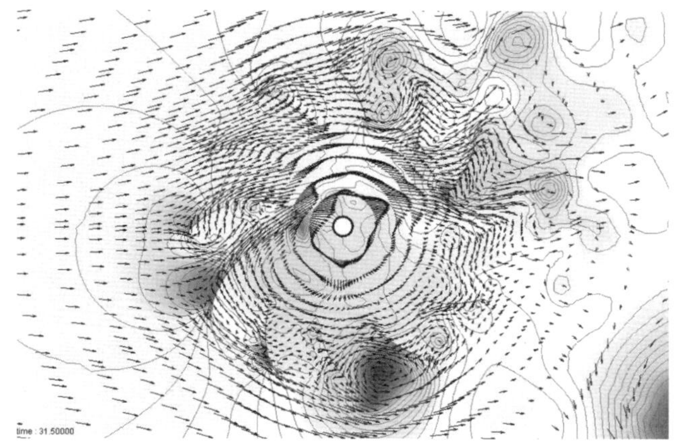

그림 5.14 >>>
크로스 플로형 풍차
내부 기류의 거동

이 풍차는 파워 계수의 최대값이 10% 정도로 낮고 대응하는 주속비도 0.3 정도의 낮은 수치이지만 기동 토크가 크며 저풍속으로도 도는 것과 조용한 것이 특징이다.

4 다리우스형 풍차

다리우스형 풍차는 똑같은 단면 형상의 날개 양끝을 수직축에 2~3매 설치한 것으로서, 프랑스인 G.J.M. 다리우스에 의해 발명되어 1931년에 특허를 받았다. 휘어진 날개는 **그림 5.15**와 같이 회전 시 원심력으로 인한 휨 변형이 날개에 생기는 일 없이 인장 응력(引張應力)만이 날개에 작용하는 트로포스키엔(줄넘기 줄) 모양으로 되어 있다. 풍향에 관계없이 회전할 수 있고 풍속 이상의 주속을 얻을 수 있으며 시스템이 간단하기 때문에 풍차의 중량당 및 비용당 출력이 높아 보급을 기대할 수 있다.

또, 이 풍차는 기동성이 떨어진다는 결점이 있지만, 대형의 계통 연계 방식으로는 기동 시에 유도 발전기를 기동용 전동기로서 사용하고, 자립운전을 개시했을 때 유도 전동기를 발전기로 전환하게 하고 있다.

  한편, 소형의 독립 전원인 경우에는 날개 매수를 늘려서 솔리디티(이 장의 4. 풍차의 성능 평가 **5** 참조)를 크게 하거나 사보니우스 풍차와 조합하거나 하여 기동성을 향상시킬 수 있도록 연구하고 있다.

5 자이로 밀형 풍차

  이 풍차는 그림 5.16과 같이 대칭 날개형 블레이드가 수직으로 설치되어 있고, 1회전 중에 2회 블레이드의 방향을 바꾸면서 회전한다. 이 밖에 정속 회전을 얻기 위해 풍속에 맞게 피치를 바꾸는 기구도 포함하고 있다. 다리우스형과 같은 비주기(非周期) 제어 방식과 비교해서 기구는 조금 복잡하지만 효율이 높은 점이 특징이다. 이 방식은 1970년대에 미국의 맥도넬 더글라스 사와 일본의 이와나카 전기주식회사가 개발했지만 복잡하고 고장이 잘 나며, 비용이 비싼 점 때문에 아직 시판되지 않고 있다.

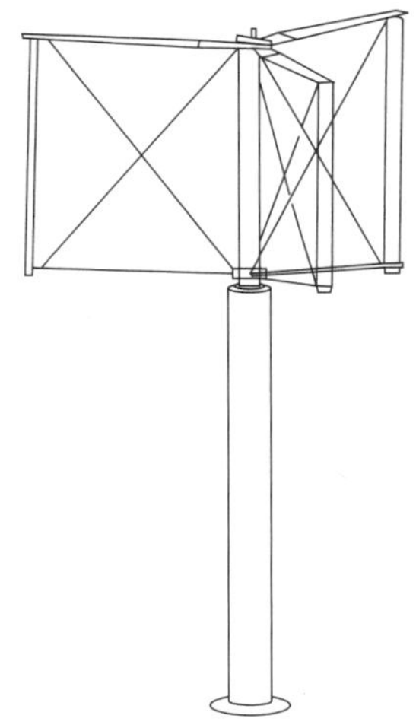

6 플레트너형 풍차

바람 속에서 회전하는 원통 주위의 압력 분포가 **그림 5.17**과 같이 비대칭이 되어, 그 결과로 양력을 발생시킨다는 것이 1852년 H.G. 매그너스에 의해 분명해졌다. A. 플레트너는 1924년에 이 매그너스 효과를 이용하여 풍력을 이용한 회전 원통으로 배를 움직여 대서양을 횡단했다.

J. 마다라스는 1930년대 초에 플레트너식 회전 원통을 실은 차량이 지름 900m의 원형 궤도상을 이동하여, 차축에 접속된 발전기로 발전하는 시스템을 제안했다. 원통은 알루미늄제로 지름 8.4m, 높이 27m, 중량 15~40t이라는 거대한 것이었다. 이 계획은 필드 테스트 후 1933년에 중지되었다. 그 후 미국의 데이튼 대학에서 이 플레트너식 풍력 발전 시스템을 재개발했지만 실용기 개발은 하고 있지 않다.

그림 5.17 >>>
매그너스 효과

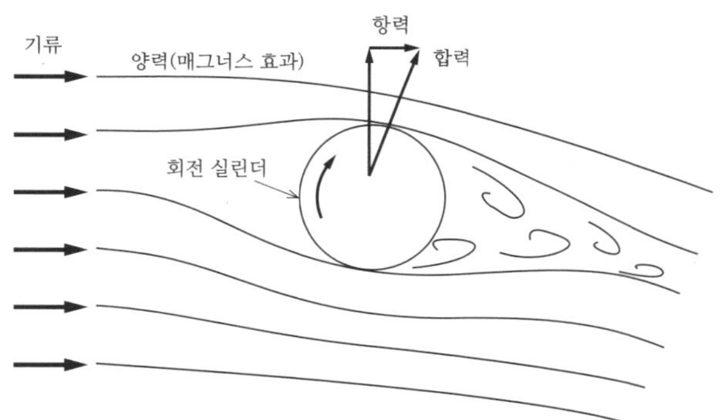

02 수평축인가, 수직축인가? (풍력 터빈 비교)

여기에서는 기존에 풍력 발전에 압도적으로 많이 사용되었던 프로펠러형 풍차와 같은 수평축 풍차와 다리우스형 풍차와 같은 수직축 풍차를 비교한다. 그리고 이들 두 가지 형식의 풍력 터빈의 최신 설계에 대해 기술적인 시점과 비용적인 시점에서 비교한다. 일반적으로 이와 같은 비교에 있어서는 비용 효과가 우선 기준이 되지만 수직축 다리우스형 풍차는 특허를 받은 것은 1930년대 말, 실제 개발이 시작된 것은 1960년대 이후이기 때문에 프로펠러형 풍차 정도의 개발 역사나 이용 실적이 없다는 것을 고려해야 한다.

2.1 수평축인지, 수직축인지 그 기술적 시점으로 비교

1997년 캐나다의 프린스 에드워드 섬에 있는 AWTS 사의 풍력 터빈 연구자로서 저명한 칼 브라더즈는 풍력 터빈의 비교에 관한 흥미로운 논문을 발표하였다.[4] 그는 수년간에 걸친 수평축과 수직축의 두 가지 형식의 풍력 터빈을 시험한 후 '신화와 사실'이라는 표현으로 이들 두 형식의 풍력 터빈을 비교하였다.

그 요지는 다음과 같다.

(1) 수평축 풍차는 그 기종이 갖는 본질적인 기술적 우위성때문에 상업적으로 성공했다고 할 수 있지만, 실제로는 막대한 개발 투자로 성공을 거둔 것이다.

(2) 수직축 풍차는 지금까지 상업적으로 거의 성공하지 못했기 때문에 상업적인 성공 가능성은 거의 존재하지 않는다고 할 수 있지만 수직축 풍차에 대해서는 지금까지는 그 기술적 가능성에 대해서 조금밖에 보여주지 못했다.

(3) 수직축 풍차는 본질적인 결점이 너무 많아서 기술적인 응용 가능성이 거의 없다고 하지만, 수평축 풍차도 많은 결점을 가지고 있으며 그 결점을 극복하기 위해서 거액의 개발비 등 필요한 도움을 많이 받고 있는 것에 불과하다.

표 5.1에는 두 형식의 풍력 터빈의 장점과 단점에 대해 서술하였다. 또, 여기에서의 수직축 풍차는 다리우스형 풍차이다. 그리고 **표 5.2**에는 수직축 풍차와 비교하기 위해서 지름, 수직축 풍차의 높이, 소과 면적, 두 개의 수평축 풍차에 대한 회전수 등 설계 파라미터의 관수로서의 로터 성능(출력과 토크)을 나타내고 있다. 다리우스형 풍차의 애스펙트(aspect)

비는 높이와 지름의 비로서 정의되지만, 이 표에 나타나 있는 다리우스 풍차는 4종류의 다른 애스펙트 비: 1.0, 1.5, 1.8, 그리고 3.0이다. 이 표의 애스펙트 비 3.0의 다리우스형 풍차와 지름 14.7m의 수평축 풍차를 비교하면 둘 다 같은 68kW를 발생시키는 것을 알 수 있다.[5]

이상 다리우스형 등의 수직축 풍차와 수평축 풍차를 비교하면 수직축 풍차는 이제 개발을 막 진행하기 시작했기 때문에 큰 난관을 돌파할 수 있는 여지가 충분하다고 할 수 있다. 다리우스형 풍차는 풍향에 대한 무지향성 등 본질적인 이점을 가지고 있고, 미개발의 잠재적인 가능성이 매우 크다고 할 수 있다. 수평·수직 축 어느 형식의 풍차도 기존의 전통적인 에너지원과 경합할 수 있는 발전 장치이며, 풍력 산업 중에서 각각의 적합한 분야가 있다고 할 수 있다. 그리고 이들 풍력 발전은 환경에 주는 영향이 적은 에너지원이기 때문에 향후의 발전을 크게 기대할 수 있다.

표 5.1 >>>
수평축 풍차와 수직축 풍차의 장점과 단점

〈수평축 풍차〉

장점	단점
• 타워가 높고, 허브 높이가 높아지기 때문에 조금 높은 풍속을 얻을 수 있다. • 자립형 타워를 사용하는 경우가 많으므로 설치면의 넓이가 작다. • 영각이 일정한 경우에는 공력 하중이 일정하다. • 개발 이용한 역사(실적)가 있다. • 자기 기동성이 크다. • 재료비가 적게 든다.	• 로터 회전면을 풍향에 정면으로 마주 보게 하는 요 제어가 필요하다. • 방위 제어 시에 자이로스코픽 하중을 받아 진동한다. • 윈드 시어때문에 대형 블레이드는 회전 시 휨 모멘트 하중을 받는다. • 전달 기구가 타워상에 있기 때문에 무거운 타워가 필요하다. • 고가이고 고장이 잦기 때문에 요 구동 기구가 필요하다. • 보수 점검이 높은 곳에서 행해지므로, 고가의 크레인을 필요로 한다. • '외팔보 들보' 구조가 많이 사용되고 있고, 블레이드에 큰 휨 모멘트가 더해지며, 기초부에는 큰 전도 모멘트가 움직인다. • 블레이드 형상이 복잡해서 양산 가공이 어렵다. • 가변 피치 기구는 구조가 복잡해진다. • 블레이드 선단과 전달 기구로부터의 소음이 높은 타워때문에 전반하기 쉽다.

〈수직축 풍차〉

장점	단점
• 로터는 무지향성으로 요 기구가 필요 없다. • 자이로스코픽 하중을 받지 않는다. • 윈드 시어의 영향을 받지 않는다. • 전달 기구가 지상 레벨에 있고, 보수 점검이 용이하다. • 요 기구, 가변 피치가 필요 없는 등 단순한 구조이다. • 전도 모멘트가 작고, 타워 상부 중량이 작기 때문에 설치 비용이 적게 든다. • 날개 길이가 일정하여 양산 가공이 용이하다. • 블레이드는 양단 지지로 외팔보 블레이드 지지가 없다. • 블레이드 선단이 없고, 전달 기구가 지상 레벨에 있기 때문에 소음이 적다. • 여러 단 쌓는 것이 가능하고, 설치 공간을 많이 차지하지 않는다. • 미개발 기술에 의해 비용이 절감될 가능성이 있다.	• 로터 위치가 낮기 때문에 이용할 수 있는 풍속이 조금 낮아진다. • 공력 효율의 최고점에 대응하는 주속비가 낮고, 증속 기구가 필요하다. • 타워 지지의 지지 와이어를 위해 설치면을 넓힐 필요가 있다. • 공력적인 토크의 맥동이 전달 기구에 주기적인 변동 하중을 주게 된다. • 수평축 풍차의 약 2배 길이의 블레이드가 필요하다. 구성 요소 중에서 블레이드는 고가이며, 저비용의 블레이드가 수직축 풍차에는 꼭 필요하다. • 다리우스형 풍차는 자기 기동성이 낮다. • 개발 이용의 역사가 짧고 실적이 적다.

표 5.2 >>>
다리우스형 풍차의 애스펙트 비 변화와 수평축 풍차 비교

구분		지름 〔m〕	높이 〔m〕	수풍 면적 〔m²〕	회전수 〔rpm〕	출력 〔kW〕	토크 〔N·m〕
	수평축 풍차	10	–	79	95	31	3,100
	VAWT 1:1 수직축 풍차 (다리우스형)	10	10	67	95	23	2,300
	VAWT 1.5:1 수직축 풍차 (다리우스형)	10	15	100	95	34	3,400
	VAWT 1.8:1 수직축 풍차 (다리우스형)	10	18	120	95	41	4,100
	VAWT 3:1 수직축 풍차 (다리우스형)	10	30	200	95	68	6,800
	HAWT 수평축 풍차	14.7	–	170	65	68	9,960

 풍차의 기초 원리

바람은 공기의 흐름이기 때문에 속도 v의 공기가 면적 A를 통과할 때 바람의 힘은

$$P_{\text{wind}} = \frac{1}{2}\rho A v^3 \qquad \cdots\cdots\cdots\cdots (5.1)$$

이 된다. 이 식으로 바람의 힘은 공기 밀도 ρ와 로터의 소과 면적 A에 비례하고, 풍속의 3승에 비례한다는 것을 알 수 있다. 이 풍속의 3승에 비례한다는 것을 이해하기 위해서는 바람의 힘 P_{wind} 를 단시간 내에 면적 A를 통과하는 질량 m의 공기 운동 에너지라고 생각해도 된다.

$$E = \frac{1}{2}m v^2 \qquad \cdots\cdots\cdots\cdots (5.2)$$

그림 5.18과 같이 이 공기의 질량 유량 $\dot{m}$ 그 자체가 속도에 비례해서 다음과 같은 식으로 주어지기 때문에

$$\dot{m} = \rho A \frac{dx}{dt} = \rho A v \qquad \cdots\cdots\cdots\cdots (5.3)$$

단위 시간의 운동 에너지로의 힘은 다음 식과 같이 된다.

$$P_{\text{wind}} = \dot{E} = \frac{1}{2}\dot{m} v^2 = \frac{1}{2}(\rho A v)v^2 = \frac{1}{2}\rho A v^3 \qquad \cdots\cdots\cdots\cdots (5.4)$$

그림 5.18 >>>
바람의 흐름과 풍차의
수풍 면적 A

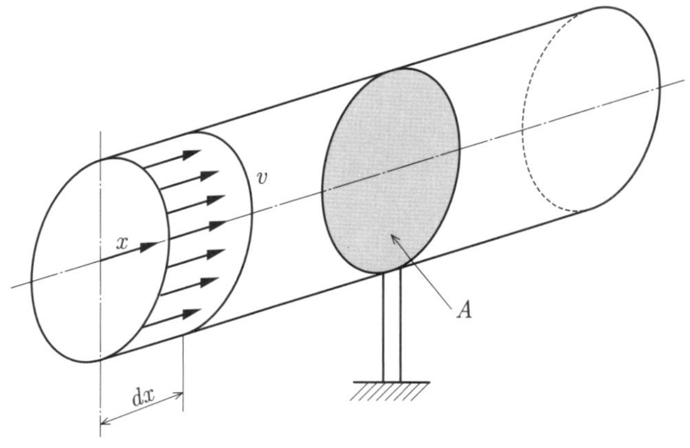

바람이 가지고 있는 힘은 공기의 질량 속도를 감소시킴에 따라 풍차 로터의 기계적 에너지로 변환된다. 그러나 바람이 가지고 있는 힘을 풍차 에너지로 완전히 변환시킬 수는 없다. 이것은 공기의 흐름을 로터의 면적 A 속에서 완전히 멈추게 해야 하고, 흐르고 있는 공기를 단면 A에 무리하게 집어넣는 것과 같은 것이 된다. 한편, 공기의 흐름이 면적 A를 통과할 때 속도를 전혀 감소시키지 않으면, 바람에서 어떠한 에너지도 나오지 않는다.

이들 2가지의 극단적인 예 사이에서 바람의 속도를 감소시키면서 바람의 힘을 최대한 이용하기 위한 최적의 상태가 존재할 것이다.

1915년에 영국의 F.W. 란체스터, 그리고 1920년에 독일의 A. 베츠는 자유 흐름 속에 둔 풍력 터빈은 유입되는 풍속 v_1이 풍차 후류에서

$$v_3 = \frac{1}{3}v_1$$

로 감소했을 때 최대의 힘을 끄집어 낼 수 있다는 것을 밝혀냈다. 따라서 **그림 5.19**와 같이 이상적인 풍차 로터 면에서의 속도는

$$v_2 = \frac{2}{3}v_1$$

이 된다.

그림 5.19 >>>
이상적인 풍차 회전면을
통과하는 공기의 흐름

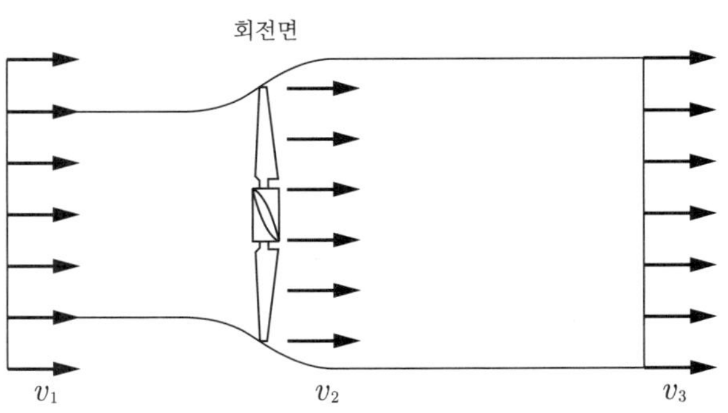

이 최대의 힘을 유도하는 이론적인 예는 다음의 식 5.5로 나타내고, 그때의 파워 계수는 $C_P = \frac{16}{27} = 0.593$이 된다.

$$P_{\text{Betz}} = C_{P\,\text{Betz}} \frac{2}{3} \rho A v^3 \quad \dotsb \quad (5.5)$$

이와 같이 풍차가 바람에서 힘을 유도해 낼 때 손실이 전혀 없다고 가정하더라도, 바람의 힘의 59%밖에 유도해 낼 수 없다. 실제 파워 계수는 더 작아지고, 항력형 풍차에서는 C_P값은 0.2 이하가 된다. 한편, 적정한 날개형의 블레이드를 사용한 양력형 풍차에서는 C_P값이 0.5에 달하게 되는 경우도 있다.

예제 5.1

풍차의 힘을 나타낸 기초식을 이용하여 1MW 풍력 발전기의 지름을 구하시오.
(단, 정격 풍속 v_r=12m/s, 파워 계수 C_P=0.40, 공기 밀도 ρ=1.26kg/m³로 한다)

해답 → 풍차의 힘은 식 5.5를 사용하여

$$P = C_P \frac{1}{2} \rho A v_r^3$$

여기서, ρ=1MW=1,000kW, C_P=0.4, v_r=12m/s, ρ=1.26kg/m³

$$P = C_P \frac{1}{2} \rho A v_r^3 = C_P \left(\frac{1}{2}\right) \rho \frac{\pi d^2}{4} v_r^3$$

따라서 지름 d는 다음과 같은 식으로 구할 수 있다.

$$d^2 = \frac{2P \times 4}{C_P \rho \pi v_r^3}$$

$$d = 2\sqrt{\frac{2P}{C_P \rho \pi v_r^3}}$$

$$= 2\sqrt{\frac{2 \times 10^6}{0.4 \times 1.26 \times 3.14 \times 12^3}}$$

$$= \sqrt{2925.4}$$

$$= 54\text{m}$$

또한, 풍차의 힘의 기초식 $P = C_P (1/2) \rho A v^3$의 차원은 C_P는 무차원, 공기 밀도 ρ는 kg/m³, 소과 면적 A는 m², 풍속 v는 m/s이기 때문에 $C_P (1/2) A \rho v^3$의 차원은 (kg/m³)·(m²)·(m/s)³=(kg·m/s²)·(m/s)이며, 또, N= kg·m/s², J=N·m, W=J/S 의 관계로 운동 에너지의 차원은 〔W〕 가 된다.

2005년 시점에서 세계 최대의 풍차는 독일의 리파워 사의 5MW기이다. 이 풍차의 정격 풍속 v_r = 12m/s, 파워 계수 C_P=0.4로 했을 때, 풍차의 소과 면적(또는 수풍 면적)과 지름은 몇인가? (단, 공기 밀도 ρ = 1.26kg/m³로 한다.)

해답 ➡ 풍차의 힘은 식 5.5를 사용하여

$$P = C_P \frac{1}{2} \rho A v_r^3$$

여기서, P = 5MW = 5,000kW, C_P = 0.4, v_r = 12m/s, ρ = 1.26kg/m³

따라서 면적 A는

$$A = \frac{2P}{C_P \rho v_r^3}$$

$$= \frac{2 \times 5 \times 10^6}{0.4 \times 1.26 \times 12^3}$$

$$= 11,482 \text{m}$$

면적 A를 구하면 지름 d는 다음 식으로 간단하게 구할 수 있다.

$$A = \sqrt{\frac{\pi d^2}{\pi}}$$

$$d = \sqrt{\frac{4A}{\pi}}$$

$$= \sqrt{4 \times 11,482 / 3.14}$$

$$= \sqrt{146,268}$$

$$= 120 \text{m}$$

3.1 항력형 풍차[6]

풍향에 수직인 면에 작용하는 힘을 이용하는 항력형의 풍차에 있어서 항력(drag)이라 불리는 이 힘은 식 5.6과 같이 면적 A, 공기 밀도 ρ, 그리고 풍속의 2승에 비례하게 된다.

$$D = C_D \frac{\rho}{2} A v^2 \quad \cdots\cdots\cdots\cdots\cdots\cdots (5.6)$$

이 식은 **그림 5.20**과 같은 흐름 속에 둔 물체의 항력을 나타내는 데도 사용된다. 그 때, A는 흐름에 수직인 면으로의 물체의 투영 면적으로 하고 있다. 항력 계수 C_D는 비례 정수이고, 물체의 공기 역학적인 정밀도, 즉 C_D치가 작으면 작을수록 항력도 작아지는 것을 나타내고 있다.

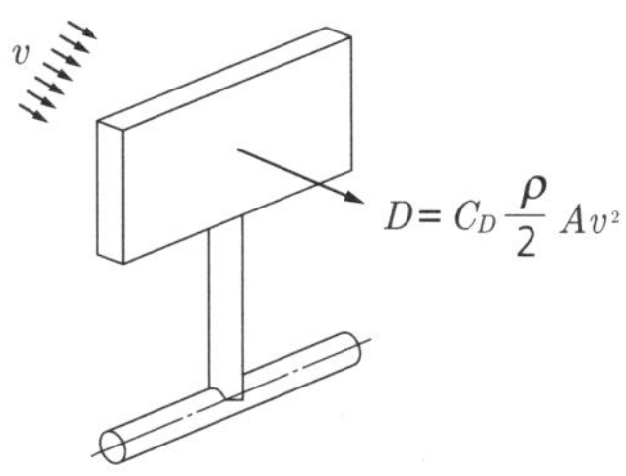

그림 5.20 >>>
구동력에 항력을 이용

항력 계수(C_D)	물체
1.11	원판
1.10	정방형판
0.34	반구철(凸)면
1.33	반구요(凹)면

항력의 원리로 회전하는 **그림 5.21(a)**의 오래된 페르시아형 수직축 풍차의 토크, 회전 속도 및 힘은 **그림 5.21(b)**에 나타낸 모델화된 간단한 시스템의 토크와 동등하다는 가정을 토대로 쉽게 구할 수 있다. 여기에서 평판(平板)에 있어서 공기의 속도는 $w = v - u$이며 풍속 v의 평균 반지름 R_M의 수풍면의 날개의 선단 속도 $u = \omega R_M$의 합성이다. 따라서 항력은 다음 식과 같다.

$$D = C_D \frac{1}{2} \rho A \omega^2 = C_D \frac{1}{2} \rho A (v - u)^2 \quad\cdots\cdots\cdots\cdots (5.7)$$

이제부터 평균적인 구동력이 다음 식과 같이 주어진다.

$$P = D \cdot u = C_D \frac{1}{2} \rho A v^3 \left\{ C_D \left(1 - \frac{u}{v}\right)^2 \frac{u}{v} \right\} = \frac{1}{2} \rho A v^3 C_P \left(\frac{u}{v}\right) \cdots (5.8)$$

또한, 실제의 힘은 다소 펄스적으로 변동한다고 생각할 수 있다. 이 바람에 포함되어 있는 힘으로 인한 풍차의 구동력은 수풍면의 면적과 풍속 v의 3승에 비례함을 알 수 있다. 괄호 안의 항은 파워 계수 C_P(공기 역학적 효율)와 동등하다.

그림 5.21 >>>
페르시아형 수직축
풍차의 토크

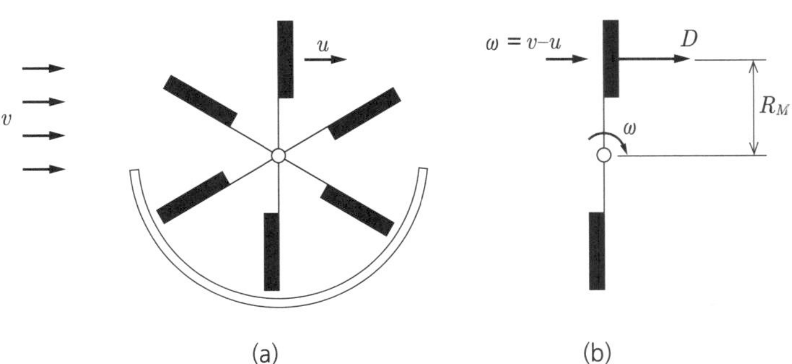

이는 바람의 힘의 전체 중에서 기계적인 에너지로 변환되는 비율을 나타낸 것이다. 이 계수는 베츠가 구한 최대치 $C_{P\text{Bet z}} = 0.59$보다 작아지면 안 된다. 그 수치의 크기는 이미 주속비 $\lambda = u / v$에서 유도해 낸 선단 속도 $u = \omega R_M$과 풍속 v와의 비에 따라 변한다. 여기에서 $C_P(x) = C_P(\omega R_M / v)$의 그림은 주어진 풍속 v하에서 바람의 힘 $\rho A v^3 / 2$ 중 얼마만큼만 각각 주속도 u와 회전 속도 ω에 의존해서 이용할 수 있는 지를 나타내고 있다.

그림 5.22는 정사각형의 수풍면 ($C_D = 1.1$, **그림 5.20**의 표 참조)에 대한 그림을 나타내고 있다. 완전히 정지한 상태($\lambda = 0$)에서는 바람에서 힘을 전혀 유도해내고 있지 않다. 또, 수풍면이 풍속과 같은 속도로 움직이는 가정한 아이들링(idling) 상태($\lambda = \lambda_{\text{idle}} = 1$)에서도 힘을 유도해낼 수 없다. 파워 계수의 최대치는 이들 양극단 사이에 있고, $C_{P\max} = 0.16$이 된다. 이리하여 바람의 에너지의 불과 16%만이 기계적 에너지로 변환되게 된다.

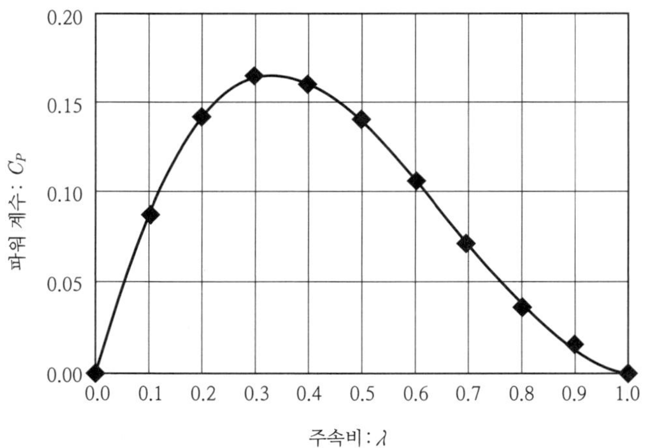

그림 5.22 >>> 페르시아형 풍차의(주속비의 관수로서의) 파워 계수

또, 컵(cup, 풍배)형 풍속계에서는 출력이 더욱 낮아진다. 이 경우, **그림 5.23**과 같이 돌아오는 측의 컵이 흐름의 속도를 거슬러 $w = v + u$의 속도로 이동해야 되기 때문이다. 이 컵형 풍차의 공기 역학적 효율은 앞서 서술한 예와 같이 단순화해서 구할 수 있다. 즉, 구동력으로서의 항력은

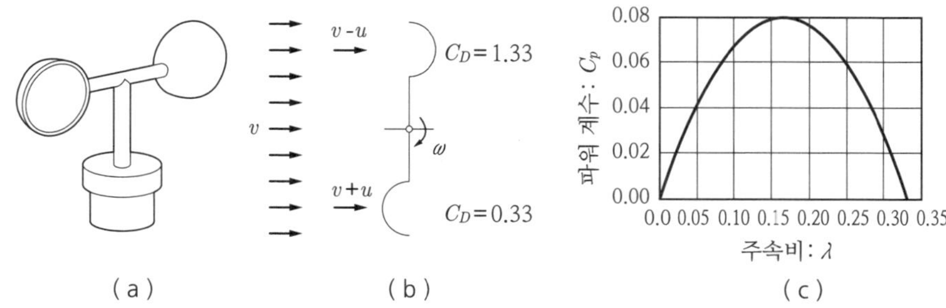

그림 5.23 >>>
풍배형 풍차와 그 주속비의
관수로서의 파워 계수

$$D_{dr} = C_D \frac{1}{2} \rho A w^2 = 1.33 \frac{1}{2} \rho A (v - u)^2 \qquad \cdots\cdots (5.9)$$

또, 돌아오는 측의 컵에 작용하는 항력은

$$D_{sl} = 0.33 \frac{1}{2} \rho A (v + u)^2 \qquad \cdots\cdots (5.10)$$

그러므로 정미한 힘은

$$P = (D_{dr} - D_{sl})u = \frac{\rho}{2} A v^3 \left\{ \lambda(1 - 3.32\lambda + \lambda^2) \right\} \qquad \cdots\cdots (5.11)$$

이 된다.

이와 같이 해서 괄호 안은 최대치 $C_P = 0.08(\lambda_{opt}=0.16)$을 포함한 파워 계수가 $C_P(\lambda)$되며, 이는 **그림 5.21**에 나타난 페르시아형 수직축 풍차보다 더욱 작은 수치가 된다. 따라서 이 형식의 풍차는 바람으로부터 에너지를 유도하는 데 사용되지 않고, 오로지 풍속계로서 아이들링 모드로 이용하게 된다. 이 컵형 풍속계의 $\lambda = \omega R_M / v = 2\pi R_M n / v$에서 $\lambda_{idle} = 0.34$의 아이들링 상태의 주속비로부터 회전 속도 n과 풍속 v와의 사이의 교정 요소가 바로 나오게 된다.

$$v = \omega \left(\frac{R_M}{\lambda_{idle}} \right) = 2 \left(\frac{R_M}{\lambda_{idle}} \right) n \qquad \cdots\cdots (5.12)$$

또한 이 $\lambda_{idle} = 0.34$라는 추정치는 측정 결과와 잘 일치하는 것을 알 수 있다.

날개형이나 횡판(橫板)과 같은 많은 물체에 대해 공기의 흐름을 막음으로써 생기는 힘은 **그림 5.24(a)**에 표시한 것 같이 흐름의 방향과 동일한 방향의 항력뿐만 아니라 흐름의 방향에 수직 방향의 성분인 양력을 가지고 있다. 이 양력은 다음 식으로 주어진다.

$$L = C_L \frac{1}{2} \rho A v^2 \qquad \cdots\cdots\cdots\cdots\cdots\cdots\cdots\cdots (5.13)$$

항력의 경우와 같이 양력도 면적 $A=cb$와 동압력 $(1/2)\rho v^2$에 비례한다. 날개형에 작용하는 양력은, 만약 영각(迎角)이 작은 경우에는 날개 전연부터 날개 길이의 1/4 지점에 나타나게 된다.

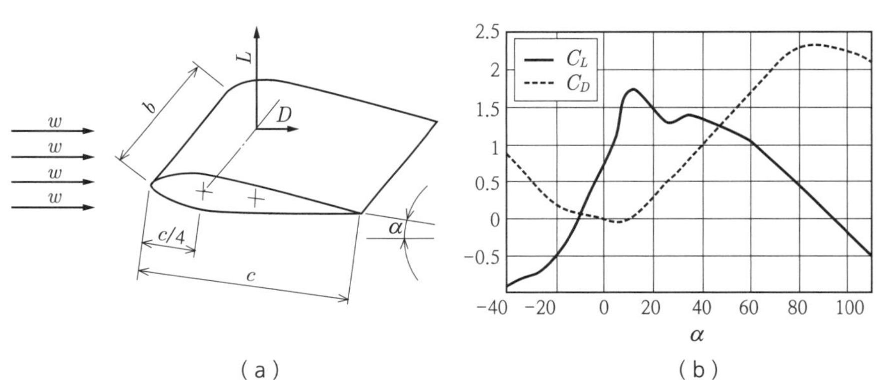

그림 5.24 >>>
날개의 양력 L과 항력 D, 그에 대한 영각 α의 관수로서의 양력 계수 C_L과 항력 계수 C_D

그림 5.24(b)는 영각이 대략 10° 정도까지의 작은 범위에서는 양력 계수 C_L, 따라서 양력도 영각 α에 정비례함을 나타내고 있다.

$\alpha < 0.1745(10°)$의 범위에서는

$$L = C_L(\alpha) \frac{1}{2} \rho A v^2 \left(단, \ C_L(\alpha) = C_L'\alpha \right)$$

그리고 얇고 무한 길이를 가지는 이상적인 장방형판에서는 $C_L' = 2\pi$가 된다. 그러나 실제의 수치는 $C_L' = 5.5$에서 약간 작아진다. 물론 항력 D도 작용하지만 공력적으로 우수한 날개형이고 영각이 작을 경우에는 매우 작은 수치가 되어 $C_D / C_L' = 1/20 \sim 1/100$이 된다. 단, 영각 $\alpha = 15°$를 넘으면 **그림 5.24**와 같이 항력 계수가 급속하게 증대하게 된다.

양력형 풍차는 그 구동력으로서 양력을 이용한다. 지금까지 설명한 항력형 풍차와 양력형 풍차를 명확하게 구별하기 위해 다리우스형 풍차의 예를 이용하여 그 기본적인 원리를 설명한다. 이 풍차는 수직축 타입으로 양력을 이용하고 있고, 전형적인 양력형 풍차이다. 다리우스형 풍차의 블레이드 선단 속도와 풍속비인 주속비는 지금까지 설명해 온 항력형 풍차(최대라도 $\lambda_{\max}=1$)의 주속비보다 훨씬 크다. 이 경우 **그림 5.25**와 같은 4매 중 2매의 날개형에 작용하는 공기의 흐름은 대부분 정면으로부터의 것이다. 양력 L은 항력보다 몇 배나 크기 때문에 이것이 로터의 구동력으로 된다. 양력의 정의에 따라 이 힘은 로터 블레이드가 방해하는 공기의 흐름의 방향에 수직이고, 길이 h에 지레를 설치하여 필요한 구동력을 얻을 수 있게 된다.

그림 5.26에 나타난 고전적인 포스트 밀과 같은 모든 수평축 풍차는 항력으로 회전을 시작하여 회전이 증가하면 양력으로 구동되게 된다. 이들 풍차의 파워 계수의 최대치는 $C_{P\max}=0.25$ 정도이며, 항력형 풍차보다 꽤 크다. 우수한 날개형(항력 계수가 작음)을 갖춘 근대적인 수평축 풍차에서는 최대 파워 계수 $C_{P\max}=0.50$에 달하게 된다. 이것은 베츠 계수 0.59에 매우 가까운 수치라 할 수 있다.

그림 5.25 >>>
다리우스형 풍차의 작동 원리

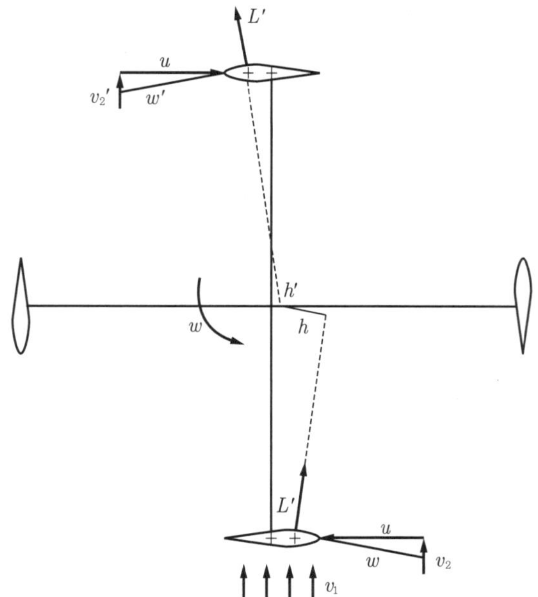

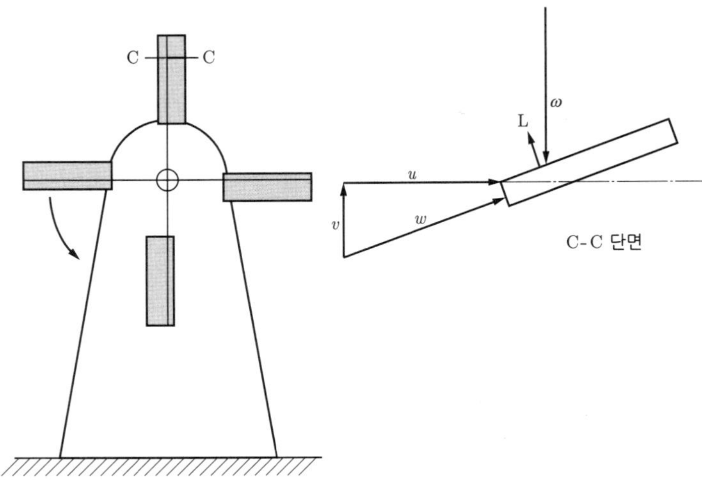

3.3 항력형 풍차와 양력형 풍차의 비교[6]

바람에서 끄집어낼 수 있는 힘의 최대치는 59%라는 란체스터나 베츠의 고찰을 통해 풍력 터빈의 회전면에서 어떻게 이 힘을 유도할까라는 의문을 제기하게 된다. 이 고찰에 의하면 오래 전 동양의 항력 이용 풍차도 나중에 나오는 서양의 양력 풍차와 같이 바람 속의 에너지를 이용하는 데에 적합해진다. 이에 대해서는 최근의 연구에 의해 1759년이라는 빠른 시기에 영국의 스미튼에 의해 네덜란드의 스모크 밀의 최대 파워 계수 $C_{P\max}$=0.28을 측정할 수 있게 된 것이 분명해졌다.

오늘날에는 정교한 날개형을 이용해 파워 계수 $C_{P\max}$=0.50까지도 얻을 수 있게 되었다. 그러나 앞에서 설명한 계산과 같이 항력형 풍차의 최대 파워 계수는 약 0.16에 지나지 않다. 그렇다면 양력형 풍차의 출력이 높은 이유는 무엇일까? 그 이유는 같은 블레이드 면적 A에서 보다 큰 공기 역학적인 힘을 얻을 수 있기 때문이다.

그림 5.27과 같이 공기 역학적인 파워 계수 $C_{D\max}$와 $C_{L\max}$는 거의 같지만 상대 풍속 w가 근본적인 상위를 나타내게 된다. 즉, 항력형 풍차에 대해서는 상대 속도가 $w = v - u = v(\lambda-1)$이고, 이는 블레이드 주속에

따라 감속되기 때문에 항상 유입 풍속보다 작은 수치가 된다. 한편, 양력형 풍차에서는 상대 속도는 $w = (v^2 + u^2)1/2 = v^2(1 + \lambda^2)1/2$이며, 풍속 v와 블레이드 선단 속도(주속) u의 기하학적인 합이 된다. 따라서 상대 속도는 항상 풍속보다 크고, 주속비에 따라서는 10배 이상도 된다.

또, 양력형 풍차의 경우 상대 속도의 2승을 포함하고 있는 공기 역학적인 힘은 주어진 면적 A의 항력형 풍차의 경우의 몇 배나 되는 것이다. 항력형 풍차에서 항력의 원리에 따른 회전의 수풍면에서 이용되는 공기 역학적인 힘은 너무 작아서 59%에는 가까워질 수 없다. 양력형 풍차로 조차도 완전히 이 이상적인 수치에는 도달하지 못한다.

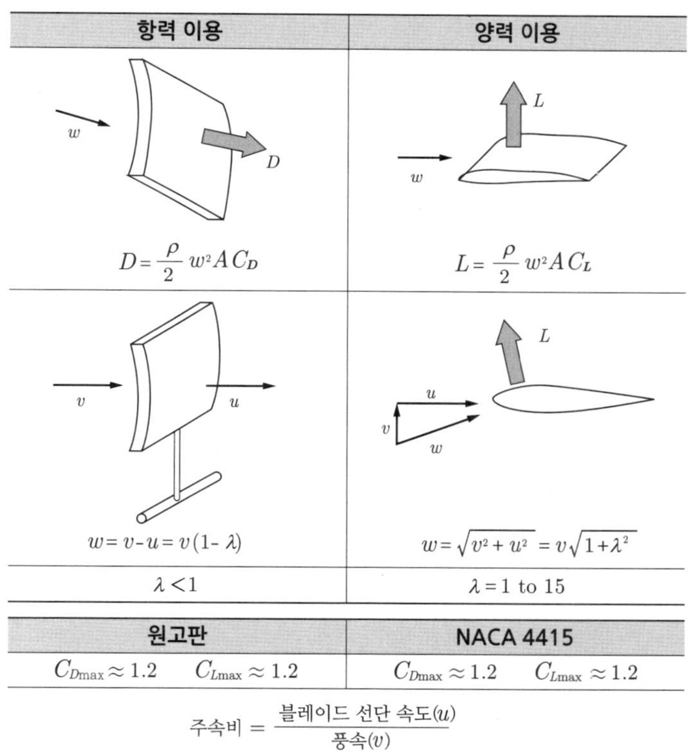

이는 란체스터나 베츠의 고찰이 실제의 공기의 흐름에 있어서는 필연적으로 발생하는 손실을 고려하지 않았기 때문이다.

네덜란드의 포스트 밀부터 미국의 다익 풍차에 이르기까지 모든 수평축 풍차에 대한 기초로서의 양력의 원리가 공학적 혹은 이학적인 이론에 따른 설명 없이 700년간 효율적으로 이용되어 온 것은 주목할 만한 가치가 있다. 1889년에 옷토 릴리엔탈은 '기술 매뉴얼에 의하면 이 종(種)의 공기의 저항(양력이나 공기 역학적인 힘의 것)은 대부분이 이론적인 고찰의 결과이며, 실제의 상태에서는 있을 수 없는 가정을 토대로 한 수식을 주게 된다.'고 기술하고 있다.

물리학자들의 양력의 유체 역학에 관한 사고방식은 대부분이 잘못되어 있었다. 이것은 1726년의 뉴턴이나 1876년의 레일리와 같은 이들에 의한 것으로 **그림 5.28**에 나타나 있다. 릴리엔탈은 새의 비행을 관찰하고, 또 그 후에 실험을 반복하여 영각을 작게 했을 때의 평판이나 원고판(円孤板)의 양력이 얼마나 큰지를 분명히 했다. 겨우 1907년에 이르러 릴리엔탈이 실험을 한지 꽤 시간이 경과하고, 라이트형제가 최초의 동력 비행을 한 4년 후에 쥬코프스키는 포텐셜 이론을 이용하여, 풍차의 제조자와 비행기의 설계자 등의 이용자가 이용하기에 충분한 이론적인 설명을 했던 것이다.

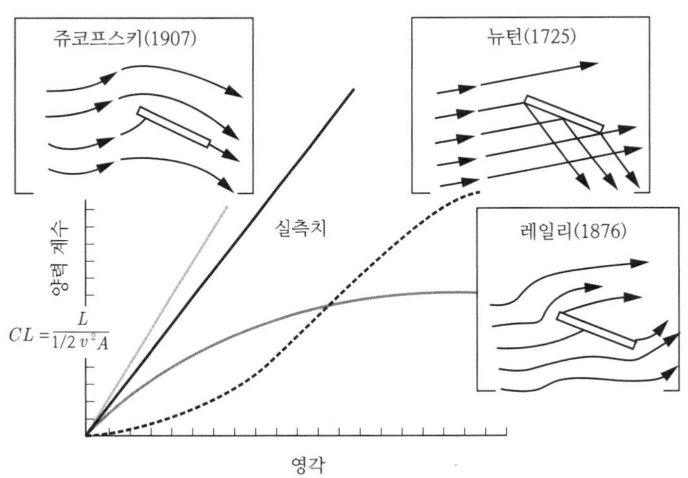

04 풍차의 성능 평가[1]

풍차에는 매우 많은 종류가 있지만 각종 풍차의 성능을 평가하는 경우, 일반적인 어느 무차원의 특성 계수에 의해 성능을 표시하는 것이 편리하다. 파워 계수, 토크 계수, 추력 계수, 주속비, 그리고 솔리디티 등이 있다.

1 파워 계수

자연풍 중에서 풍차를 이용해서 끄집어낼 수 있는 힘의 비율을 파워 계수 C_P(power coefficient)라 하며, 식 5.5를 사용하여 다음 식과 같이 나타낸다.

$$C_P = \frac{P_e}{(1/2)\rho A v_\infty^3}$$ .... (5.14)

여기서, P_e : 실제로 얻을 수 있는 힘[N·m], ρ : 공기의 밀도[kg/m³], A : 수풍 면적[m²], v_∞ : 풍속[m/s]이다.

파워 계수의 최대치는 영국의 란체스터와 독일의 베츠가 분명히 한 것처럼 이상 풍차라도 C_P의 최대치는 0.593이며, 실제 풍차에 대해서는 고성능 프로펠러형에서 0.45, 항력형의 사보니우스 풍차에서 0.15~0.20 정도이다.

2 토크 계수

풍차의 토크는 양력형 풍차의 경우, 블레이드의 회전면에서 발생하는 양력 성분으로 인한 모멘트이며 항력형 풍차의 경우에는 항력 성분에 따른 모멘트이다.

따라서 토크 계수 C_{TQ}는 다음 식과 같다.

$$C_{TQ} = \frac{TQ_e}{(1/2)\rho A v_\infty^2 R}$$ .... (5.15)

여기서, TQ_e : 실제로 얻을 수 있는 토크[N·m], R : 풍차 반지름[m]이다.

■3 추력 계수[7]

풍차에 작용하는 추력은 풍차 로터에 작용하는 바람이 풍차를 후방으로 미는 힘이라고 생각하면 된다. 따라서 추력 계수 C_T(thrust coefficient)는 다음 식과 같이 나타낼 수 있다.

$$C_T = \frac{T_e}{(1/2)\rho A v_\infty^2} \quad \cdots\cdots\cdots\cdots\cdots\cdots\cdots\cdots (5.16)$$

여기서, T_e : 풍차에 작용하는 추력이다.

예제 5.3

지름 3.6m의 풍차가 풍속 9m/s로 정격 출력을 발생시키고 있다. 이 풍차의 로터면에 더해지는 추력을 구하시오.

해답 ▶ 풍차 로터 회전면에 유입되는 바람으로 가해지는 추력 T_e는 식 5.16에 따라

$$T_e = \frac{1}{2}\rho A v^2$$
$$= (1/2) \times 0.126 \times (3.6^4/4) \times 9^2$$
$$= 52\text{kg}$$

또, 이 풍차가 3매 블레이드였다고 치면, 1매 블레이드에 더해지는 추력은 52/3 = 17kg이 된다. 이 힘으로 블레이드를 풍차 측으로 구부리듯 작용하게 된다.

■4 주속비

풍차의 성능을 나타내기 위해 '풍차의 블레이드 선단 속도와 유입 풍속의 비'로 정의되는 주속비 또는 선단 속도비(tip speed ratio)가 이용된다. 식으로 표시하면 다음과 같다.

$$\lambda = \frac{\omega R}{v_\infty} = \frac{2\pi R n}{v_\infty} \quad \cdots\cdots\cdots\cdots\cdots\cdots\cdots\cdots (5.17)$$

여기서, R: 로터 반지름[m], w: 로터의 회전 각속도[rad/s], n: 풍차 회전수[rps]이다. 또, 임의의 반지름 r의 위치의 주속비(국소 주속비) λ_r은 다음 식으로 나타낸다.

$$\lambda_r = \lambda \frac{r}{R}$$

프로펠러형 풍차 등의 양력형 풍차에서는 블레이드 선단은 유입 풍속보다 5~10배나 빠르게 회전하고 있는 경우가 많다. 따라서 같은 주속비의 풍차라도 대형 풍차일수록 로터 회전수는 적어지고 소형 풍차일수록 로터 회전수가 많아지고 있다.

여기에서 지금까지 본장에서 설명한 여러 가지 풍차의 토크 계수와 주속비의 관계를 **그림 5.29**에, 또 파워 계수와 주속비의 관계를 **그림 5.30**에 나타냈다. 이 그림들로부터 알 수 있듯이 양력형 프로펠러형 풍차나 다리우스형 풍차는 토크 계수는 작지만 파워 계수가 크고, 발전용 등에 적합한 고회전, 저토크 타입이다.

한편, 사보니우스형 풍차나 다익형 풍차는 파워 계수는 작지만, 토크 계수는 크고 펌프 구동 등에 적합한 저회전, 고토크 타입이다.

그림 5.29 >>>
각종 풍차의 토크 계수

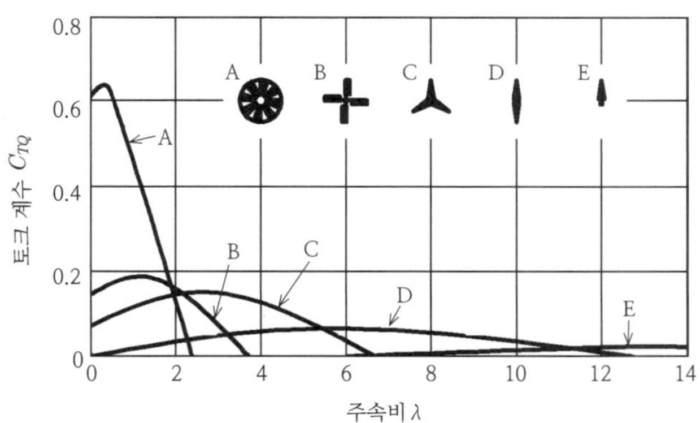

그림 5.30 >>>
각종 풍차의 파워 계수

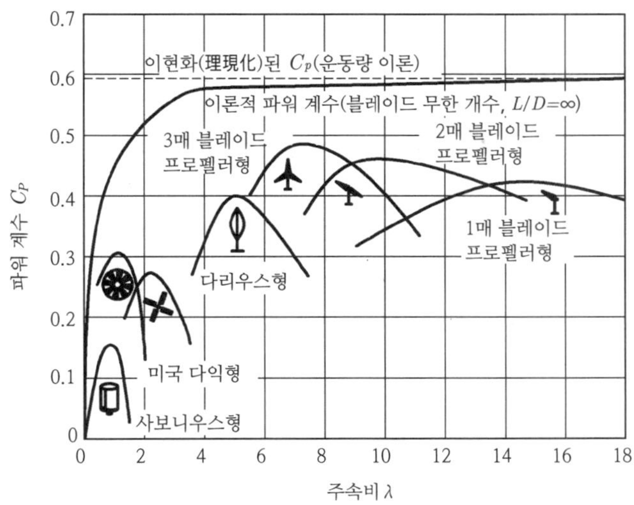

지름 3.6m의 3매 블레이드의 프로펠러형 풍차가 주속비 $\lambda = 6$으로 회전하고 있다. 정격 풍속을 10m/s로 하고, 각 블레이드의 중량이 회전 중심으로부터 0.9m의 중심 위치에서 2.25kg이라면 이 풍차 블레이드에서 움직이는 원심력은 몇인가?

해답 ➡ 로터 반지름 0.9m 위치에서의 주속비 λ는

$$\lambda_r = \lambda \frac{r}{R} = 6 \times (0.9 / 1.8) = 3$$

원심력은

$$Fc = mr\omega^2$$
$$= (W/g) \times (\lambda_r v)^2 / R$$
$$= (2.25 / 9.8) \times (3^2 \times 10^2) / 0.9$$
$$= 229.6 \text{kg}$$

이와 같이 불과 2.25kg의 블레이드로 움직이는 원심력은 블레이드 중량의 100배나 되는 큰 힘이 된다는 것을 알 수 있다.

5 솔리디티

풍차의 성능을 특징짓는 또 다른 한 가지의 중요한 특성 계수로 솔리디티(solidity)가 있다. 솔리디티는 '풍차의 소과 면적에 대한 로터, 블레이드의 전 투영 면적의 비'로 정의된다. 단, 여기에서의 투영 면적은 풍차 회전축에 수직인 면으로의 투영을 의미하고 있다. 그리고 풍차의 주속비는 솔리디티와 많은 관련이 있다. 수평축 풍차에서는 날개 매수가 많은 미국의 다익형은 프로펠러형보다 솔리디티가 크고, 수직형 풍차 중에서 사보니우스형은 다리우스형보다 솔리디티가 크다.

풍차의 솔리디티 σ는 독일의 U. 휴터가 찾았고, 근사값은 다음 식으로 구할 수 있다.

$$\sigma = \frac{1}{C_L} \frac{16}{9} \left(\frac{1}{\lambda} \right)^2 \qquad \cdots\cdots\cdots\cdots\cdots\cdots\cdots (5.18)$$

이것을 도식화하면 **그림 5.31**과 같지만 종축은 대수 눈금으로 되어 있는 것에 주의해야 한다. 즉, 풍차의 솔리디티는 주속비의 역수의 2승에 비례하게 되고, 로터 회전수가 높은 풍차일수록 솔리디티는 작다는 것을 알 수 있다.

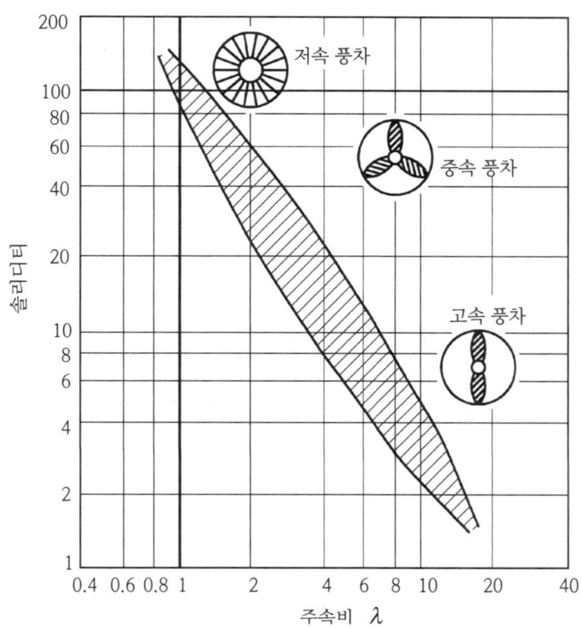

이리하여 고회전을 필요로 하는 발전용 등에는 솔리디티가 작은 2개 내지 3개 블레이드의 고회전용 풍차를 이용하지만, 기동 토크가 작기 때문에 발전을 개시하는 컷인 풍속이 높아진다. 한편, 큰 토크를 필요로 하고, 저회전으로 끝날 것 같은 양수 펌프 등에는 솔리디티가 큰, 날개 매수가 많은 풍차를 이용하게 된다. 또, 수직축의 다리우스형 풍차와 자이로 밀형 풍차의 경우에는 다음 식으로 솔리디티를 정의하고 있다.

$$\sigma = \frac{ZC}{2\pi R}$$

여기서, C : 블레이드의 길이, Z : 블레이드 매수, R : 로터 회전 반지름이다.

설계 주속비 $\lambda_D = 6$의 고속 프로펠러형 풍차가 있다. 이 풍차의 소과 면적을 $30\,㎡$로 했을 때의 블레이드 면적을 구하시오.

해답 ➡ 풍차의 주속비 λ와 솔리디티 σ의 관계를 나타낸 그림은 5.31로서 $\lambda_D = 6$일 때, 솔리디티 σ는 5~9의 범위에 있음을 알 수 있다. 따라서 여기에서는 $\sigma = 7$로 한다.

그렇다면 블레이드 면적은 솔리디티의 정의에 의해

$$30 \times 0.07 = 2.1\,㎡$$

또, 이 풍차의 지름 d는, $\pi d^2/4 = A = 30$에 의해,

$$d = \sqrt{4 \times 30 / \pi} = 6.18\,\text{m}$$

여기에서 블레이드 근원부에서 선단부까지 날개 길이 C를 일정하게 하면, 2매 블레이드일 때는

$$2C\frac{d}{2} = 2.1 \quad \therefore C = 0.34\,\text{m}$$

3매 블레이드일 때는

$$3C = \frac{d}{2} = 2.1 \quad \therefore C = 0.23\,\text{m}$$

가 된다.

05 풍력 발전 시스템의 총합 효율

풍력 발전 시스템의 기본적인 레이아웃은 **그림 5.32**와 같고, 그 파워 플로와 요소 효율은 **그림 5.33**과 같다. 이 그림의 각 단계에서의 힘의 비 또는 효율은 다음과 같이 된다.

풍력 터빈의 효율 : $P_{ex} / P_w = C_P$

기어박스의 효율 : $P_g / P_{ex} = \eta_{gb}$

발전기의 효율 : $P_e / P_g = \eta_g$

이들 단계의 시스템의 총합 효율 η은

$$\eta = \text{발생한 힘/바람이 보유한 힘}$$
$$= P_e / P_w$$
$$= \left(\frac{P_{ex}}{P_w}\right) \cdot \left(\frac{P_g}{P_{ex}}\right) \cdot \left(\frac{P_e}{P_g}\right) \quad \cdots\cdots (5.19)$$

그림 5.32 >>>
풍력 발전 시스템의
기본 요소의 레이아웃

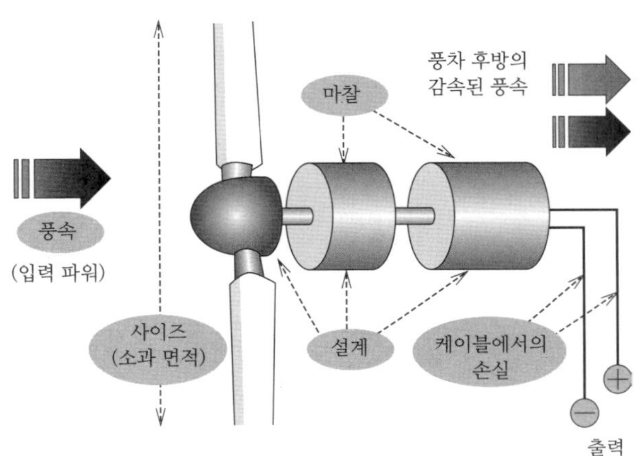

그림 5.33 >>>
풍력 발전 시스템의
요소 효율

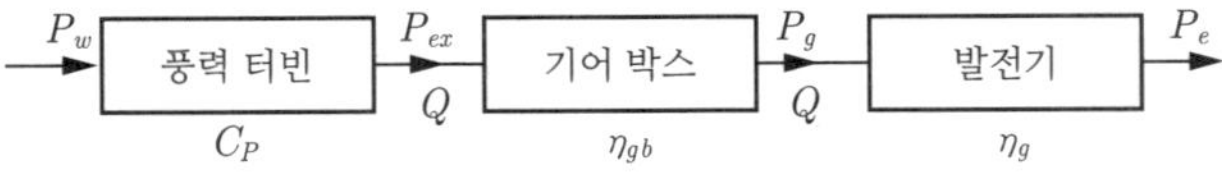

식 5.18과 각 요소 효율을 조합해 보면

$$\eta = \frac{P_e}{P_w} = C_P \cdot \eta_{gb} \cdot \eta_g \quad \cdots\cdots (5.20)$$

따라서 전기 출력은 다음과 같이 된다.

$$P_e = C_P \cdot \eta_{gb} \cdot \eta_g \cdot P_w \quad \cdots\cdots (5.21)$$

일반적으로 풍력 터빈도, 기어 박스도, 발전기도 **표 5.3**과 같이 대형의 것은 효율이 높고, 소형의 것은 효율이 낮아진다. 즉, 규모의 증대는 효율의 향상도 동반하게 된다.

풍력 터빈(프로펠러형) C_P	대형	40~50%(100kW~5MW)
	소형	20~40%(1~100kW)
	마이크로	20~35%(1kW 이하)
기어 박스 η_{gb}	대형	80~95%
	소형	70~80%
발전기 η_g	대형	80~95%
	소형	60~80%

예제 5.6

대형 풍력 발전 시스템과 소형 풍력 발전 시스템의 전형적인 총합 효율을 구하시오.

[해답] 대형 풍차에 대해서는 표 5.3에 의해

$$C_P = 0.42, \ \eta_{gb} = 0.85, \ \eta_g = 0.92$$

따라서, 총합 효율은 식 5.20에 의해

$$\eta = 0.42 \times 0.85 \times 0.92 = 0.33(33\%)$$

소형 풍차에 대해서도 표 5.3에 의해

$$\eta = 0.30, \ \eta_{gb} = 0.75, \ \eta_g = 0.70$$

따라서 총합 효율은 식 5.20에 의해

$$\eta = 0.30 \times 0.75 \times 0.70 = 0.16(16\%)$$

이와 같이 총합 효율로 보면 대형 풍차는 소형 풍차의 약 2배의 높은 효율을 얻을 수 있고, 여기에서도 큰 규모가 유리함을 알 수 있다.

예제 5.7

2MW 대형 풍차의 정격 풍속이 12m/s이고, 파워 계수 $C_P = 0.40$, 기어 박스의 효율 $\eta_{gb} = 0.94$, 발전기의 효율 $\eta_g = 0.96$이라면, 이 풍차의 소과 면적은 얼마만큼 필요하게 될까? 또한, 로터가 프로펠러형이라면 로터 지름은 얼마가 될까? (단, 공기 밀도 $\rho = 1.26$kg/㎥로 한다.)

[해답] 이 대형 풍차는 파워 계수 $C_P = 0.40$, 기어 박스의 효율 $\eta_{gb} = 0.94$, 발전기의 효율 $\eta_g = 0.96$이기 때문에, 총합 효율 η은

$$\eta = 0.40 \times 0.94 \times 0.96 = 0.36(33\%)$$

또, 바람이 보유한 힘과 풍차에 의해 발생하는 힘 사이에는 다음과 같은 관계가 있다.

$$\eta = \frac{\text{발생한 힘}}{\text{바람이 보유한 힘}} = \frac{P_e}{P_w}$$

따라서 풍차의 힘 $P_e = 2$MW이기 때문에 바람이 보유한 힘 P_w는

$$P_w = \frac{P_e}{\eta} = (2 \times 10^6) / 0.36 = 5.56 \times 10^6 \text{W}$$

한편, 바람이 보유한 힘 P_w 는 다음 식으로 주어진다.

$$P_w = \frac{1}{2}\rho A v^3$$

따라서 수풍 면적 A 는

$$A = \frac{2P_w}{\rho v^3}$$

$$= 2 \times 5.56 \times 10^6 / 1.26 \times 12^3$$

$$= 5,107\text{m}^2$$

그리고, 면적 A 는 $A = \dfrac{\pi d^2}{4}$ 이기 때문에

$$d = \sqrt{\frac{4A}{\pi}}$$

$$= \sqrt{\frac{4 \times 5,107}{3.14}}$$

$$= 80.66$$

$$\fallingdotseq 81\text{m}$$

예제 5.8

어느 프로펠러형 풍차가 풍속 12m/s일 때 주속비가 $\lambda = 6$이고, 최대 파워 계수를 얻을 수 있도록 설계되어 있다. 만약 로터 지름이 40m라면 회전수 n은 얼마가 될까?

해답 ▶ 풍속 $v = 12$m/s일 때, 주속비 $\lambda = 6$이므로 주속비의 정의로,

$$\lambda = \frac{r\omega}{v} = \frac{u}{v}, \quad \text{로터의 주속 } u = r\omega \text{이므로}$$

$$u = r\omega = \lambda v = 6 \times 12 = 72\text{m/s}$$

지름 $d = 40$m이므로 반지름 $r = \dfrac{d}{2} = 20$

회전수는 $\omega = \dfrac{u}{v} = \dfrac{72}{20} = 3.6\text{rad/s}$

또, $\omega = \dfrac{2\pi n}{60}$ 이므로 회전수 n은

$$n = \frac{60\pi}{2\pi}$$

$$= \frac{60 \times 3.6}{2 \times 3.14}$$

$$\fallingdotseq 34\text{rpm}$$

예제 5.9

강풍지에 설치된 1.5MW 대형 풍력 발전기의 로터 지름 60m, 정격 풍속 14m/s일 때, 이 풍차의 파워 계수는 얼마가 될까? (단, 공기 밀도 $\rho = 1.26\text{kg/㎥}$로 한다.)

해답 ▶ 바람이 보유한 힘은 식 5.1에 의해

$$P_w = \frac{1}{2}\rho A v^3$$

$$= \frac{1}{2} \times 1.26 \times \frac{\pi 60^2}{2} \times 14^3$$

$$= 4.885 \times 10^6\,\text{W}$$

풍차의 힘은 $P_e = 1.5\text{MW}$이기 때문에, 총합 효율 η은

$$h = \frac{1.5 \times 10^6}{4.885 \times 10^6}$$

$$= 0.307$$

여기에서 총합 효율은 $\eta = P_e\,/\,P_w = C_P \cdot \eta_{gb} \cdot \eta_g$이므로 $\eta_{gb} = 0.92$, $\eta_g = 0.90$으로 하면 파워 계수 C_P는 다음과 같다.

$$C_P = \frac{\eta}{\eta_{gb} \cdot \eta_g}$$

$$= \frac{0.307}{0.92 \times 0.90}$$

$$= 0.371$$

06 풍차와 부하의 매칭[8, 9]

바람 에너지를 이용하는 데는 우선 풍차로 기계적인 회전 에너지로 변환하게 되지만 앞서 서술한 것처럼 풍차에는 많은 종류가 있고, 각각 그 특성이 다르다. 그리고 풍차의 형식마다 파워 계수가 최대가 되는 주속비와 그 주속비로 운전한 경우의 파워 계수의 수치가 존재한다. 이와 같은 운전 조건하에서는 풍차의 형식이 결정되면 일정 풍속에 대한 최적의 풍차 회전 속도가 결정되게 된다. 즉, 일정 풍속에 대해 최적의 부하 토크가 존재하고, 부하가 그 최적치보다 크든 작든 변환 효율은 저하하게 된다.

또, 변환 효율이 최대가 될 때의 주속비는 프로펠러형 풍차와 같은 고주속비 타입인지, 미국의 다익형 풍차나 사보니우스형 풍차 등과 같은 저주속비 타입인지 하는 풍차 형식에 따라 결정되고 있기 때문에 풍속이 변화하더라도 풍차 회전 속도와 풍속과의 비례 관계는 변하지 않는다.

예를 들면, 사보니우스형 풍차에서는 풍차의 회전 속도가 2배가 되면 토크는 4배로 증가하고, 속도가 3배가 되면 토크는 9배로 증가하게 된다. 따라서 항상 최대 효율로 풍차를 운전시키기 위해서는 최적의 부하 토크를 회전 속도의 2승에 비례하게 증감하면 된다. 이는 풍속이 변화하더라도 항상 최대 효율을 유지하면서 풍차로 기계적 에너지를 유도해 내기 위해서는 부하 토크가 풍차 회전 속도의 2승에 비례는 특성을 가지고 있는 것이 바람직하다고 할 수 있다. 여기에서 부하의 토크 회전수 특성에 의해 바람의 힘이 어떻게 영향을 받는지를 **그림 5.34**에 나타냈다. **그림 5.34**의 상반분(上半分)은 풍차의 출력 토크-회전수 특성을 풍속을 파라미터로해서 우하향하는 것을 실선으로 나타내고, 그림 위에 특성이 다른 3종류의 부하에 대한 입력 토크-회전수 특성을 겹쳐서 나타냈다.

부하 특성 I, II, III은 각각 부하 토크가 회전수의 2승, 1승, 0승으로 비례해서 변화하는 것으로 전부 풍속 4m/s일 때에 최적의 부하를 줄 수 있도록 설정되어 있다. 한편, **그림 5.34**의 하반분(下半分)은 힘-회전수 특성이며, 풍차의 힘의 특성도 풍속 4m/s, 6m/s, 8m/s에 대해서 포물선 모양의 실선으로 나타나 있다. 부하 특성 I의 경우에는 4m/s, 6m/s, 8m/s의 어느 풍속일 때나 최고의 힘을 얻을 수 있지만 부하 특성 II의 경우에는 풍속이 증가하면 부하가 너무 가벼워지게 된다.

그림 5.34 >>>
풍차의 파워 및 토크 계수[8]

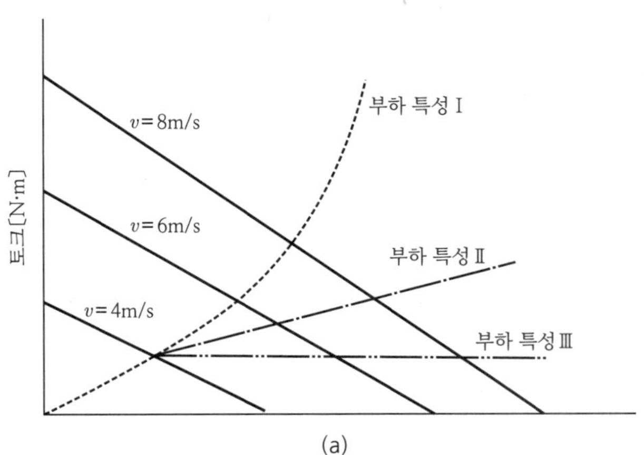

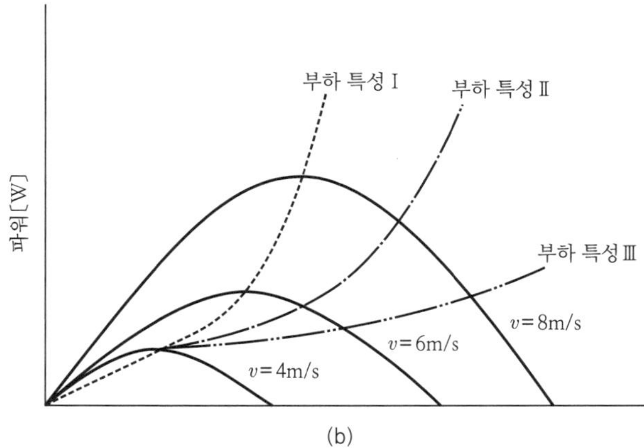

게다가 부하 특성 III이 되면 이 경향은 더욱 강해짐을 알 수 있다.

이와 같이 부하의 토크–회전수 특성이 적합하지 않은 경우에는 저풍속 시에 최적 부하를 설정해 두어도 풍속이 증대하면 부하가 부족해지고, 바람이 보유한 에너지를 기계적인 에너지로서 충분히 유도해낼 수 없고, 변환 효율이 낮은 시스템이 된다. 따라서 저풍속에서 고풍속으로까지 광범위한 풍속에 대해서 풍차를 높은 효율로 운전하기 위해서는 앞서 서술한 것처럼 부하 토크가 회전 속도의 2승에 비례하도록 부하, 예를 들면 유압 펌프, 압축기, 교반기 등과 조합시킨 시스템이 바람직하다고 할 수 있다.

여기에서 구체적인 예를 들어 보자. 풍차의 출력 P를 그 회전수 n에 대해 그리면, 풍속마다 **그림 5.35**의 실선으로 나타낸 것처럼 파워 곡선 $P = P(v, n)$을 얻을 수 있다. 어느 주어진 풍속에 대해 얻을 수 있는 이 파워 곡선은 회전수의 변화에 대해 극대치가 있고, 그 수치는 풍속이 증대함에 따라 증대한다. 한편, 풍차로 구동된 펌프나 발전기 등의 피구동기 측의 부하의 소요 파워 P_D는 역시 피구동기 측의 회전수 N의 관수로서 $P_D = P_D(N)$으로 주어지고, 그림에서는 파선으로 나타나 있다.

여기에서 풍차의 회전수 n과 피구동기의 회전수 N과의 사이에는 기어열(齒車列) '기어비'

$$k = \frac{N}{n} \qquad \cdots\cdots\cdots\cdots\cdots\cdots\cdots (5.22)$$

의 관계가 있고, 또 소요하는 힘의 경사는

$$\frac{dP_D}{dn} = k\,\frac{dP_D}{dn}$$

$\cdots\cdots\cdots\cdots\cdots\cdots\cdots\cdots\cdots$ (5.23)

에서 구할 수 있다.

이 풍차 측의 힘과 피구동측의 소요하는 힘의 교점이 풍속마다 작동 회전수를 준다. 이 그림에서는 예를 들면, v_2의 풍속의 P와 P_D와의 교점이 이 풍차와 피구동기와의 조합 시스템의 회전수 n_2를 주게 된다.

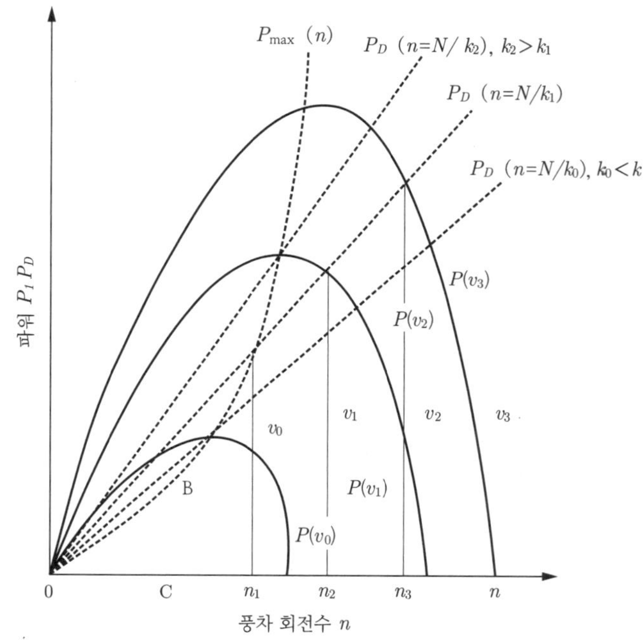

그런데 P_D의 경사는 기어비 k를 바꿈에 따라 변화한다. 예를 들면, 이 그림에 나타난 것과 같이 기어비를 크게 하여 피구동기의 회전수를 높게 하면 $k_2 > k_1$, P_D의 경사는 커지고, 풍차의 회전수의 저속 측에서 균형을 잡고, 또 반대로 기어비 k를 작게 하면 $k_0 > k_1$, P_D의 경사는 완만해져 풍차 측의 힘과 피구동 측의 소요하는 힘의 교점은 회전수가 큰 영역으로 균형을 잡게 된다. 그래서 어느 풍속, 예를 들면 그림의 v_1에 대해, 우연히 $P(v_1,\,n)$가 극대치를 차지하는 점 ($dP/dn=0$)에서 P_D가 $P(v_1,\,n)$과 교차하게 하면 이 기어비 $k_1 = k_1(v_1)$은 이 시스템에 대해 최적의 기어비라 할 수 있다. 그러나 다른 풍속에 대해서는 이 기어비가 일반적으로 최적은 아니다.

앞서 서술한 것과 같이 이 그림을 참조하여 각 풍속마다의 힘의 극대치를 동반한 P_{max}의 선 "극치 파워 곡선(그림에서 점선으로 표시)"은 회전수 n에 대해 급격한 증가를 나타내고 있다. 이 곡선의 좌측에서는 회전수 n의 증가에 대해 힘은 증가하므로 주어진 피구동기 측을 더욱 고속으로 회전시키게 된다. 따라서 이 시스템은 불안정해진다. 기어비 k가 클 때의 소요 파워가 그 같은 좌측 영역에서 풍차 출력과 교차하고 있다. 그래서 기어비 k를 선택하는데 있어서는 최적의 기어비보다 조금 작은 k로 하여 풍차 측의 힘과 피구동기 측의 소요 파워의 교점이 극치를 연결한 P_{max}의 곡선보다 약간 우측의 안정 측으로 가지고 오도록 하는 것이 바람직하다고 할 수 있다.

풍차의 성능을 향상시키기 위한 연구[1]

지금까지 풍차의 종류와 특징, 성능 평가, 그리고 풍차와 부하와의 매칭 등에 대해서 설명했지만 풍차로 인한 풍력 에너지의 변환 효율에는 일정한 한계가 존재하고, 프로펠러형 등의 고효율 풍차라도 60%를 넘는 것은 불가능하다.

풍차의 출력은 풍차의 수풍 면적에 비례하고, 풍속의 3승에 비례하기 때문에 어떤 방법으로든 풍차의 회전면 상류에서 자연풍을 수집하고, 풍차의 회전면을 통과하는 기류 속도를 증대시키면 풍차의 출력은 기류 속도의 3승에 비례하게 증대된다. 예를 들면, 어느 속도를 가진 자연풍을 풍차의 회전면 전방에서 수집하고, 1.5배로 증가시킨 경우 풍차 출력은 증속하지 않는 경우의 약 3.4배로 대폭 증대된다.

바꿔 말하면, 자연풍 조건 및 풍차 지름이 일정하더라도 적당한 바람 수집 장치를 부가함에 따라 자연풍에서 유도해낼 수 있는 에너지량을 대폭으로 증대시킬 수 있는 것이다. 실제 장치에서는 풍차의 주위를 덕트(duct)로 감싸거나, 블레이드 선단에 팁베인을 설치하거나 강제적으로 볼텍스를 발생시켜 그 위치에 풍차를 설치하기도 한다.

또, 일반적으로 풍차의 회전 속도는 지름이 큰 것일수록 회전수가 줄어들고, 발전기에 접속할 경우, 톱니바퀴 등을 이용해 증속하는 경우가 많지만 이 증속 장치로 잃을 수 있는 에너지가 많고, 또 기동 토크도 커진다는 단점이 있다. 게다가 증속 장치의 중량 및 비용도 큰 마이너스 요인이다.

이 때문에 이중 반전 풍차 등으로 전후의 프로펠러의 회전을 발전기의 로터와 고정자(스테이터)에 직결하여 높은 상대 회전 속도를 얻도록 연구를 하거나, 싱글 블레이드 풍차 등에 의해 풍차의 솔리디티를 감소시켜 회전수를 증대시키는 연구를 하고 있는 예도 있다.

다음에 풍차의 성능 향상법의 몇 가지를 소개한다.

1 디퓨저 오그먼트(diffuser augment) 방식

이 방식은 1970년대 이후 미국의 그러먼 에너지 시스템즈 사, 영국의 뉴캐슬대학을 비롯해 많은 기관에 의해 연구 개발이 이루어져 왔다. **그림 5.36**에 그러먼 사의 디퓨저 오그먼트 방식 풍차를 나타냈다.

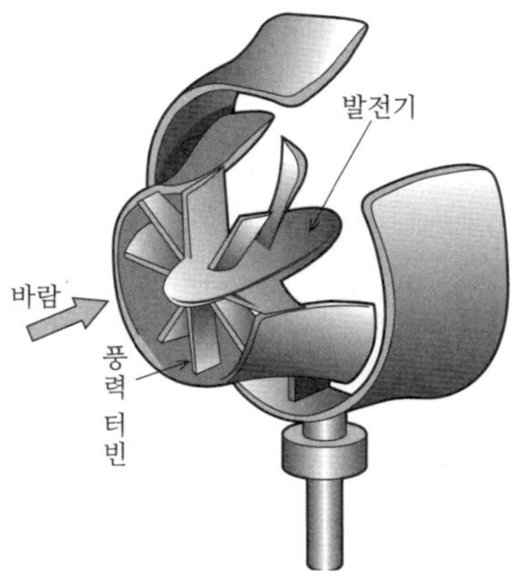

그림 5.36 >>>
디퓨저 오그먼트 방식 풍차
(그러먼 에너지 시스템즈 사
제공)

이 풍차에서는 덕트는 풍차의 회전면을 경계로 두 가지 역할을 해내고 있다. 우선, 풍차 회전면의 상류의 덕트 부분은 풍차 회전면으로 유입되는 기류의 속도장 및 압력장을 같게 하여 유속을 증대하는 역할을 해내며 콘센트레이트 또는 컬렉터(collector)라고 한다. 한편, 풍차의 회전면 하류의 덕트 부분은 손실이 적은 상태에서 기류 속도를 감소시켜 압력을 회복시키는 역할을 해내며 디퓨저라고 한다. 이 경우, 입구 콘센트레이트 부분은 풍차 출력의 증대에 대해 그 정도의 효과는 기대할 수 없어 출구 디퓨저 부분의 효과를 올리는 방향에 중점을 두고 있다.

그러면 사의 풍차에서는 입구 고정자(스테이터)에 플랩이 설치되어 있어 풍속에 맞게 각도를 변경하여, 로터 회전수를 일정하게 하며 출력은 동일한 지름의 풍차의 2배가 되게 하고 있지만 반드시 기대한 대로 성과를 얻을 수 있는 것은 아니다.

또, 이와 같은 방식으로는 덕트, 풍차의 회전 부분 및 발전기 등의 구조물 전체는 풍향을 향한 구조가 되므로 실용 풍차에서는 출력 증가분과 비용 증가분의 트레이드 오프(trade off)를 신중히 검토할 필요가 있다.

한편, 큐슈대학의 바람렌즈 연구그룹에서는 **그림 5.37**과 같이 디퓨저의 출구부에 플랜지(flange)를 설치해 기류가 쉽게 흐르게 하여 내부에 풍차를 설치한 집풍 가속 장치(플랜지부 디퓨저)를 개발하고 풍차단체의 경우의 3배 강한 출력의 증가를 이루고 있다. 이 방식에 대해서는 2003년 이후, **그림 5.38**과 같은 실용기도 만들어지고 있다.

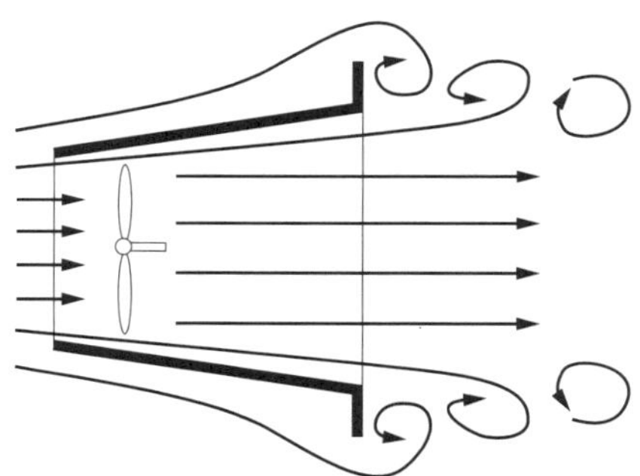

그림 5.37 >>>
바람렌즈 마이크로 풍차

그림 5.38 >>>
바람렌즈 방식 풍차

2 콘센트레이트 방식

디퓨저와 마찬가지로 덕트를 이용하는 방법이지만 풍차의 힘은 풍속의 3승에 비례하는 점에 착안, 적극적으로 유입 풍속을 증대시켜 출력 증강을 하는 것이 콘센트레이트 방식이다. 이는 간단하고 쉽게 이해할 수 있는 방식이기 때문에 오래 전부터 많은 연구 개발이 이루어져 특허도 수없이 많이 출원되고 있지만, 실제로는 자유 유중(流中)에 설치된 콘센트레이트는 흐름의 저항이 되기 때문에 기류는 덕트 내로는 유입되지 않고, 예상한 바와 같은 증속 효과를 얻지 못하고 실패한 예가 매우 많다.

성공한 예로는 중국의 전덕(田德)에 인한 실험 사례가 있지만 이는 풍차 지름과 비교해서 콘센트레이트의 거리를 짧게 하여 아주 작은 증속 효과만을 얻고 있는 것이다. 또, 아시카가 공업대학의 네모토나 저자들이 고안한 방식은 **그림 5.39**와 같이 로터의 설치 위치를 콘센트레이트 · 덕트의 내부가 아닌 외부 하류부에 설정하는 것으로, 이에 따라 30% 정도 성능이 향상된 것이 분명해졌다. 더욱이, 카미카제 주식회사의 스기야마에 의한 시스템은 **그림 5.40**과 같이 덕트 내부를 공기 역학적으로 연구하여 기류의 증속 효과를 얻고, 그 위치에서 풍차 로터를 돌려서 출력 증대 효과를 얻는 것으로, 우주항공연구개발기구의 쿠와바라에 의한 시뮬레이션도 매우 좋은 결과를 얻었고, 저자들도 협력해서 **그림 5.41**과 같은 실용기도 만들고 있다.

그림 5.39 >>>
아시카가 공대 방식
콘센트레이트 풍차

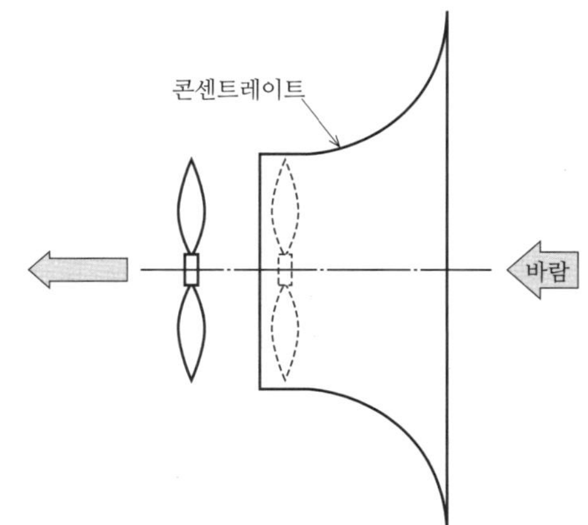

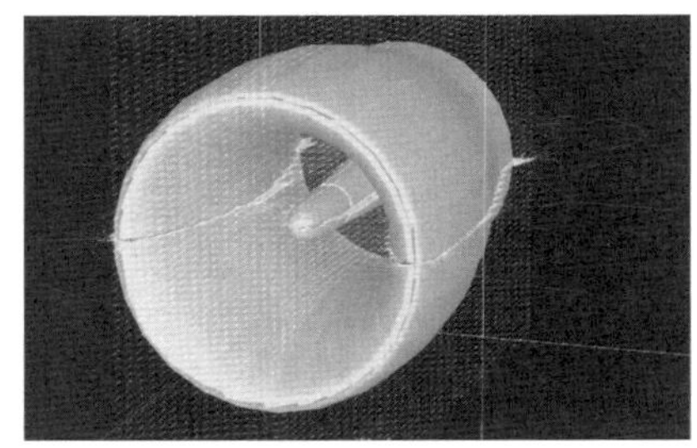

콘센트레이트 풍차
덕트 내의 흐름
(후진 주식회사 제공)

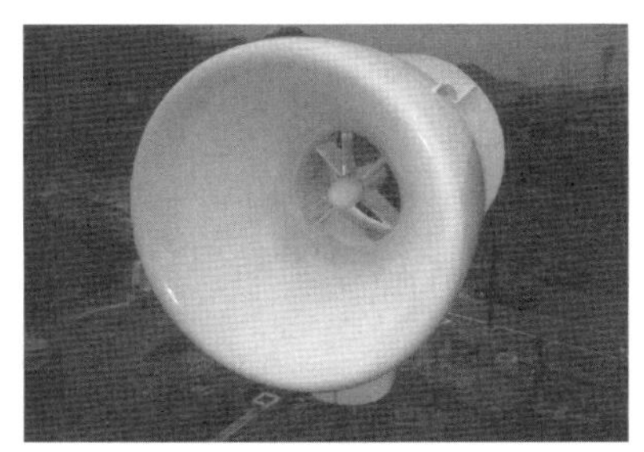

콘센트레이트 풍차
(후진 주식회사 제공)

3 토네이도 방식

이 방식도 그러면 에너지 시스템즈 사에서 개발한 것이다. 원통 모양의 타워 안에서 회오리바람(토네이도)을 인공적으로 발생시켜, 덕트에 내장된 풍차의 회전면을 통과하는 기류 속도의 증대를 도모하는 시스템으로, 고안자인 J. 옌의 이름을 따서 옌 밀이라고 부르고 있다.

이 경우, 원통 모양의 타워 벽면에 설치된 안내 날개에 의해 타워 주위를 통과하는 자연풍을 수집함과 동시에 타워로 유입되는 기류에 시회(施回)를 주어 토네이도를 발생시킨다. 타워 중심에서의 기류의 수직 방향 속도는 토네이도의 지름이 증대함에 따라 증가한다고 가정하면 대규모 시스템의 경우 타워 내벽의 기류의 주방향 속도의 적어도 7~8배에 도달할 수 있다고 예측하고 있다.

이런 이유 때문에 동일 기류 속도 중에서 작동하는 동일 지름의 풍차를 생각한 경우, 이와 같은 바람의 수집 시스템에 의해 기존의 풍차의 100~1,000배의 큰 출력을 얻을 수 있다고 하지만 반드시 좋은 결과를 얻을 수 있는 것은 아니다.

4 팁베인 방식

이 방식은 블레이드 주위에 덕트를 설치하는 대신 **그림 5.42**와 같이 블레이드의 끝에 팁베인이라 불리는 보조 날개를 설치한 것이다. 1970년대에 네덜란드의 델프트공과대학에서 Th. 반 호르텐을 중심으로 연구 개발이 진행되었다. 블레이드 끝의 보조 날개로 디퓨저 효과를 발생시켜 풍차 수풍면을 통과하는 공기 유량을 증가시키는 것으로, 그 증가율은 4~5배에 달한다. 이리하여 출력의 증대는 달성할 수 있지만 점성 저항을 감소시키는 것이 문제가 되고 있다. 또, 미국에서도 에어로 바이로먼트(Aero vironment) 사의 P.B.S. 리사먼이 이 방식을 다이내믹 인듀서라고 부르며, 소형 풍차에 팁베인을 설치하여 에너지성의 록키 플래츠 연구소에서 필드 테스트를 실시했지만 실용기는 만들어지지 않았다.

또, 일본에서도 미에대학의 아오미즈에 의해 '미에 베인'이라 칭한 팁베인을 장착하여 성능을 향상시킨 예가 있다.

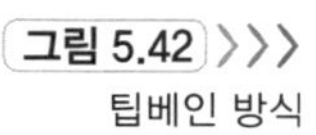

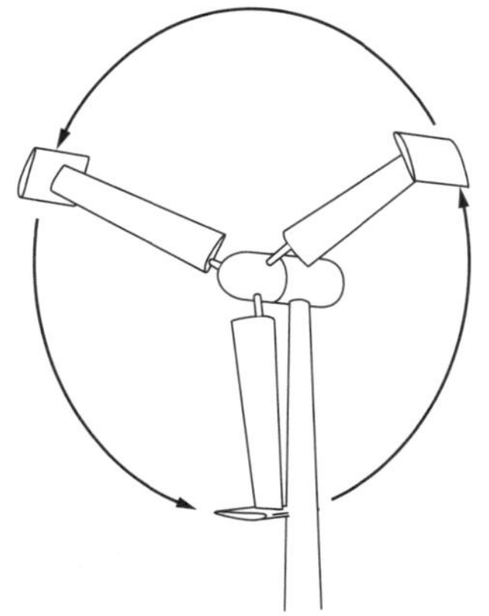

5 볼텍스 오그먼트(vortex augment) 방식

뉴욕공과대학의 P.M. 스포트차 등에 의해 항공기의 삼각 날개의 전연 박리 소용돌이를 이용해서 바람 에너지를 집중적으로 이용하는 연구를 했다. 이 방식은 **그림 5.43**과 같이 삼각 날개의 후방에 형성된 소용돌이로 자연풍의 풍속의 약 2배의 풍속을 얻어 로터의 지름을 작게 하여 비용을 감소시켰다.

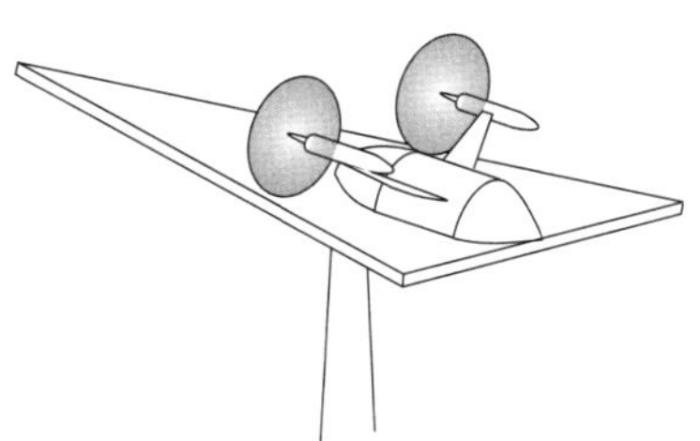

1970년대 말에 길이 6m, 밑변 3.3m인 삼각 날개의 후방에 지름 1m의 프로펠러를 2기 설치한 프로토 타입에 의해 필드 테스트를 실시하여 좋은 결과를 얻을 수 있었다.

6 이중 반전 방식

일반적으로 풍차의 회전 속도는 느리게 때문에 발전기를 구동시키기 위해서는 톱니바퀴 등의 증속 장치를 사용하는 경우가 많다. 그러나 이 증속 장치로 잃게 되는 에너지가 크고, 또한 증속 장치의 중량 및 비용도 크기 때문에 프로펠러를 이중 반전 방식으로 하여, 발전기의 회전자와 고정자를 각각 전후의 각 프로펠러로 구동하여 증속 장치를 없애거나 간단하게 하였다. 이 방식은 1931년에 독일의 H. 혼네프에 의해 제안된 초대형 풍력 발전 장치에서 이미 응용되었지만 성공하지 못한 채 끝났다.

그 후, 1973년에 스위스의 노어 사가 전후단이 각각 5개 날개의 지름 11m인 로터로, 각 로터는 각각 71rpm으로 역방향으로 회전하는 시스템을 개발했다. 이것은 전방 로터에서 바람이 가진 에너지의 대부분을 소비하고 후방 로터는 전방 로터의 후류 속에 두기 때문에 이용할 수 있는 에너지가 적어 기대한 성능을 얻을 수 없었다.

필자는 전단 6개의 소경(小径), 후단 3개의 대경(大径)의 로터를 전후로 간격을 두고 회전시켜 좋은 성적을 거두고 있다. **그림 5.44**는 필자의 개념을 실용화한 한국 전북대학 신교수의 출력 40kW인 이중 반전 프로펠러형 풍차이다. 또, 프로펠러형 풍차뿐만 아니라 크로스 플로 풍차를 상하 2단으로 하여 상단과 하단의 로터를 반대 방향으로 회전시켜, 발전기의 로터와 스테이터를 역회전시켜서 상대 회전수를 높일 연구를 하고 있다. **그림 5.45**는 아시카가 공업대학과 키류우 시의 이시다제작소가 공동 개발한 이중 반전 방식 크로스 플로 풍력 발전기이다.

그림 5.44 >>>
이중 반전식 프로펠러형 풍차
(한국 전북대학 신교수 제공)

그림 5.45 >>>
상하 이중 반전형
크로스 플로 풍차

7 싱글 블레이드 방식

미국의 보잉 사에서는 1970년대에 균형추를 이용해서 균형을 잡는 저가의 1매 날개 풍차(싱글 블레이드 방식)를 제안했지만 실용기는 만들어지지 않았다. 그 후, 독일의 MBB 사 및 MBB 사와 제휴한 이탈리아의 리바 카르조니 사에서 **그림 5.46**과 같은 실용기를 만들었는데 블레이드의 솔리디티가 작기 때문에 높은 주속비를 얻을 수 있고 블레이드의 컨트롤이 용이한 반면, 공력 토크로 인한 진동, 블레이드 설치부의 큰 휨 모멘트 등의 과제도 남아 있다.

그림 5.46 >>>
싱글 블레이드 풍차

8 트레블링 에어로포일 방식

미국의 몬타나 주립대학에서는 1970년대에 트레블링 에어로포일 방식이라 불리는 원궤도를 따라 움직이는 발전 시스템을 개발하였다. 이는 원궤도상을 수직으로 장착된 에어로포일을 가진 차량을 주회시켜 차축에 연결한 발전기로 발전하려는 것으로, 발전 용량은 약 8km의 트랙상을 주회함으로써 10~20MW 오더의 전력을 기대했지만 실용화되지는 않았다. 한편, 본 장의 플레트너형 풍차 부분에서 설명했듯이 에어로포일을 이용하는 대신 로터를 회전시켜서 매그너스 효과를 이용하여 차량을 움직이게 하고, 원형 트랙을 주회시켜서 발전하는 방식의 연구가 오하이오 주의 데이톤 대학에서 이루어졌다.

9 그 밖의 방식

지금까지 언급한 방식 이외에도 성능 향상법을 많이 연구하고 있다. 웨스트 버지니아대학의 R. 월터스는 순환 제어 날개라는 이름으로 알려져 있는 STOL기의 날개형을 자이로 밀과 같은 형태의 풍차에 이용하고 있다. 이 날개의 후연은 기존의 날개처럼 나이프 에지 형상이 아닌 둥근 형상을 하고 있고, 이 때문에 후연에 부착하는 공기가 플랩의 작용으로 양력을 증대시킨다. 이 날개형을 사용함에 따라 토크는 증대되고 회전수는 낮아져 40~60%라는 고효율을 목표로 하고 있다. 회전수가 낮은 것은 원심력의 증대도 막아 적절하다.

또, D. 슈나이더에 의해 고안된 리프트 트랜슬레이터는 엔들리스 벨트 위에 항공기용 날개와 같은 에어로포일을 설치한 것으로 한쪽 날개열은 바람에 의해 올라가고, 다른 쪽의 날개열을 눌러 내려가게 한다. 이 방식에서는 기존의 프로펠러형과 같은 큰 제한이 없고, 광범위한 바람에 대해 작동할 수 있는 것으로, 이것은 댈러스의 텍사스 대학에서 실시한 필드 테스트에서 좋은 성적을 거두었다는 보고가 있지만 설치 장소는 제한되는 것으로 보인다.

이 밖에 사보니우스 풍차나 크로스 플로 풍차의 원주 방향에 가이드 베인을 설치하여 돌아오는 측의 버킷의 항력을 감소시켜, 진행 측의 버킷에 기류를 수속시키는 방법은 많은 실험 사례가 있고, **그림 5.47**은 공학원대학의 아카바네에 의한 실험을 실용화한 미즈 사와 쿠도 건설의 제품이다. 더욱이 고성능 풍차의 개발에 있어서 날개형을 개발하는 데는 비용 및 노력이 필요하기 때문에 산업 기술총합연구소 등을 중심으로 날개 표면에 볼텍스 제네레이터를 이용한 경계층 제어를 수행함에 따라 양력 증가와 성능의 안정화를 도모하고, 비교적 낮은 가격으로 기존의 날개형의 성능 개선을 하는 연구도 이루어지고 있다.

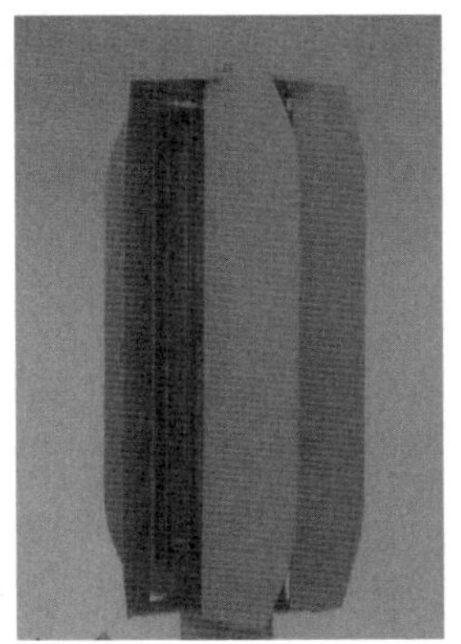

가이드 베인을 설치한
크로스 플로 풍차

또한 지금까지는 풍차 그 자체의 성능 향상법에 대해서 서술했지만 풍력 발전 시스템의 운전 방법에 변화를 주어 성능을 향상시키는 발전기 측으로부터의 접근 방법도 있다. 이것은 파워 어시스트 제어에 따른 풍력 펌프업 운전이라 불리는 것으로 도쿄공업대학의 시마다, 대동공업대학의 사토에 의해 개발된 것으로, 발전한 전력을 일단 배터리 등에 축적해 두고 바람이 불었을 때 그 축적된 전력의 일부를 발전기 또는 구동 모터로 되돌려 보내 풍차를 강제적으로 회전시키는 것으로 바람의 피크 파워를 유효하게 활용하는 제어 운전법이다.

바람 에너지는 풍속의 3승에 비례하기 때문에 **그림 5.48**과 같이 바람의 위상에 대해 풍력 발전 시스템의 위상 지연이 있으면 바람의 피크 파워를 제대로 활용하지 못할 가능성이 있다. 그래서 풍력 펌프업 운전으로 풍차를 강제로 회전시켜, 이 위상 지연을 저감시켜 도시부 등의 짧은 주기의 바람의 피크 파워를 유효하게 활용하려는 것으로 좋은 성과를 거두고 있다.[10]

그림 5.48 >>>
풍차 펌프업 운전의 특성[10]

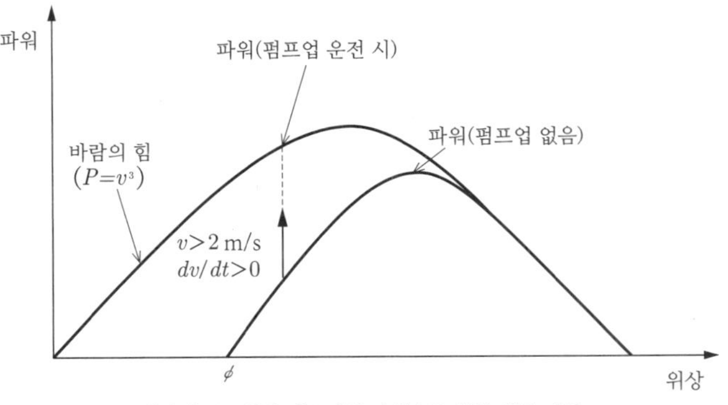

여기서, ϕ : 풍차 시스템의 관성으로 인한 위상 지연

Memo

풍차 설계의 기초 지식

풍력 터빈의 공기 역학적 설계의 기초

베츠나 슈미츠 등의 이론을 이용하여 풍력 터빈용 블레이드는 비교적 용이하게 설계할 수 있다. 설계 주속비, 날개 단면 형상, 그리고 영각 혹은 양력 계수가 결정되면 이 이론들에 의해 블레이드의 반지름 위치에 대응하는 길이와 비틀림각을 구할 수 있게 된다.[1, 2]

베츠의 이론은 설계에 대해 축방향의 하류측 속도 감소를 고려하는데 그치고 있지만 슈미츠는 그에 더해 풍력 터빈의 회전 후류로 인한 하류측에서의 스월(swirl) 손실을 고려하고 있다. 또, 설계 주속비 2.5 이하의 저주속비 풍차에 대해서는 블레이드 형상에 대한 결과는 베츠의 이론을 토대로 한 것과는 크게 다르다. 그리고 이들 두 가지 이론에서는 형상 손실 및 블레이드 선단부 주변의 기류로 인한 손실이 무시되고 있고, 이들 손실이 풍력 터빈의 출력을 더욱 저하시키는 것임을 고려해야 한다. 또, 블레이드의 매수는 단순히 블레이드 선단 손실에 영향을 줄 뿐 큰 문제는 아니다.

1.1 바람으로 얻을 수 있는 최대의 힘은?

앞의 5장에서 설명한 것처럼 운동 중의 질량 m의 운동 에너지는 다음 식으로 주어진다.

$$E = \frac{1}{2}mv^2 \qquad \cdots\cdots\cdots\cdots\cdots\cdots (6.1)$$

따라서 풍차의 회전 면적 또는 소과 면적 A를 통과하는 바람의 힘은 다음 식과 같다.

$$E = \frac{1}{2}\dot{m}v^2 = \frac{1}{2}\rho A v^3 \qquad \cdots\cdots\cdots\cdots (6.2)$$

여기에서 질량의 흐름 $\dot{m}$은 **그림 6.1**과 같이 $\dot{m} = \rho A(dx/dt)$로 주어지기 때문에 앞서 서술한 것처럼 바람으로부터의 힘을 100% 유도해내는 것은 불가능하다.

이에 반해 베츠는 매우 이상화된 풍차를 가정하여 어떤 손실도 없이 흐름의 속도를 감소시킴에 따라 회전면에서 바람으로부터 힘을 얻을 수 있다고 하였다. 이 단계에서는 공기로부터 운동 에너지를 유도해내는 물리적인 과정은 고려하지 않는 것으로 한다. **그림 6.2**와 같이 베츠는 균일한 공기의 흐름 v_1을 가정하고, 이 흐름이 풍차에서 감속되어 무한 후류에서는 v_3가 된다고 하였다.

그림 6.1 〉〉〉
수풍 면적 A를 통과하는 공기의 흐름

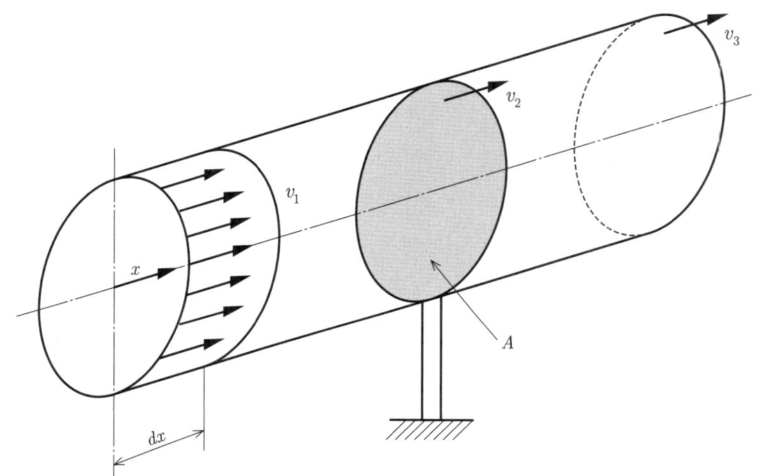

그림 6.2 〉〉〉
베츠에 따른 이상 풍차를 통과하는 공기의 흐름

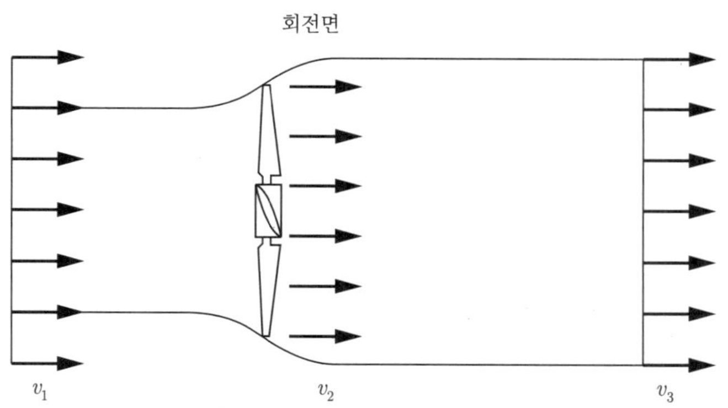

이는 다음 식에서 나타내는 흐름의 연속성에 의해 확대된 유선(流線)을 가지는 유관(流官)을 가정하고 있는 것을 의미하고 있다.

$$\rho v_1 A_1 = \rho v_2 A_2 = \rho v_3 A_3$$

$\cdots\cdots\cdots\cdots\cdots\cdots\cdots\cdots\cdots\cdots$ (6.3)

공기의 압력의 감소는 무시할 수 있으므로 공기 밀도 ρ는 일정하다고 가정할 수 있다. 또, 공기의 흐름으로부터 유도해낼 수 있는 운동 에너지의 크기는 상류측과 하류측의 차이이기 때문에 다음 식과 같이 된다.

$$E_{ex} = \frac{1}{2}\dot{m}(v_1^{\ 2} - v_3^{\ 2}) \quad \cdots\cdots\cdots\cdots\cdots\cdots (6.4)$$

따라서 바람으로부터 얻을 수 있는 힘은 다음 식과 같이 된다.

$$P_{ex} = \frac{1}{2}\dot{m}(v_1^{\ 2} - v_3^{\ 2}) \quad \cdots\cdots\cdots\cdots\cdots\cdots (6.5)$$

만약 바람이 전혀 감속되지 않았다고 하면 $v_3 = v_1$이며 힘을 얻는 것은 불가능하다. 또, 바람을 너무 감속시켰을 때에는 질량 유량 $\dot{m}$은 너무 작아지게 되어 $\dot{m}=0$이 되는 극단적인 경우에는 유관이 막혀 $v_3=0$이 되어, 이 경우에도 힘을 얻는 것은 불가능하다. 이와 같이 v_1과 0 사이에 최대의 힘을 얻을 수 있는 경우에 대응하는 v_3의 수치가 존재하게 된다.

풍차 로터 평면에서의 풍속 v_2를 알 수 있다면 이 수치는 계산할 수 있다. 이 때 질량 유량은 다음 식에서 주어진다.

$$\dot{m} = \rho A v_2 \quad \cdots\cdots\cdots\cdots\cdots\cdots (6.6)$$

이 회전면에 있어서 다음과 같은 타당한 가정을 할 수 있다.

$$v_2 = (v_1 + v_3) / 2 \quad \cdots\cdots\cdots\cdots\cdots\cdots (6.7)$$

만약 식 6.6의 질량 유량과 식 6.7의 로터 평면에서의 속도 v_2를 바람으로부터 얻는 힘의 양을 나타내는 식 6.5에 대입하면 다음 식을 얻을 수 있다.

$$P_{ex} = \frac{1}{2}\rho A v_1^3 \left\{ \frac{1}{2}\left(1 + \frac{v_3}{v_1}\right)\left[1 - \left(\frac{v_3}{v_1}\right)^2\right]\right\} \quad \cdots\cdots\cdots (6.8)$$

이리하여 바람 속의 힘에 계수 C_P(v_3/v_1에 의존함)를 곱한 형태로 풍차로 유도해낼 수 있는 힘을 구할 수 있다.

최대 파워 계수는 다음과 같다.[1]

$$C_{p\text{Betz}} = \frac{16}{27} = 0.59$$ .... (6.9)

이 경우에는 풍속은 v_1부터 $v_3 = (1/3)v_1$으로 저속된다. 이 수치는 **그림 6.3**과 같은 $C_P(v_3 / v_1)$의 관수를 그리거나 이 식을 미분하여 0으로 두어 구할 수 있다. 즉, 이상적인 풍력 터빈에 의해, 바람의 힘 중 60% 가까이를 유도해낼 수 있게 된다. 이 때, 풍차에 유입되는 풍속은 $(2/3)v_1$이 되고, 무한 하류의 풍속 v_3는 $(1/3)v_1$이 된다.

그림 6.3 >>>
풍차의 무한 후방의 유속 v_3와 무한 전방의 유속 v_1 비에 의존하는 파워 계수 C_P의 변화

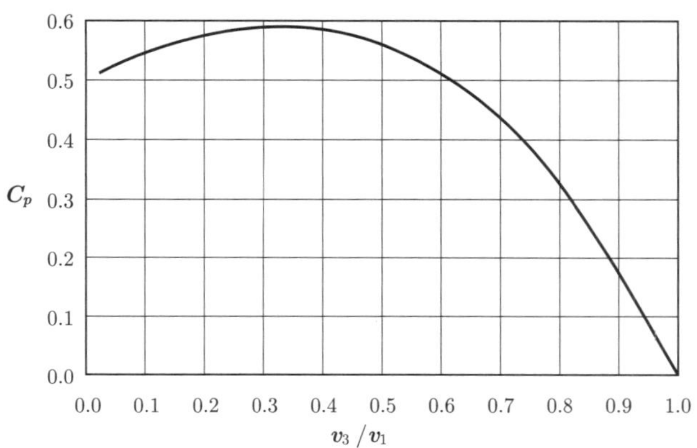

여기에서 **그림 6.4**는 $C_P = 0.59$로 한 이상적인 경우에 풍속과 풍차의 지름에 대응해서, 얼마만큼의 힘을 유도해낼 수 있는지를 나타내고 있다. 현대의 풍차의 실제 파워 계수는 종종 손실로 인해 이 수치보다 낮아지지만, 최신 풍차에서는 $C_P \approx 0.5$ 정도의 수치를 얻을 수 있다. 또, 운동량 이론을 사용하여 최적 상태에서 힘을 유도해내고 있는 상태에서의 로터 평면의 풍차의 추력을 구할 수 있다.

유입되는 바람에 의해 풍차 회전면이 눌리는 힘으로서의 추력 T 는 다음과 같다.

$$T = \dot{m}(v_3 - v_1) = \frac{1}{2}\rho A(v_1 - v_3)(v_1 + v_3) \quad (6.10)$$

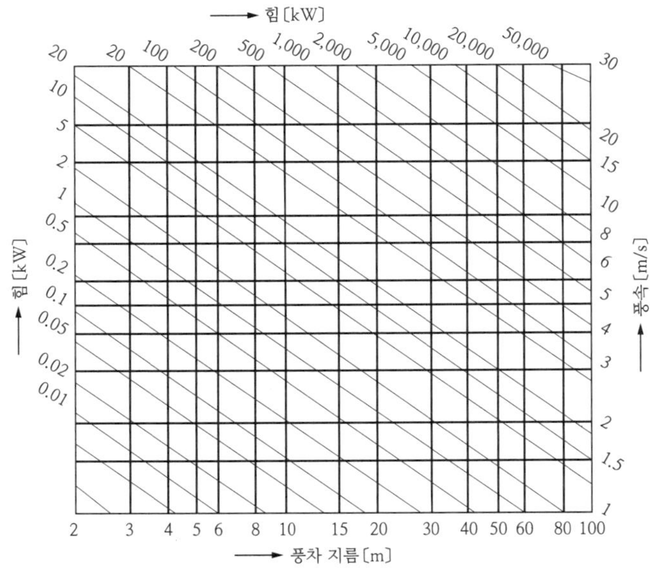

따라서, $v_3 = (1/3)v_1$일 때는

$$T = C_T \frac{1}{2} \rho v_1^2 A$$ ·························· (6.11)

단, $C_T = 8/9 = 0.89$

여기에서 식 6.11의 괄호 안은 면적 A에 대응하는 유체의 동압을 나타내고 있다. 이 추력 T의 수치와 바람을 막은 최적 상태에서 힘을 유도해 내고 있는 원반의 항력 D와 비교해 보면,

$$D = C_D \frac{1}{2} \rho v_1^2 A$$ ·························· (6.12)

단, $C_D = 1.11$

지금까지 살펴본 바로 풍차 회전면에 가해지는 추력 T는 항력 D보다도 약 20%($0.89/1.11 \approx 0.802$) 작은 것을 알 수 있다.

1.2 회전하는 블레이드의 바람의 흐름과 공기력

블레이드의 임의의 반지름 위치 r의 단면에 대해서 외관상의 풍속(혹은 상대 풍속) w가 존재한다. 이 풍속 w는 베츠에 의해 감속된 로터 유입 속도 $v_2=(2/3)v_1$과 각속도 ω로 회전하는 블레이드의 선단 속도 $u=\omega r$의 속도 벡터로부터 합성된다. 즉, **그림 6.5**와 같이 상대 속도 w는 두 가지의 속도 성분 v_2와 $u(r)$로부터 성립한다.

그림 6.5 >>>
블레이드 선단 속도와
유입 풍속으로 얻을 수
있는 상대 속도

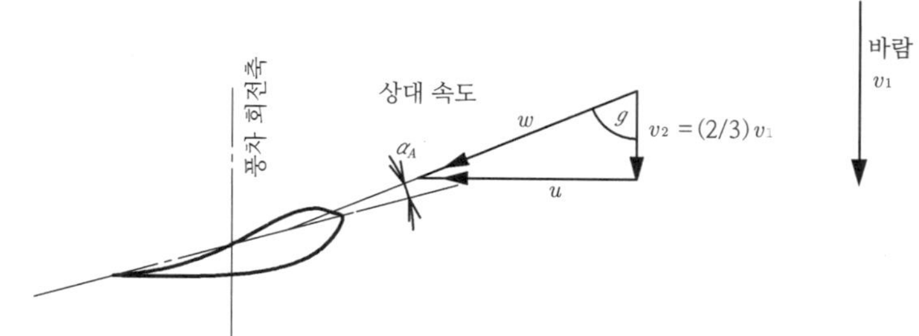

$$w^2(r) = \left(\frac{2}{3}v_1\right)^2 + (\omega r)^2 \qquad \cdots\cdots\cdots (6.13)$$

그리고 풍향 혹은 회전축에 대한 상대 풍속의 방향 γ는 다음 식으로 구할 수 있다.

$$\tan\gamma(r) = \frac{\omega r}{v_2} \qquad \cdots\cdots\cdots (6.14)$$

설계 주속비 λ_D는 블레이드 선단에 있어서의 주속비 ωR과 풍속 v_1의 비이며 다음 식과 같다.

$$\lambda_D = \frac{\omega R}{v_1} \qquad \cdots\cdots\cdots (6.15)$$

여기에서 $v_2=(2/3)v_1$이기 때문에 식 6.14는 다음과 같이 변형할 수 있다.

$$\tan\gamma = \frac{3r\lambda_D}{2R} \qquad \cdots\cdots\cdots (6.16)$$

여기에서 **그림 6.6**은 블레이드의 임의의 반지름 위치의 원주 방향의 속도 성분 $u=\omega r$이 반지름의 증가와 함께 직선적으로 증가하기 때문에 각 위치에서의 속도 삼각형이 블레이드의 반지름 방향으로 대응해서 변화하는 것을 나타내고 있다. 다음으로 회전하는 블레이드의 공기 역학적인 힘에 대해서 조사해 보자. **그림 6.7**에 의해 공기 역학적인 힘인 양력 dL과 항력 dD가 반지름 r의 위치의 길이 dr의 익소(翼素)에 작용한다고 생각하자. 작용점은 날개(블레이드) 길이 $C(r)$의 약 25%의 위치에 있다고 한다.

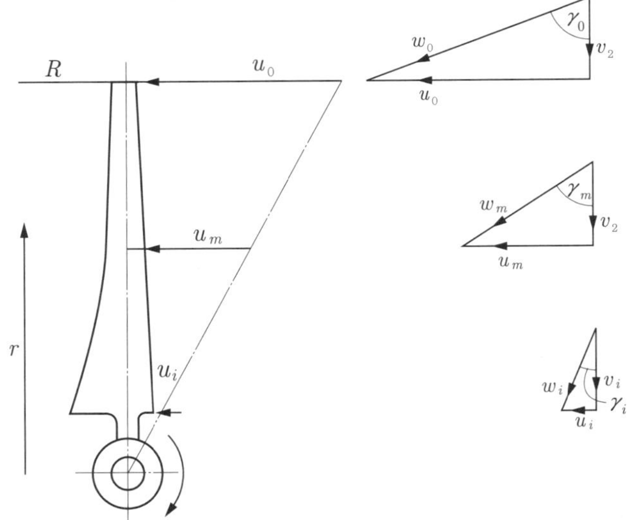

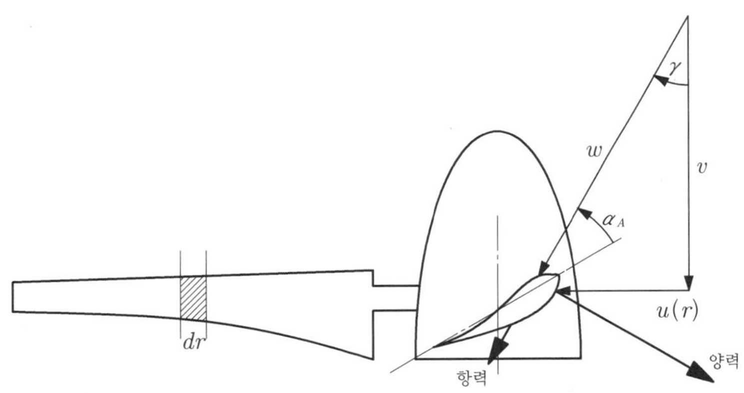

$$\text{양력:} \quad dL = \frac{\rho}{2}w^2 C(r)dr\, C_L(\alpha_A) \quad \cdots\cdots\cdots (6.17)$$

$$\text{항력:} \quad dD = \frac{\rho}{2}w^2 C(r)dr\, C_D(\alpha_A) \quad \cdots\cdots\cdots (6.18)$$

여기에서 **그림 6.7**로부터 원주 방향의 속도 성분과 축방향(바람의 방향)의 속도 성분으로 분해하면 다음의 식을 얻을 수 있다.

$$dU = \frac{\rho}{2}w^2 C(r)dr\left\{C_L(\alpha_A)\cos(\gamma) - C_D(\alpha_A)\sin(\gamma)\right\} \quad \cdots (6.19)$$

$$dT = \frac{\rho}{2}w^2C(r)dr\left\{C_L(\alpha_A)\sin(\gamma) + C_D(\alpha_A)\cos(\gamma)\right\} \cdots (6.20)$$

또한, 양력은 상대 풍속 w에 직각이고, 항력은 상대 풍속 w에 평행하다고 정의할 수 있다.

1.3 최적 블레이드 사이즈의 결정[3, 4]

6장 1.1의 기초적인 고찰에 의해 다음과 같은 식으로 로터의 원형 면적으로부터 유도해낸 최대의 힘을 나타낼수 있다.

$$P_{\text{Betz}} = \frac{16}{27}\frac{\rho}{2}v_1^{\,3}\pi R^2$$

한편, 풍차 로터가 소과 면적 $2\pi rdr$의 환상(環狀 : 고리처럼 동그랗게 생긴 형상)의 요소로 형성되는 것이라 생각하면 **그림 6.7** 및 **그림 6.8**로 환상의 익소가 바람으로부터 유도해내는 힘은 다음과 같다.

$$P_{\text{Betz}} = \frac{16}{27}\frac{\rho}{2}v_1^{\,3}\pi(2\pi rdr) \quad\cdots\cdots\cdots\cdots\cdots\cdots (6.21)$$

이 힘은 적당한 날개형의 n개의 블레이드에서는 n배의 힘이 되며, 그 결과로 환상 부분으로 얻을 수 있는 기계적인 힘은

$$dP_M = ndU\omega r \quad\cdots\cdots\cdots\cdots\cdots\cdots\cdots (6.22)$$

가 된다.

여기서, n : 블레이드 매수, dU : 공기력의 접선 방향 성분, ωr : 국소 회전 속도이며, 환상 부분에서의 성분을 표시하고 있다.

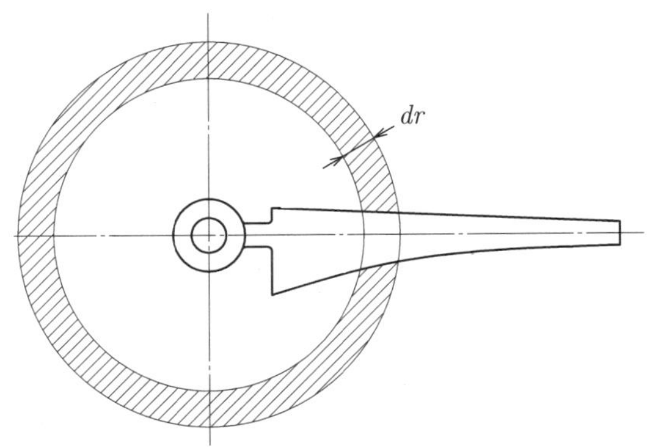

블레이드 환상 요소의 면적

날개형의 설계점에 대해서는 최적의 양항비가 이용된다. 이 때 항력 계수는 양력 계수에 비해 매우 작고, $C_D \ll C_L$이 된다. 그 경우 식 6.19의 접선 방향의 힘은 기본적으로는 양력만으로 구성되어 다음 식을 얻을 수 있다.

$$dU \approx dL\cos(\gamma) = \frac{\rho}{2}C_L w^2 C(r)dr\cos(\gamma) \qquad (6.23)$$

따라서, 기계적인 힘은 다음 식에서 주어진다.

$$dP_M \approx n\omega r \frac{\rho}{2} C_L w^2 C(r)dr\cos(\gamma) \qquad (6.24)$$

만약 식 6.24의 기계적 힘과 식 6.21의 베츠 파워를 등치(等置)시키면 $dP = dP_{Betz}$가 되며, 이제부터 최적 설계 조건에서의 블레이드 길이 $C(r)$에 대한 중요한 식을 얻을 수 있다.

$$C(r) = \frac{1}{n}\frac{16}{27}\frac{2\pi r}{C_L}\frac{v_1^{\,3}}{w^2 \omega r\cos(\gamma)} \qquad (6.25)$$

여기에서 다음의 속도 삼각형의 관계를 이용해

$$v_1 = \frac{3}{2}w\cos(\gamma) \ \text{및} \ u = \omega r = w\sin(\gamma)$$

이리하여 최종적으로 $C(r)$에 관한 식을 구할 수 있다.

$$C(r) = \frac{1}{n} \times 2\pi r \times \frac{8}{9C_L} \times \frac{1}{\lambda_D \sqrt{\lambda_D^{\,2}\left(\frac{r}{R}\right)^2 + \frac{4}{9}}} \qquad (6.26)$$

여기에서 λ_D는 선정한 설계 주속비이며, C_L은 사이즈 결정을 위해 선정한 양력 계수이다. 이 수치는 블레이드 반지름 방향에 있어서 반드시 일정치이어야 하는 것은 아니지만 일정치가 되는 경우도 있다. 일반적으로 가장 적합한 양항비에 근사하다. 설계 양력 계수 C_L을 선정하는 것이 일반적인 방법이다. C_L=0.6~1.2, α_A=2~6°로 하면

$$\varepsilon = \frac{C_L}{C_D} \approx \varepsilon_{\max}$$

가 된다. 식 6.26에서는 블레이드 매수를 몇 매로 하는 것이 좋은지에 대한 정보는 포함되어 있지 않다. 이 식은 몇 개의 블레이드 전체의 소요 총 길이를 나타내는 것이 된다. 실제 블레이드 개수는 블레이드의 강도, 제조법, 혹은 역학적인 관점으로 결정하게 된다. 블레이드 길이에 대한 식 6.26은 단순화시키는 것에 따라 더욱 명확해진다.

$$C(r) = \frac{2\pi r}{n}\frac{8}{9}\frac{1}{C_L\lambda^2_D(r/R)} \qquad \cdots\cdots\cdots\cdots\cdots (6.27)$$

이 단순화한 식은 λ_D>3의 높은 주속비의 풍력 터빈에 대해 블레이드가 허브를 위해 필요한 공간을 확보하기 위해 반지름의 내측 15%의 위치에서부터 시작하려고 한 경우에 사용할 수 있다. 이 식으로 베츠 파워를 유도해내기 위해 필요한 블레이드 길이는 실제 주속비 λ_D의 2승과 함께 감소하는 것이 확실하다.

독일의 휴터는 **그림 6.9**와 같은 선도(線圖)를 작성했는데 이는 설계 주속비 λ_D와 솔리디티 σ의 관계를 나타내고 있다. 더욱이, 블레이드의 길이에 더해, 블레이드의 비틀림각 $\beta(\gamma)$도 결정해야 한다.

$$\beta(r) = \gamma(r) + \alpha_A(r) \qquad \cdots\cdots\cdots\cdots\cdots (6.28)$$

주속비 λ_D를 선정함에 따라 반지름 r상의 위치에 관계없이 상대풍의 방향의 각도 γ가 결정된다. 식 6.16을 이용하여 그 각도는 다음 식으로 주어진다.

$$\gamma(r) = \arctan\left(\frac{3}{2}\frac{r}{R}\gamma\lambda_D\right)$$

이 관계는 **그림 6.10**에 나타나 있다.

이 상대풍의 방향의 각도에 더해, 각도 α_A는 비틀림각 $\beta(\gamma)$에 포함되어 있어야 한다. 또, 양력 계수 C_L는 각도 α_A로부터 구할 수 있으며 블레이드 길이의 계산은 이 C_L을 토대로 이루어진다.

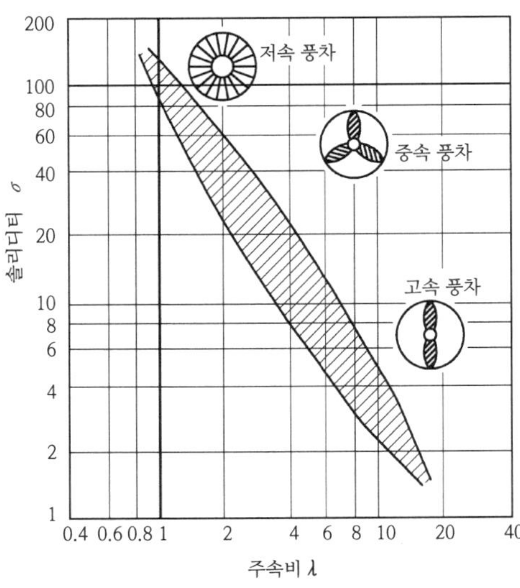

 솔리디티와 주속비의 관계 (그림 5.31과 같음)

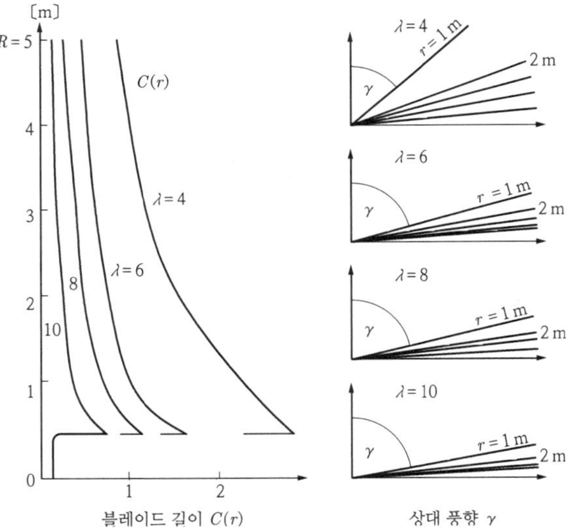

 블레이드 길이 $C(r)$과 주속비 λ의 관계 (로터 지름 D=10m, 상대 풍향은 $\gamma(r)$로 함.)

따라서 블레이드의 비틀림각은

$$\beta(r)=\arctan\left(\frac{3}{2}\frac{r}{R}\alpha\lambda_D\right)+\alpha_A \quad\cdots\cdots\cdots\cdots\cdots\cdots (6.29)$$

가 된다.

1.4 풍차 블레이드의 공기 역학적 손실[4]

이상적인 풍차로 생산할 수 있는 최대의 힘은 란체스터 및 베츠로 구할 수 있고, 그 때의 최대 파워 계수는 식 6.9와 같이 다음과 같다.

$$C_{p\text{Betz}} = \frac{16}{27} = 0.59$$

이 경우에는 축방향의 하류측 속도의 감소만을 고려하고 있는 것에 지나지 않다. 그러나 실제로는 블레이드 형상으로 발생하는 항력에 따른 형상 손실, 블레이드 선단부의 윗면과 아랫면의 압력 분포의 차이로 인한 날개단 손실, 로터 하류측의 흐름의 회전으로 생기는 스월 손실 또는 회전 후류(後流) 손실 등을 생각할 수 있다.

■1 형상 손실

풍차 블레이드의 형상 손실은 이상적인 블레이드의 경우에는 고려하지 않으며, 실제 블레이드의 형상으로 발생하는 항력에 의한 것이다. 식 6.19와 식 6.22에 의해 실제 존재하는 블레이드 익소로 인한 힘은 항력을 고려하면 다음 식과 같이 된다.

$$dP_M = n\omega r dU = n\omega r \left\{ \frac{\rho}{2} w^2 C(r) dr [C_L \cos(\gamma) - C_D \sin(\gamma)] \right\} \cdots (6.30)$$

그리고 이상적인 풍차 블레이드에 대해서는 $C_D = 0$, 즉 항력은 0이 되므로, 이하와 같이 된다.

$$dP_{M\text{ideal}} = n\omega r \frac{\rho}{2} w^2 C(r) dr C_L \cos(\gamma)$$

여기에서 dP_M과 $dP_{M\text{ideal}}$의 비 $dP_M / dP_{M\text{ideal}}$이 형상 효율을 주게 된다.

$$\eta_{\text{profile}} = 1 - \frac{C_D}{C_L} \tan(\gamma)$$
$$= 1 - \frac{1}{\varepsilon} \tan(\gamma) \cdots\cdots\cdots\cdots (6.31)$$

여기에서 식 6.16의 관계, $\tan \gamma = 3 r \lambda_D / 2R$을 사용하면

$$\eta_{\mathrm{profile}} = 1 - \frac{3}{2}\frac{r}{R}\frac{\lambda_D}{\varepsilon}$$

가 된다.

더욱이, 대응하는 로터면의 환상(고리 모양) 부분의 손실은 다음과 같이 된다.

$$\zeta_{\mathrm{profile}} = \frac{3}{2}\frac{r}{R}\frac{\lambda_D}{\varepsilon} \qquad\qquad \cdots\cdots\cdots\cdots\cdots\cdots (6.32)$$

이 식으로 환상 부분의 손실은 주속비 λ_D와 반지름 r에 비례함을 알 수 있다. 이는 반지름이 커짐에 따라 손실이 증대함을 의미하지만, 손실은 양항비와는 반비례하게 된다. 이는 풍차의 힘을 추출하는데 블레이드의 선단측 75%가 가장 효과적이라는 사실을 볼 때 고주속비의 블레이드에서는 외측 부분의 효율이 좋은 형상이 바람직하다는 것을 알 수 있다($\varepsilon_{\max} > 50$). 한편, 미국의 다익형 풍차($\lambda_D \approx 1$)와 네덜란드형 풍차($\lambda_D \approx 2$) 등의 저주속비 풍차의 경우 블레이드 형상의 효율은 거의 문제되지 않는다.

또, 블레이드 전체를 동일 형상으로 하고, 영각 α_A이 일정하다고 하면, 양항비 ε는 반지름 r에는 영향을 받지 않게 된다. 이 경우, 설계점은 블레이드 전체에 미치는 형상 손실도 고려한 형태에서 얻는 힘의 적분으로 구할 수 있다.

$$\begin{aligned}
P_M &= \frac{16}{17}\frac{\rho v_1^3}{2}\int_0^R \eta_{\mathrm{profile}}\, 2\pi r\, dr \\
&= \frac{16}{17}\frac{\rho v_1^3}{2}\int_0^R \left\{1 - \frac{3}{2}\frac{r}{R}\frac{\lambda_D}{\varepsilon}\right\} 2\pi r\, dr \qquad \cdots\cdots\cdots\cdots (6.33) \\
&= \frac{16}{17}\frac{\rho \pi R^2 v_1^3}{2}\left(1 - \frac{\lambda_D}{\varepsilon}\right)
\end{aligned}$$

■2 날개단 손실

풍차 블레이드의 또 한 가지 손실은 블레이드 선단부의 블레이드 아랫면의 압력이 높은 영역에서 압력이 낮은 윗면으로 기류가 흐름에 따라 생긴다. 이에 따라 블레이드 선단부에서는 양력이 감소하게 된다. 또, 이 날개단 손실은 R/C가 증대될수록 즉, 블레이드가 얇아질수록 감소하게 된다.

이 손실을 평가하기 위해 베츠는 유효 지름 D'라는 사고방식을 도입하고 있다.

$$D' = D - 0.44b \quad \cdots\cdots\cdots\cdots\cdots\cdots (6.34)$$

여기에서 **그림 6.11**에 나타난 n개의 풍차 블레이드의 사이를 흐르는 기류의 모델로 b는 블레이드 간격 a의 상대풍 w의 방향에 수직의 면으로의 투영을 나타내고 있고, 다음과 같은 관계가 된다.

$$a = \frac{\pi D}{n}$$

또, 다음과 같은 관계도 얻을 수 있다.

$$b = \cos(\gamma)\left(\frac{\pi D}{n}\right) \quad \cdots\cdots\cdots\cdots\cdots (6.35)$$

게다가, 블레이드 선단의 기류의 속도 삼각형으로 다음의 관계를 얻을 수 있다.

$$w \cos(\gamma) = v_2 , \quad w^2 = (\omega R)^2 + v_2^2$$

여기에서 설계점 $v_2 = 2v_1/3$을 고려하면 유효 지름 D'를 구할 수 있다.

$$D' = D\left\{1 - 0.44\frac{2\pi}{3n}\frac{1}{\sqrt{\lambda_D^2 + (4/9)}}\right\} \quad \cdots\cdots\cdots\cdots (6.36)$$

힘은 지름의 2승에 비례하기 때문에 블레이드 선단부의 흐름을 고려한 경우의 효율은 다음과 같이 된다.

$$\eta_{\text{Tip}} = \left(\frac{D'}{D}\right)^2 = \left\{1 - \frac{0.92}{n\sqrt{\lambda_D^2 + (4/9)}}\right\}^2 \quad \cdots\cdots\cdots\cdots (6.37)$$

또, 설계 주속비가 $\lambda_D > 2$인 경우에는 이 식은 더욱 단순화된다.

$$\eta_{\text{Tip}} \approx 1 - \frac{1.84}{n\lambda_D} \quad \cdots\cdots\cdots\cdots\cdots\cdots (6.38)$$

더욱이 이 손실은 블레이드 개수 n과 설계 주속비 λ_D의 곱에 반비례한다고 해도 좋다.

$$\zeta_{\text{Tip}} \approx \frac{1.84}{n\lambda_D}$$

여기에서 **표 6.1**에 각종 풍력 터빈의 블레이드 선단 손실과 유효 지름과 실제의 지름의 비 등을 일괄해서 나타냈다.

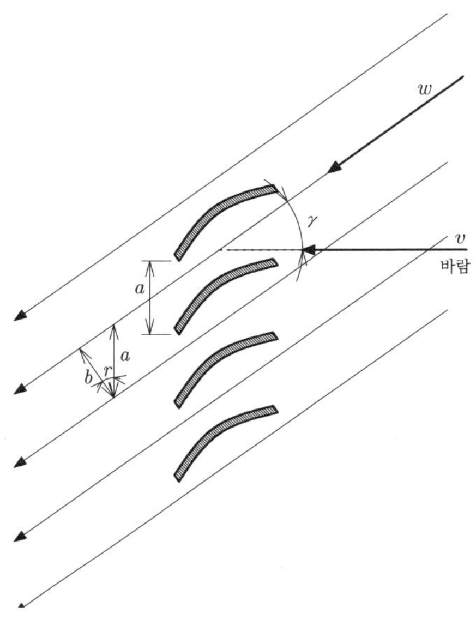

그림 6.11 >>>
풍차 블레이드의 사이를 흐르는 기류의 모델

표 6.1 >>>
각종 풍차의 블레이드 선단 손실 ζ_{Tip}〔%〕, 유효 지름 D' 등

구분	λ_0	n	$\lambda_0 n$	ζ_{Tip}〔%〕	D'/D
미국형 다익 풍차	1	20	20	9	0.95
네덜란드형 풍차	2	4	8	22	0.88
풍력 발전용 풍차(3개)	6	3	18	10	0.94
풍력 발전용 풍차(1개)	12	1	12	15	0.92

❸ 회전 후류 손실[2, 4]

풍차의 블레이드의 익소로 구성되는 로터의 환상 부분으로 얻을 수 있는 기계적인 힘 dP_M은 블레이드 매수를 n, 국소 회전 속도를 ωr로 하면 식 6.22로 주어진다.

$$dP_M = ndU\omega r \qquad \cdots\cdots\cdots\cdots\cdots\cdots (6.22)$$

여기에서 '작용과 반작용'의 법칙으로부터 공기력의 접선 방향 성분 dU는 모멘트암이라 생각할 수 있는 반지름 r에 의해 하류측의 기류에

rdU인 로터의 회전과 반대 방향의 토크를 주게 된다. 그리고 이 반토크는 주속비가 작을수록 커진다.

고주속비의 풍력 터빈은 고회전하는 ω와 저토크인 rdU로 힘을 발생시키고, 저주속비인 풍력 터빈은 반대로 저회전이긴 하지만 공기 역학적인 토크는 커진다. 그 결과, 후류의 회전도 현저해진다. 따라서 후류에서의 손실은 베츠의 이론처럼 하류측에서의 속도 손실로 인한 것뿐만 아니라 그 위에 회전 후류로 인한 손실이 더해지게 된다. 따라서 설계 주속비 $\lambda_D \approx 3$의 고주속비인 풍력 터빈에서는 회전 후류로 인한 손실은 작지만, 미국의 다익형 풍차와 같은 $\lambda_D \approx 1$ 정도의 저주속비인 풍차에서는 강한 회전 후류로 인한 손실때문에 $C_{p\text{Betz}} = 0.59$에는 도달할 수 없고, $C_{p\text{max}} = 0.42$ 정도에 불과하다. 그러나 이 최대치도 블레이드의 형상 손실과 선단 손실로 더욱 감소하게 된다.

이와 같은 회전 후류의 손실을 고려한 슈미츠의 파워 계수는 **그림 6.12**와 같다. 이 그림에서 회전 후류로 인한 손실을 고려하고 있지 않은 베츠로 인한 파워 계수는 주속비의 변화에 관계없이 일정치를 얻는 것에 비해 주속비가 작은 영역에서는 회전 후류로 인한 손실이 커지기 때문에 주속비가 작아질수록 슈미츠에 의한 파워 계수는 작아지는 것을 알 수 있다. 더욱이 블레이드 매수 n 및 양항비 ε를 파라미터로서 회전 후류, 형상 손실, 날개단 손실의 모든 것을 고려한 슈미츠에 의한 실제 파워 계수는 **그림 6.13**과 같다. 이 그림으로 양항비가 큰 것일수록, 블레이드 매수가 많을수록 파워 계수가 커지는 것을 알 수 있다.

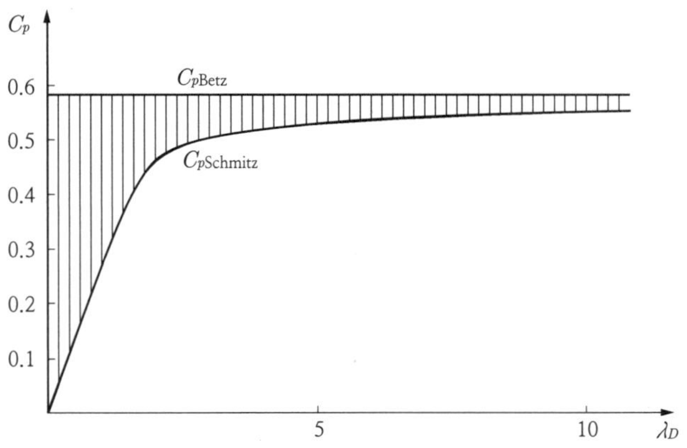

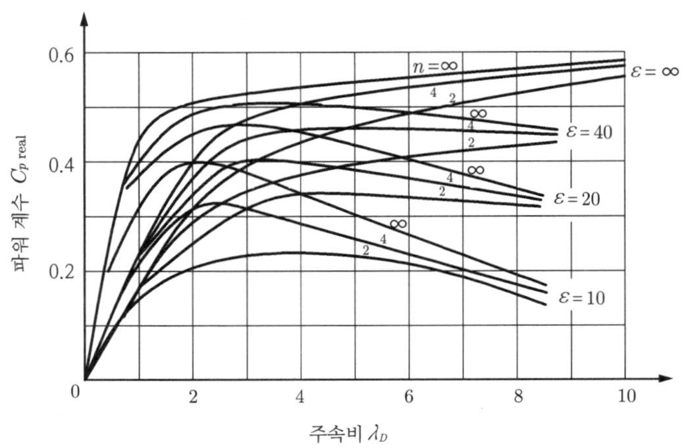

그러나 실용 풍차 블레이드는 매수가 많은 것보다 2~3매로 적은 쪽이 고속 회전을 얻어 파워 계수도 높아진다.

1.5 풍차 블레이드의 익소 운동량 이론에 따른 계산

실제 풍차 로터에서 설계 주속비를 벗어난 상태에서의 주속비의 경우, 블레이드에 작용하는 힘과 상대적인 풍속을 계산하는 것은 매우 귀찮은 일이다. 그래서 여기에서는 비교적 간단하고 쉽게 이용되고 있는 '익소 운동량 이론'에 대해서 설명한다.

풍차 블레이드의 사이즈를 결정할 때는 슈미츠에 의하면 주어진 설계 주속비에 대한 회전면에 있어서 바람의 상대 유입각 ϕ이 가장 처음 결정된다. 이 각도 ϕ를 이용해 바람으로부터 최대 출력을 유도해낼 수 있다. 그 후에, 블레이드 길이 C 및 비틀림각(블레이드의 비틀림각 β)을 구할 수 있기 때문에 설계 주속비로 운전되고 있을 때는 이 바람의 상대 유입각을 얻을 수 있게 된다.

블레이드 길이와 비틀림각이 주어지면 설계 주속비 λ_D 이외에 주속비에 대해서는 회전면에 있어서의 상대 유입각 ϕ은 변화하게 된다. 상대 유입각 ϕ의 계산에 대해서 블레이드 길이를 결정할 때 사용했던 것과 같은 방정식, 즉, 날개 이론 및 선형 운동량 이론을 이용해 얻을 수 있는 양력의 식을 이용한다. 또, 블레이드에 유입하는 상대 풍속 w와 유입각 ϕ의 관계를 **그림 6.14**에 나타냈다.

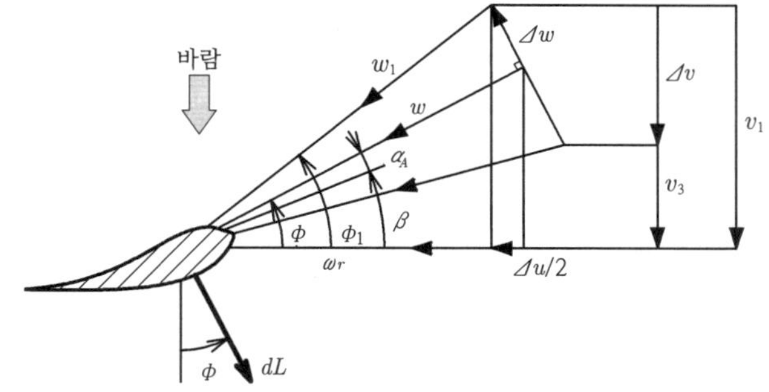

그림 6.14 >>>
블레이드에 유입하는
상대 풍속 w와
유입각 ϕ의 관계

$$dL = \frac{\rho}{2}w^2 C(r)dr\,C_L(\alpha_A) \quad \cdots\cdots\cdots\cdots\cdots\cdots\cdots \text{(6.17)}$$

여기서, $w = w_1 \cos(\phi_1 - \phi)$, $C(r)$: 블레이드 길이, dr: 블레이드 단면의 폭, 또, $\alpha_A = \phi - \beta$, C_L: 양력 계수, ρ: 공기 밀도이다.

또, 블레이드 단면의 양력도 선형 운동량 이론을 이용해 구할 수 있다.

$$dL = d\dot{m}\,\Delta w \quad \cdots\cdots\cdots\cdots\cdots\cdots\cdots \text{(6.39)}$$

여기서, $d\dot{m} = \rho 2\pi r\,/\,n dr w \sin\phi$, $\dot{m}$: 질량 유량, r: 블레이드 단면과 로터 회전축과의 거리, 그리고 $\Delta w = 2w_1 \sin(\phi_1 - \phi)$, n: 블레이드 매수이다.

이들 두 가지의 양력의 식을 등치하면 주어진 상대 유입각 ϕ으로부터 블레이드 길이 C를 구하기 위한 방정식을 얻을 수 있다.

지금, 블레이드 길이가 주어져 상대 유입각 ϕ이 미지인 것으로 가정하면 다음과 같은 관계를 얻을 수 있다.

$$\frac{\rho}{2}w^2 C(r)dr\,C_L(\alpha_A) - d\dot{m}\,\Delta w = 0 \quad \cdots\cdots\cdots\cdots\cdots \text{(6.40)}$$

이 식에 식 6.39 및 **그림 6.14**의 모든 수치를 대입하여 다음과 같은 식을 얻을 수 있다.

$$\frac{\rho}{2}w_1 \cos^2(\phi_1 - \phi)C(r)dr\,CL(\alpha_A)$$
$$-\rho\frac{2\pi r}{n}dr w_1 \cos(\phi_1 - \phi)\sin\phi\, 2w_1 \sin(\phi_1 - \phi) = 0$$

이 식은 조금 복잡하지만 간단하게 할 수 있다. 그 결과는 공기 밀도 ρ, 블레이드 단면의 폭 dr 및 흐트러지지 않은 상대 유입 풍속 w_1이 사라진 형태가 된다. 그리고 알고 있는 비틀림각 β과 영각 α_A의 식을 이용해 로터 회전면으로의 상대 유입각 ϕ만이 미지수가 되는 방정식을 구할 수 있다.

$$C(r)C_L(\phi - \beta) - \frac{8\pi r}{n}\sin(\phi)\tan(\phi_1 - \phi) = 0 \quad \cdots\cdots (6.41)$$

아쉽게도 이 방정식은 미지의 유입각 ϕ에 대해 직접 풀 수는 없다. 즉, 각도 ϕ는 반복해서 수속 계산으로 구해야 한다. 우선, 최초로 주속비 $\lambda = wR / v$를 이용하여 흐트러지지 않은 흐름의 상대 유입각 ϕ_1을 구할 수 있다.

$$\phi_1 = \arctan\left(\frac{1}{\lambda R}\right) r \quad \cdots\cdots\cdots\cdots\cdots (6.42)$$

이 반복 계산은 $\phi = \phi_1$로 설정하여 시작하게 된다. 그리고 ϕ는 최종적으로 식 6.41이 수속하기까지 변화시키게 된다. 이 계산법을 아래에 나타냈지만 몇 가지 부가적으로 고려해야 할 사항이 있다.

먼저, $\phi = \phi_1$으로 시작한다. 그리고 이 ϕ의 수치에서 $\alpha_A = \phi - \beta$의 관계, 또 대응하는 블레이드 형상 곡선으로 $C_L(\alpha_A)$를 구할 수 있다. 여기에서 방정식이 요구하는 것을 만족시키고 있는지 아닌지를 평가한다.

$$f = C(r)C_L(\alpha_A) - \frac{8\pi r}{n}\sin(\phi)\tan(\phi_1 - \phi) \quad \cdots\cdots (6.43)$$

여기에서 $f > 0$이라면 ϕ는 작아져야 한다. 또, $f < 0$이라면 ϕ는 커져야 된다.

이와 같이 하여 상대 풍속 ϕ은 $f=0$이 될 때까지, 점근(漸近) 근사가 이루어진다. 식 6.43이 성립하는 한 날개 이론과 선형 운동량 이론으로 구해지는 힘과는 별도로, 상대풍의 방향에 변화를 일으키는 관성력이 존재한다. 만약, $f=0$이라면 관성력은 존재하지 않고, 상대풍의 방향은 변화하지 않는다. 이리하여 로터는 정상(定常) 상태에 달하게 된다.

이 반복 계산으로 상대풍의 각도를 구하면 상대 풍속 w와 블레이드 단면의 양력 d_L을 계산하여 구할 수 있다. 그리고 이 양력으로 블레이드 익소의 추력, 원주 방향의 힘, 로터의 구동 토크로의 기여를 구할 수 있다.

$$w = w_1 \cos(\phi_1 - \phi)$$

$$dL = \frac{\rho}{2} w^2 C(r) dr C_L(\alpha_A)$$

따라서 추력은 $dT(r) = dL \cos\phi$, 원주 방향의 힘은 $dU(r) = dL \sin\phi$, 구동 토크는 $dM(r) = dUr$이다.

이후에는 다음의 익소에 대해 같은 계산을 반복하여, 상대풍의 유입각과 그 결과로써 힘을 구할 수 있게 된다. 이 반복 계산은 각 블레이드 익소에 대해 해야 한다. 이와 같은 반복 계산은 컴퓨터가 가장 잘 하는 분야이며 간단하게 구할 수 있다.

 1.6 풍차 블레이드의 간이 설계 프로세스

여기에서 익소 운동량 이론으로 구한 관계식을 이용해서 풍차 블레이드의 간이 설계 프로세스를 설명한다. 여기에서는 풍력 발전용의 풍차 블레이드로의 다음의 조건으로 설계한다. 블레이드 개수: 3개, 로터 지름: 4m, 주속비 : $\lambda = wR / v = 6$, 블레이드 날개형 : NACA4418

최초로 **그림 6.15**에 나타낸 NACA4418의 양항 곡선에서 양항비 C_L / C_D 가 최대가 되도록 영각을 구한다. $C_L / C_D = \tan\theta$ 이며, C_L / C_D가 최대가 되는 C_L의 최대치는 0.8이기 때문에 이 $C_L = 0.8$에 대응하는 영각 α를 $C_L - \alpha$ 곡선으로 구하면 $\alpha = 4°$가 된다.

그림 6.15 >>>
NACA4418의 양항 곡선

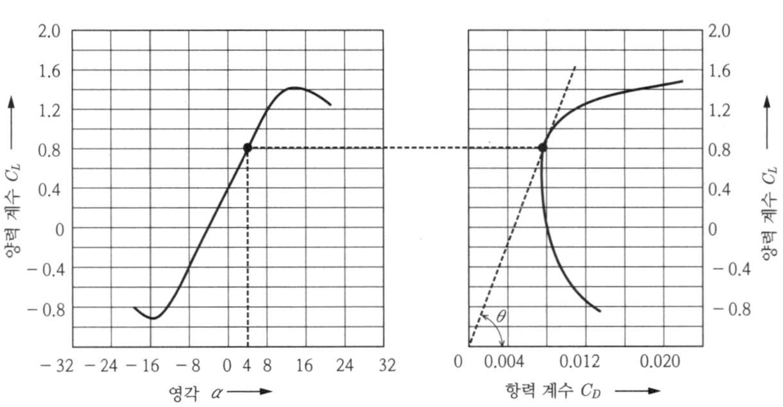

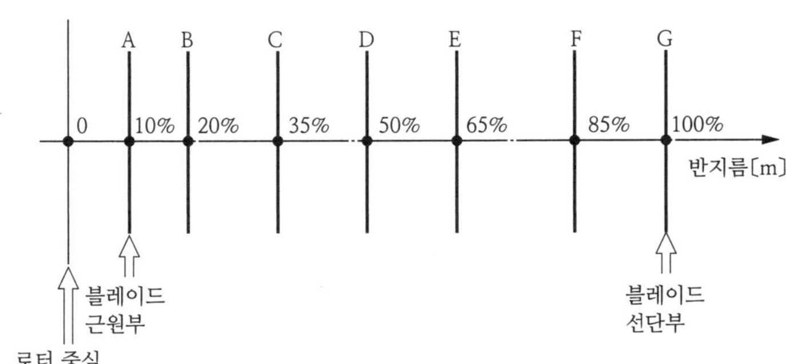

여기에서 **그림 6.16**에 나타난 블레이드상의 각 위치의 국소 주속비 λ_r을 구한다. λ_r은 그 정의로부터 다음과 같이 된다.

$$\lambda_1 = \lambda \frac{r}{R} = \lambda \frac{r}{(D/2)}$$

분할점	A	B	C	D	E	F	G
λ	0.6	1.2	2.1	3.1	3.9	5.1	6.0

다음으로 유입각 ϕ을 구하면

$$\phi = \frac{2}{3}\arctan\left(\frac{1}{\lambda}\right)$$

분할점	A	B	C	D	E	F	G
ϕ	39.3°	26.5°	17.0°	12.3°	9.6°	7.4°	6.3°

또, 부착각 θ은 $\theta = \phi - \alpha + \alpha_0$이 되며, $\alpha_0 = 0°$라 가정하고 $\alpha = 4°$이기 때문에 이하의 관계를 얻을 수 있다.

분할점	A	B	C	D	E	F	G
θ	35.3°	22.5°	13.0°	8.3°	5.6°	3.4°	2.3°

마지막으로 길이 C는 다음 식으로 구할 수 있다.

$$C = \frac{8\pi r}{ZC_L}(1 - \cos\phi)$$

이에 따라 이하의 관계를 얻을 수 있다.

분할점	A	B	C	D	E	F	G
C	0.475	0.440	0.366	0.240	0.190	0.160	0.125

따라서, 블레이드의 길이와 비틀림각의 관계는 **그림 6.17**과 같다. 또한, 이 결과로부터 얻을 수 있는 블레이드의 길이와 비틀림각은 끝부분으로 가까워질수록 커져, 이대로는 실제로 공작하는 것이 번거로워진다. 그래서 풍차 성능에 가장 기여도가 큰 블레이드 반지름 방향 75% 근방을 중심으로 선형화(線形化)하고 있다. 이렇게 구한 블레이드의 각 위치에서의 날개 단면과 비틀림각의 모습은 **그림 6.18**과 같다.

또한 3매 블레이드의 전 면적 S 는

$$S = 3 \times \frac{0.340 + 0.125}{2 \times 1.80} = 1.25\mathrm{m}^2$$

소과(수풍) 면적 A 는

$$A = \frac{\pi D^2}{4} = 12.7\mathrm{m}^2$$

따라서 솔리디티 σ 는 다음과 같이 된다.

$$\sigma = \frac{S}{A} = 0.09$$

또한, 날개형 NACA4418의 단면 형상 데이터 등을 **표 6.2**에 나타냈다.

그림 6.17 >>>
블레이드의 길이와
비틀림의 관계

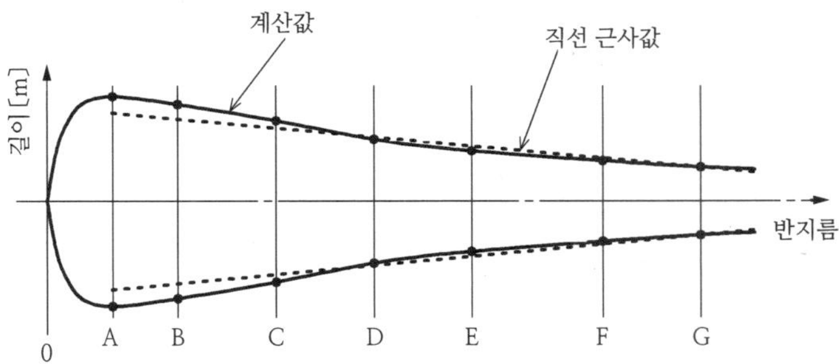

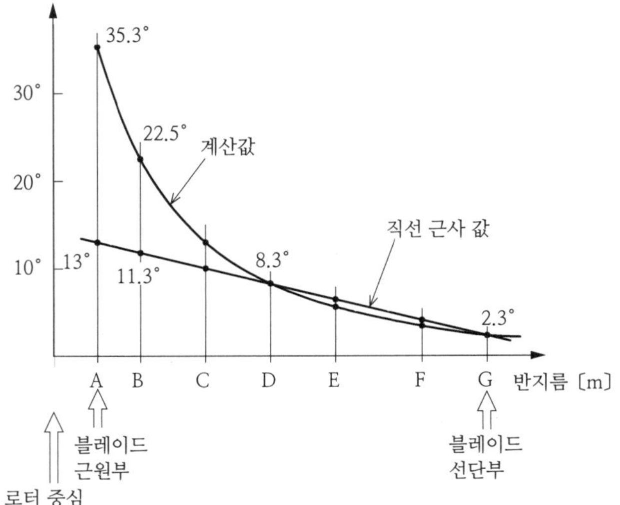

분할점	A	B	C	D	E	F	G
ϕ	13.0°	11.3°	10.0°	8.3°	6.5°	4.0°	2.3°
C	0.340	0.320	0.280	0.240	0.210	0.170	0.125

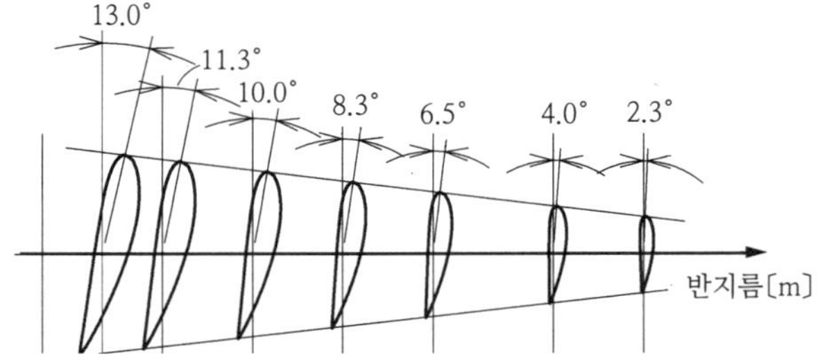

분할점	세로 좌표	
	상측	하측
0.00	⋯	0.00
1.25	3.76	−2.11
2.50	5.00	−2.99
5.00	6.75	−4.06
7.50	8.06	−4.67
10.00	9.11	−5.06
15.00	10.66	−5.49
20.00	11.72	−5.56

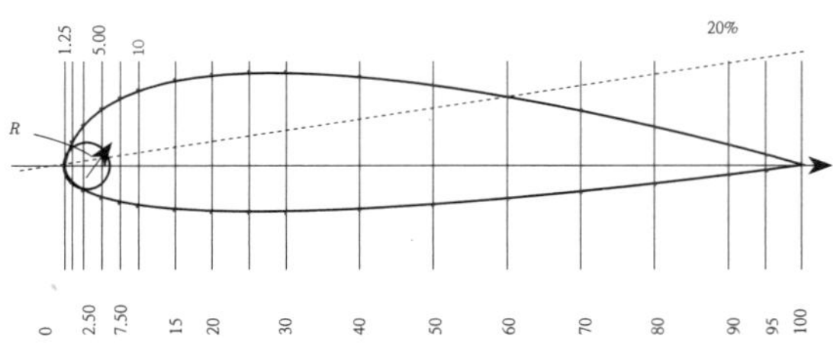

NACA4418의 단면 형상
데이터
(분기점과 세로 좌표는
날개 길이를 100%로
했을 때의 %로
표시하고 있다.)

분할점	세로 좌표	
	상측	하측
25.00	12.40	−5.49
30.00	12.76	−5.26
40.00	12.70	−4.70
50.00	11.85	−4.02
60.00	10.44	−3.24
70.00	8.55	−2.45
80.00	6.22	−4.67
90.00	3.46	−0.93
95.00	1.89	−0.55
100.00	(0.19)	(−0.19)
100.00	…	0.00
전연 반지름 : 3.26% C		
전연 경사각 : 20%		

1.7 마이크로 풍차의 블레이드 설계[5, 6]

지금까지 풍차 블레이드를 설계하는데 있어서 일반적으로 이용하고 있는 익소 운동량 이론에 따른 방법에 대해서 설명했다. 그러나 이 풍차 블레이드 설계법은 대형 풍차, 중형 풍차에는 그대로 적용할 수 있지만 마이크로 풍차에 적용할 경우에는 주의해야 한다.

지금까지 설명한 익소 운동량 이론으로 풍차 블레이드를 설계하면 그 평면 형상은 블레이드 앞부분의 길이가 크고, 끝으로 갈수록 작아지는 선세익(先細翼)(테이퍼 날개)이 된다. 그러나 이 형상은 지름 1m 이하의 마이크로 풍차인 경우에는 성능이 저하된다는 것이 토쿠야마·우시야마의 실험으로 확실해졌고, 이 영역의 마이크로 풍차에서는 테이퍼 날개가 아닌 길이가 일정한 것 혹은 역테이퍼 모양의 블레이드 쪽이 고성능을 얻을 수 있게 된다. 이는 지름 1m 이하의 마이크로 풍차의 경우에는 레이놀즈 효과에 따라 로터·블레이드의 관성력에 대해 공기의 점성력이 상대적으로 효과가 생기기 때문이라고 생각할 수 있다. 이와 같이 결정된 블레이드를 이용한 나스(那須) 전기 철공의 마이크로 풍차는 **그림 6.19**와 같다.[5]

한편, 앞에서 소개한 야마다 풍차는 경험을 토대로 만들어진 것인데 저풍속에서의 기동에 뛰어나고, 저풍속 영역에서 고성능을 발휘했던 것으로 알려져 있다. 네모토·우시야마는 이 블레이드에 대한 풍동 실험을 했고 익소 운동량 이론에 따라 설계한 현대 풍차의 블레이드와 비교한 결과, 풍속 6m/s 이상에서는 야마다 풍차와 현대 풍차는 거의 같은 정도의 파워 계수 0.35를 얻을 수 있지만, 저풍속역에서는 야마다 풍차 쪽이 뛰어나다는 것이 확실해졌다. 그 이유는 야마다 풍차가 날개 끝부분의 길이를 짧게 함에 따라 바람이 잘 통과하는 반면, 날개 끝에서 35% 이상의 길이를 길게 하고, 날개 폭을 넓게 하고 있기 때문에 공력(空力) 토크를 쉽게 얻을 수 있기 때문이라 생각된다.

이 야마다 풍차와 익소 운동량 이론에 따른 풍차의 블레이드의 평면 형상과 비틀림각의 비교를 **그림 6.20**에, 그리고 파워 계수의 비교를 **그림 6.21**에 나타냈다. 날개형이나 이에 따른 캠버(camber)의 유무, 그리고 비틀림각 등도 2차적으로 영향을 끼치지만, 평면 형상이 가장 크게 영향을 준다.[6]

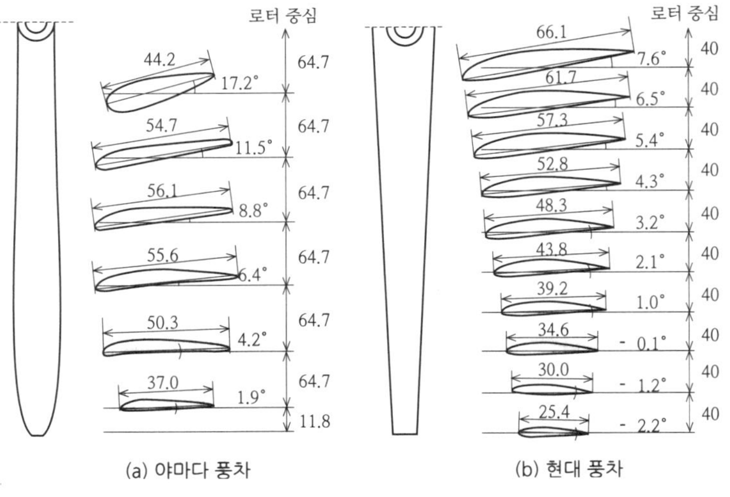

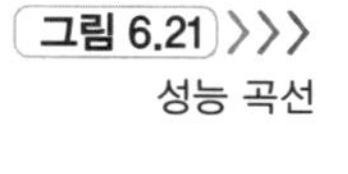

그림 6.21 >>>
성능 곡선

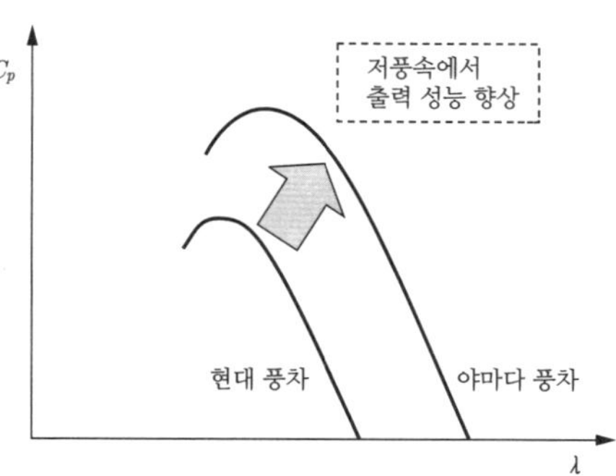

기술의 세계에서는 경험적으로 만들어진 것이 현대의 이론과도 일치하는 경우가 많다. 기술사적 시점으로 과거의 기술을 볼 때 옛날에는 이론, 재료, 가공법, 그리고 사회정세 등으로부터 빛을 보지 못한 것이라도, 현대의 눈으로 재조명했을 때 그것이 뛰어난 것으로 부상하는 경우도 있다.

풍차 구조 설계의 기초[4,7]

본 절에서는 풍차 시스템의 구조물로서의 강도를 생각한다. 풍차의 블레이드, 로터와 발전기를 연결하는 구동계, 너셀 내의 축받이, 그리고 타워 등도 포함해서 동력 전달계를 설계하기 위해서는 다음의 조건을 고려해야 한다.

· 돌풍 등으로 인한 과부하에 견딜 것
· 피로 강도 이하의 반복 하중으로 피로가 생기게 하지 않을 것(또는 설계 수명 이상을 유지할 것)
· 운전 회전수의 범위 내에서 공진(共振)이 생기게 하지 않을 것

구조물의 부하가 될 수 있는 외력은 여러 기준으로 분류할 수 있지만 공학적인 이론을 이용하여 공기 역학적 외력과 원심력, 자이로스코픽 힘,

중력 등의 관성력을 구별해서 다룰 수 있다. 부하를 계산할 때에는 부하의 시간적 변화를 토대로 한 분류가 적절하다.

- 정상(定常) 부하(정적 또는 준정적인 부하) : 예로는 너셀이나 타워가 받는 평균적인 바람으로 인한 공력적 부하, 원심력, 중력 등
- 단기적(과도적) 부하 : 예로는 돌풍으로 인한 부하, 사풍(斜風)으로 인한 상하동(上下動), 요잉(yawing)의 제동 과정, 계통과의 차단으로 인한 부하 등
- 주기적인 부하 : 예로는 타워의 차폐 효과로 인해 블레이드에 미치는 영향, 회전에 따른 블레이드의 중력에 따른 효과, 불균형 혹은 공력적 불균형, 바람의 지표 효과 등
- 확률적(랜덤) 부하 : 빈도 혹은 시간역에서의 공력적 외력의 산란

한편, 과도적 외력은 과부하로 인한 파손으로 연결되고, 장기에 걸친 주기적 외력, 랜덤 부하는 피로 파괴를 불러일으킨다.

2.1 복합적 부하 

풍차 시스템의 구성 요소의 현실적인 응력, 변형을 어림잡기 위해서는 다른 운전 상황, 환경 아래에서의 부하를 조합시킬 필요가 있다.

그런 상황이란

- 통상 운전
- 조작 시(기동, 제동, 계통과의 동기 등)
- 극도의 환경 조건의 변화(심한 돌풍, 빙결 등)
- 사고 발생(발전기의 단락, 극도의 불균형 등)
- 설치 작업, 조립 시

등이다.

이들 중 몇 개가, 예를 들면 돌풍과 불균형은 동시에 발생할 가능성이 있다. 그 이외에는 서로 함께 발생하지 않는다. 예를 들면 계통과의 동기와 풍차의 차단으로 인한 제동은 동시에 일어나지는 않는다. 이와 같이 복합적인 것도 있고, 복합적이지 않은 것도 있다.

풍차의 공식 인증 규약 중에는 여러 가지 복합 하중이 정해져 있어, 그에 대해서 관련된 모든 구성 요소의 강도가 증명되게 되어 있다. 하중을 결정하는 데에 이용되는 풍속, 예를 들면 통상 운전에 있어서 12m/s의 정격 풍속은 대표 높이 $z_R = 10$m의 것이다. 이들은 3장의 높이 보정에 관한 식 3.3을 이용해 허브 높이 $v(z)$로 변환시켜야 한다.

$$v(z) = v(z_R)\left(\frac{z}{z_R}\right)^p \qquad\qquad (6.44)$$

여기서, p는 0.3(극단적인 풍속에 대해서는 0.1)이다.

경우에 따라서는 '포괄적 하중'을 이용하는 경우도 있다. 설계가 이 포괄적 하중을 토대로 하고 있을 때는 그 밖에 모든 하중을 견딜 수 있으며, 기본적으로는 일일이 고려할 필요가 없어진다. 매우 큰 풍차($D > 70$m)에 대해서 포괄적 하중은 블레이드 중량이 되고, 특히 피로에 대한 고려가 중요해진다. 피치 제어가 없는 중형, 소형 풍차에 대해서는 정지 시에 받는 극도의 돌풍(60m/s 정도)인 경우가 많다. 이 경우 블레이드의 끝부분이 최대 휨 응력을 받는다. 블레이드의 주(周)방향 및 구동계에 작용하는 최대 하중은 긴급 정지 시 혹은 발전기의 단락으로 인한 제동 모멘트인 경우가 많다. 이같은 포괄적 부하를 생각할 수 있는 경우에는 설계는 먼저 그것을 토대로 한다.

2.2 풍차 블레이드에 작용하는 하중

1 정적 또는 준정적인 하중

블레이드에 작용하는 공력적 하중은 우선, 앞의 베츠 이론을 토대로 정상(定常), 균일한 풍속 v_W를 가정함으로써 얻을 수 있다. 그 결과는 설계 주속비 λ_D에서의 운전에 있어서의 반지름 r 방향의 힘의 분포로써 다음과 같이 구할 수 있다.

스러스트(thrust) 하중 분포

$$dT = \frac{1}{n}\left(\frac{8}{9}\frac{\rho}{2}v^2\right)2\pi r dr \equiv p_x(r)dr \qquad\qquad (6.45)$$

주방향 하중 분포

$$dU = \frac{2\pi R}{n\lambda_D}\left(\frac{16}{27}\frac{\rho}{2}v_w^2\right)2\pi r dr \equiv p_y(r)dr \qquad \cdots\cdots\cdots (6.46)$$

그림 6.22는 블레이드의 임의의 단면에 작용하는 내력(2방향의 전단력(剪斷力)과 휨 모멘트)을 계산하는 데 필요한 두 방향의 외력을 나타내고 있다. 이들 내력의 산정은 블레이드 형상을 결정하기 위한 기초가 된다. 높은 주속비($\lambda_D > 4$)를 가진 풍차에 대해서는 스러스트 방향의 힘은 원주 방향의 힘보다 커진다.

바람에 따른 큰 휨 모멘트를 약간이라도 완화시키기 위해 블레이드를 코닝각 $\delta(5\sim7°)$라 하는 약간의 각도만 경사지게 하는 경우가 있다. (**그림 6.22** 오른쪽) 코닝각을 설정함에 따라 원심력은 스러스트 방향의 성분을 가지게 되며, 바람으로 인한 스러스트 하중을 없앨 수 있다. 단, 코닝각에 의해 스러스트 하중을 완전히 상쇄시킬 수 있는 것은 단일 주속비(예를 들면, 설계 주속비 λ_D)에 대해서만이다. 부분 부하 운전의 경우 또는 아이들링(idling) 시에는 스러스트 하중의 일부가 완화된다. 각각의 블레이드가 그 부들기(잇댄 부분의 뿌리 쪽)에 플래핑 힌지(flapping hinge, 날갯짓 힌지)를 가지는 경우에만 모든 회전수에 대해 휨으로 인한 허브부의 고정 모멘트는 0이 된다. 스러스트 하중과 원심력의 스러스트 방향 성분이 균형 잡힌 코닝각이 자동적으로 형성되기 때문이다.

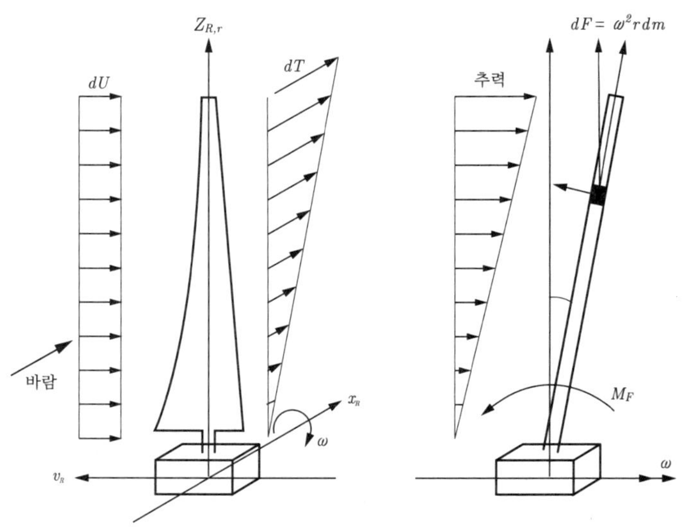

그림 6.22 >>>
블레이드의 임의의 단면에 작용하는 내력을 계산하기 위한 두 방향의 외력

또, 성능 특성의 계산과 부분 부하 운전 혹은 아이들링 시에 단면에 작용하는 힘의 계산을 동시에 하는 것도 중요하다. 각 운전 시의 각 블레이드 위치에 대해 주방향, 축방향의 공력적 외력을 결정할 수 있다. 블레이드의 날개끝 손실 및 형상 항력도 고려할 필요가 있으며, 더욱이 원심력만은 추가할 필요가 있다.

❷ 돌풍으로 인한 단기적 부하

강한 돌풍(약 60m/s 정도)이 정지하고 있는 블레이드에 주는 위험성에 대해서는 비교적 간단하게 예측할 수 있다(바람에 대해 직각으로 둔 $C_D = 2.0 \sim 2.1$의 판이라 생각함). 그러나 통상 운전 시에 발생한 돌풍에 따라서도 블레이드는 큰 부하와 응력을 받는다. **그림 6.23**은 속도 삼각형의 돌풍 Δv_2로 인한 동일면 내 풍속 v_2의 변화를 나타내고 있다.

영각이 $\Delta \alpha_A$만 크게 변화하는 한편 외관의 풍속(상대 풍속)도 Δw도 변화한다. 이들 두 가지의 변화에 따라

$$dL = C_L(\alpha_A) \frac{\rho}{2} w^2 A \qquad\qquad\qquad (6.47)$$

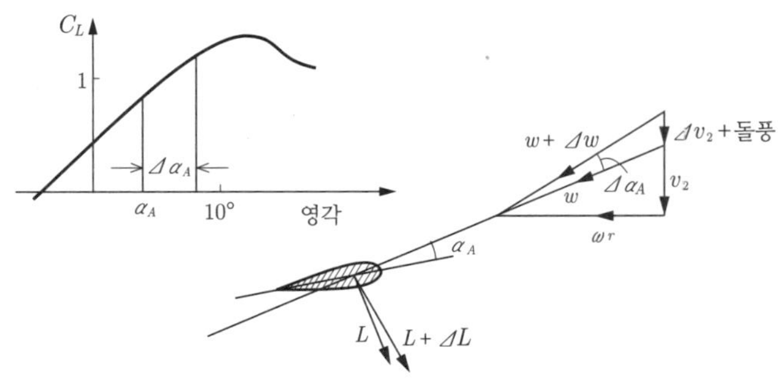

그림 6.23 >>>
돌풍에 따른 블레이드부의
속도 삼각형 및 양력의 변화

나타나는 양력도 변화한다. 풍차가 작은 영각으로 운전되고 있을 때에는 $C_L(\alpha_A + \Delta \alpha_A)$로 나타내는 영각의 변화가 양력의 변화에 지배적인 영향을 끼친다. 풍차가 박리점 부근 또는 박리 후에 운전을 하고 있을 때는 C_L은 거의 변화하지 않는다. 따라서 양력의 변화에 대해서는 상대 풍속의 변화로 인한 영향 $(w + \Delta w)^2$ 이 지배적이게 된다. 이를 토대로 성능 특성의 평가 방법을 이용하여 돌풍 Δv가 있을 때든 없을 때든 블레이드 내 응력은 계산할 수 있다.

다음은 동적인 응답에 대해서 생각한다. 하중 p가 급격히 Δp만 변화하면 계(系)는 새로운 평균점을 찾아 과도한 움직임을 나타낸다. 그때 관성에 의해 응답이 평형점을 크게 상회하는 경우도 있다. **그림 6.24**는 약간의 감쇠를 가진 1자유도계의 급격한 부하로 인한 응답을 나타내고 있다. 동일한 최종적인 평균점에서의 오버슈트(overshoot)는 풍차 블레이드에 대해서도 발생한다. 차이점은 돌풍으로 인한 부하의 변화가 스텝 형상이라기보다는 조금 더 순조롭게 생긴다는 것이다. **그림 6.25**에서는 급격하게 증가하는 돌풍과 급격하게 증가하다가 원래의 풍속으로 돌아오는 돌풍의 두 종류와 그 응답을 나타냈다.

평균점을 어느 정도 넘을지는 돌풍의 종류, 부하의 변화 시간 τ, 블레이드의 고유 주기 T에 따라 달라진다. **그림 6.25**와 같이 이상화된 두 종류의 돌풍에 대한 오버슈트 계수

$$p(t) = \begin{cases} p_{\max} \sin^2\left(\dfrac{\pi t}{2\tau}\right) & 0 < t \leq \tau \\ p_{\max} & t > \tau \end{cases} \qquad\cdots\cdots\cdots\cdots (6.48\text{a})$$

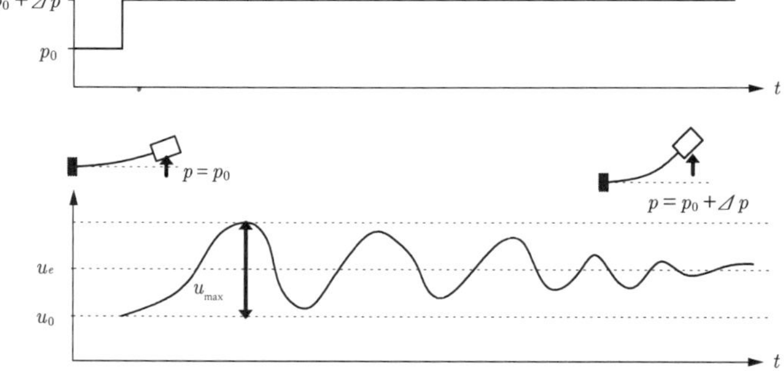

그림 6.24 ▶▶▶
약간의 감쇠가 있는 자유도 1의 계의 급격한 부하에 따른 오버슈트와 평형 위치

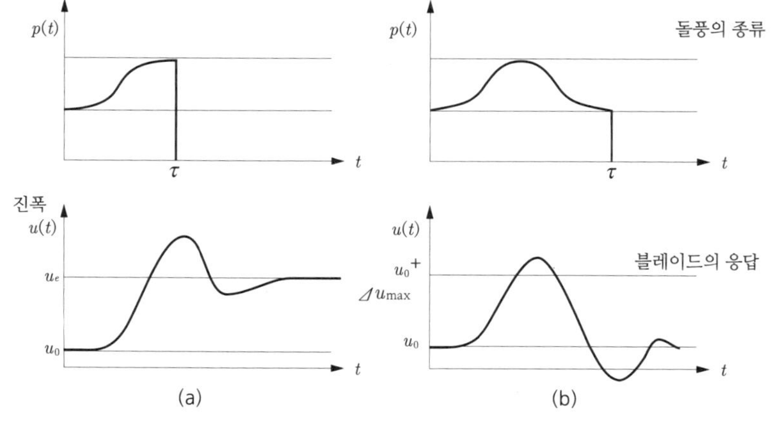

그림 6.25 ▶▶▶
시간 t에서 발생하는 돌풍과 블레이드의 응답의 오버슈트 (돌풍의 종류에 따라 평형점이 달라짐.)

및

$$p(t) = \begin{cases} p_{\max} \sin^2\left(\dfrac{\pi t}{2\tau}\right) & 0 < t \leq \tau \\ 0 & t > \tau \end{cases} \qquad\cdots\cdots\cdots\cdots (6.48b)$$

를 **그림 6.26**에 나타냈다.

돌풍으로 인한 정적인 휨에 덧붙여 이 오버슈트도 고려하지 않으면 안 된다.

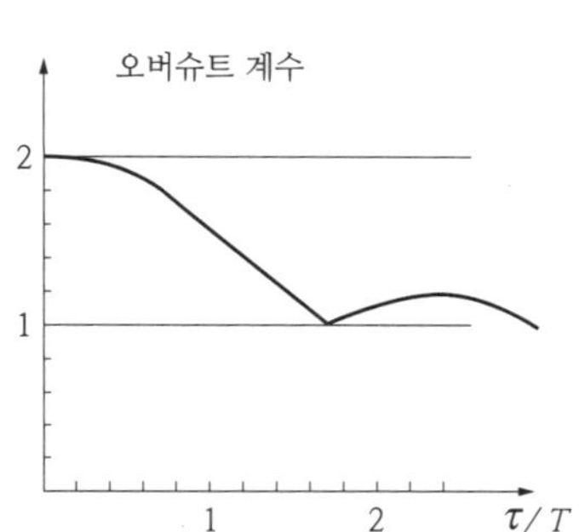
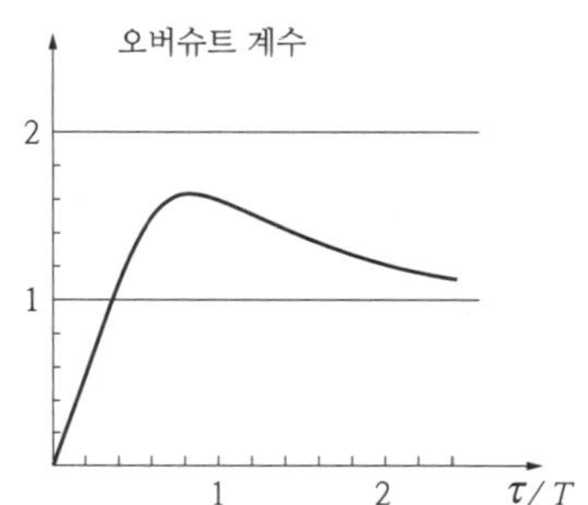

그림 6.26 >>>
두 종류의 돌풍에 따른 오버슈트 비

❸ 로터의 요잉(각운동) 시의 원심력, 자이로 힘, 코리올리의 힘에 따른 단기적 외력

너셀이 요(yaw) 구동 혹은 방위 제어 베인에 의해 바람에 대해서 요 운동 $\gamma(t)$를 할 때에는 각속도(角速度) ω의 정상 회전(定常回転)에 있어서도 관성력은 매우 복잡하게 블레이드의 스퍼(축)에 대해 작용하게 된다(**그림 6.27**).

그림 6.27 >>>
요 운동 $\gamma(t)$에 따르는 관성력에 의한 부하 $P_x(r)$, $P_y(r)$

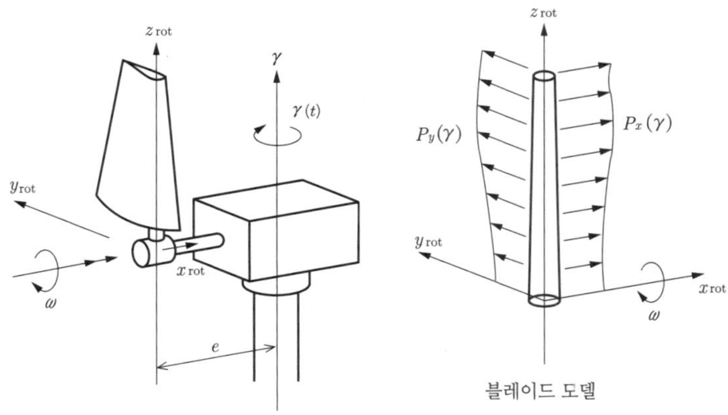

문제를 간략하게 하기 위해 회전 좌표계 $xR - yR - zR$의 zR축을 따라 질량이 연속적으로 분포한다고 가정한다(질량 분포는 $\mu(r)$). 회전면과 타워 중심축의 간격을 e로 한다. 블레이드 스퍼에 작용하는 부하는 다음과 같다.

$$P_x(r) = \mu(r)\left(-\ddot{\gamma}\, r\sin\omega t - \dot{\gamma}\, e \qquad\qquad -2\dot{\gamma}\,\omega r\cos\omega t\right)$$

$$P_y(r) = \mu(r)\left(\ddot{\gamma}\, e\cos\omega t - \dot{\gamma}^2\frac{1}{2}r\sin 2\omega t\right)$$

$$P_z(r) = \mu(r)\left(-\ddot{\gamma}\, e\sin\omega t + \dot{\gamma}^2 r\sin^2\omega t \qquad\qquad +\omega^2 r\right)$$

$$\qquad\qquad (1)\qquad\qquad (2)\qquad\qquad (3)\qquad\qquad (4)$$

$$\cdots (6.49)$$

항(1)은 요잉의 가속도적 운동에 따른 힘, 항(2)는 요잉의 원심력에 따른 힘, 항(3)은 코리올리의 힘, 항(4)는 로터의 회전으로 인한 원심력에 따른 분포 하중을 나타내고 있다(각각의 항을 어떻게 유도해내는지는 **그림 6.28**을 참조).

공력적 외력과 마찬가지로 이같은 부하도 블레이드 단면에 전단력(剪斷力), 휨 모멘트를 발생시킨다. 요 구동으로 인한 요잉은 보통 매우 천천히 하고 있기 때문에 $\ddot{\gamma} = \dot{\gamma} = 0$이 되며, 관성력은 문제가 되지 않는다. 식 6.49에 있어서는 원심력을 나타낸 제 4항만이 남는데 이는 이미 정상(定常)의 원심력으로서 고려되고 있다. 요 운동이 일정 속도 $\dot{\gamma}$=const에서 생길 때 요잉의 가속도를 포함한 제 1항은 필요 없다. 형상 설계를 할 때에는 부하의 최대치를 이용한다. 요 변위 $\gamma(t)$의 운동 방정식은 너셀의 관성 및 요 구동 또는 베인으로 인한 구동 토크를 대강 계산하여 얻을 수 있다.

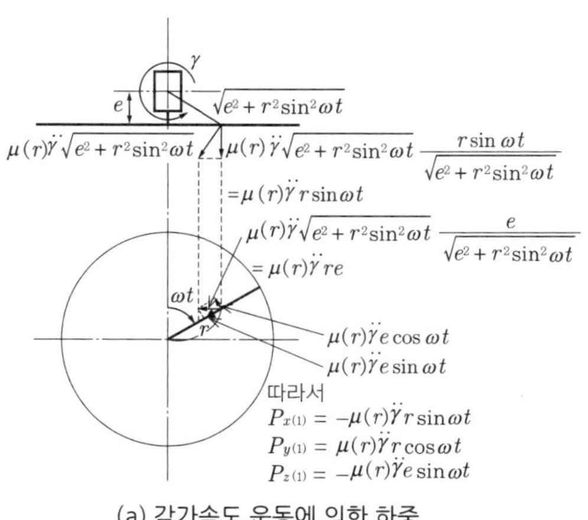

(a) 각가속도 운동에 의한 하중

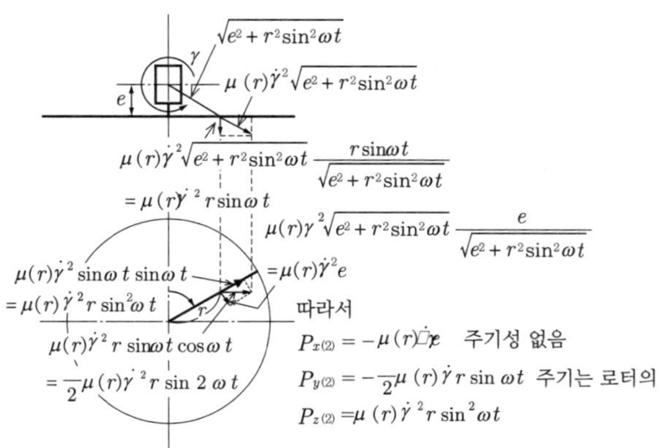

(b) 원심력에 의한 하중

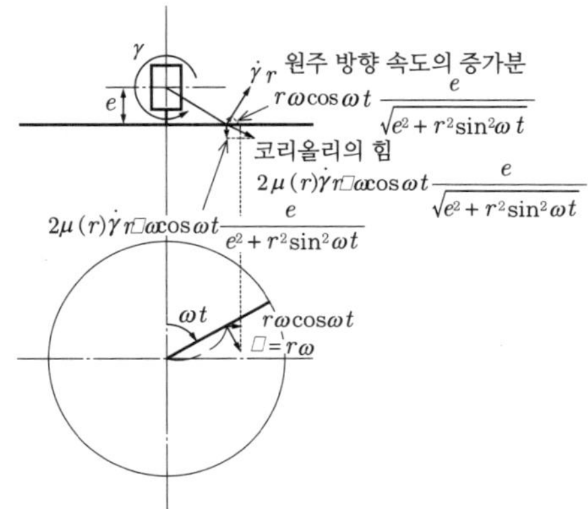

(c-1) 원주 방향의 속도 증가에 의한 코리올리의 힘

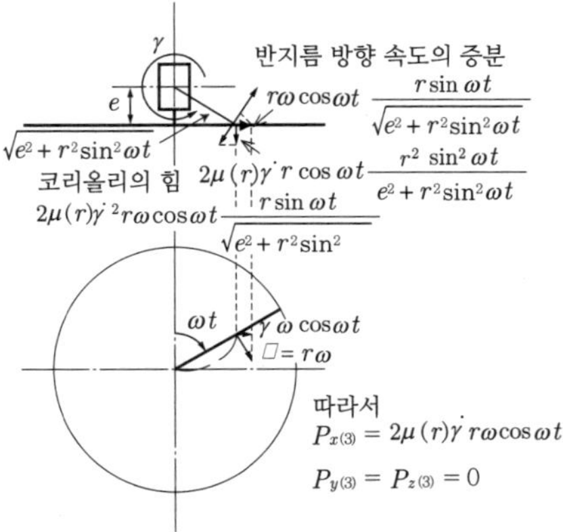

(c-2) 반지름 방향의 속도 증가에 의한 코리올리의 힘

🔳4 제동 과정

급격한 제동은 원주 방향의 큰 관성력을 생기게 한다. 스퍼의 원주 방향 하중의 분포에 대해서는 다음의 식을 적용할 수 있다.

$$P_y(r) = \mu(r)\dot{\omega}r = -\mu(r)rM_B(t)/\Theta_{\text{tot}} \quad\cdots\cdots\cdots\cdots\cdots (6.50)$$

여기에서 $M_B(t)$는 제동 모멘트이며, Θ_{tot}는 블레이드, 허브, 축, 발전기의 합계 회전 관성, $\mu(r)$은 블레이드의 축방향 질량 분포이다. 돌발적인 제동 조작으로 인해 **그림 6.27** 왼쪽과 같은 오버슈트가 발생한다.

🔳5 블레이드 중량에 따른 주기적 하중

이미 서술한 것처럼 대형 풍차에서는 블레이드 중량이 포괄적 하중이 된다. 중형 풍차($d = 20$m)에 대해서는 블레이드 중량의 영향은 크지 않고, 소형 풍차($d < 5$m)에서는 완전히 무시할 수 있다(질량이 아닌 중력에 따른 효과가). 식 6.51로 중력으로 인한 단면력의 주기적 변동 곡선을 얻을 수 있다(**그림 6.29**도 참조).

그림 6.29 >>>
스퍼에 작용하는 주기적 부하

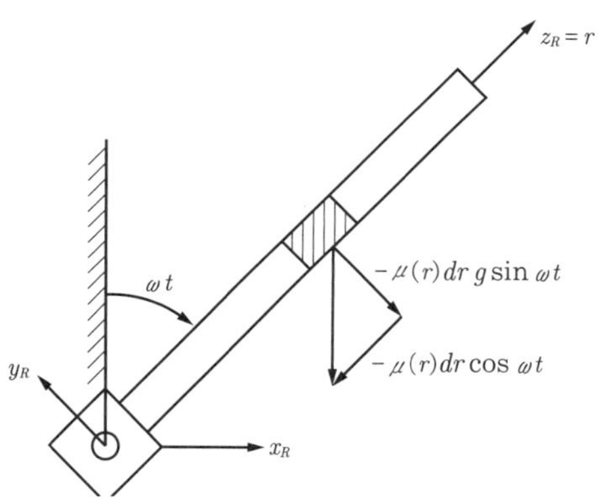

$$\begin{aligned}
P_x(r) &= 0 \\
P_y(r) &= \mu(r)g\sin\omega t \\
P_z(r) &= \mu(r)g\cos\omega t
\end{aligned} \quad\cdots\cdots\cdots\cdots\cdots (6.51)$$

🔳6 타워로 인한 흐름의 중지 또는 흐름의 차폐로 인한 주기적 하중

업 윈드형 풍차의 경우 블레이드 상의 공기의 흐름에 대한 타워의 영향이 적다. 그러나 타워로 인한 중지 또는 차폐 효과로 인한 영각에 약

간의 변동이 생긴다. 다운 윈드형 풍차에 대해서는 이 효과는 매우 커진
다(**그림 6.30** 참조).

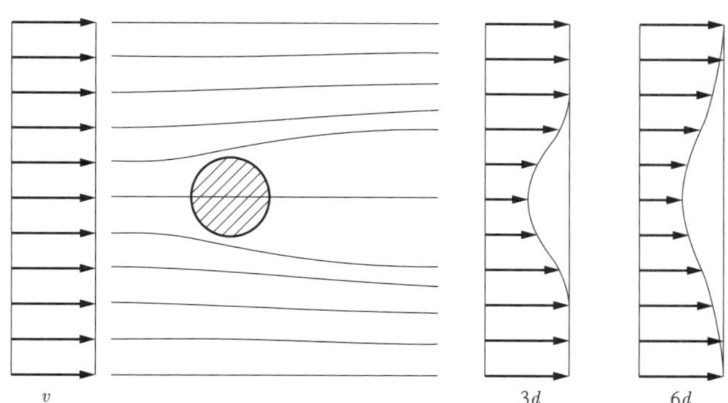

타워로 인한 흐름의 차폐의 영향을 블레이드가 받을 때마다 주(周)방
향, 스러스트 방향 하중에 따라서 출력과 토크에도 꽤 큰 영향이 생긴다.
풍차의 블레이드 매수가 많을수록 토크와 출력의 변동은 작아진다. 각각
의 블레이드는 주기적으로 속도의 강하를 극복하면서 회전해야 하고, 그
결과 생기는 공력적 부하도 견뎌야 한다. 이들 수치와 시간적 변화를 구
하는 계산은 매우 복잡하며, 실속(失速)하고 있는 경우에는 이들 계산은
헛수고가 된다(시작기(試作機)에 변형 게이지를 설치하여 응력을 측정하
는 것이 수많은 복잡한 계산을 하는 것보다 나은 경우도 많음).

이들 주기적 하중의 여기 진동수(励起振動數)는 로터의 회전수 및 그
정수배(고차 고조파)가 된다. 블레이드 및 타워의 공진을 막기 위해서
는 이 정도의 지식으로 충분할 것이다(동적 응답에 대해서는 전문 서적
을 참조하길 바란다).

⑦ 사풍(斜風) 및 지상 부근에서의 경계층 형상에 대해서

이에 따른 주기적 하중은 2.2항과 같이 각각의 블레이드 단면에서의
속도 삼각형으로 결정할 수 있다. **그림 6.31**은 최상위점에서 블레이드가
수직인 위치에 있을 때의 사풍의 영향을 나타내고 있다. 최하위점에서
는 각도 δ가 부(마이너스) 각도가 된다. 블레이드가 수평 위치에 있는 경
우에는 위상 풍속 w는 블레이드축과 평행 방향의 성분을 가진다. 이 성
분은 손실 성분으로 무시해도 괜찮다. 경계층 내의 높이의 영향은 **그림**
6.32와 같이 로터부에서의 선형 근사를 사용하여 취급한다.

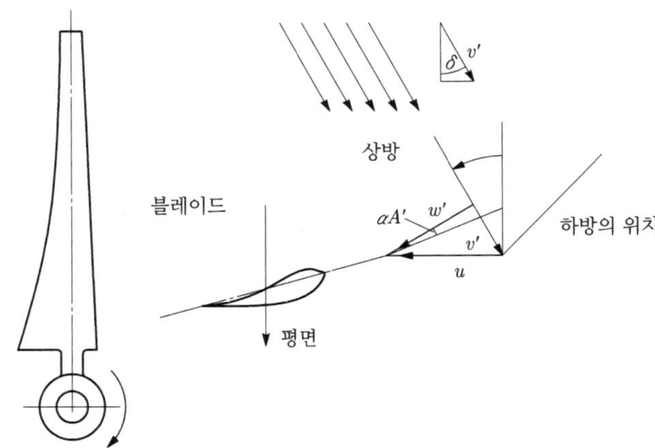

그림 6.31 >>>
블레이드가 수직인 위치에
있을 때의 경사풍의 영향

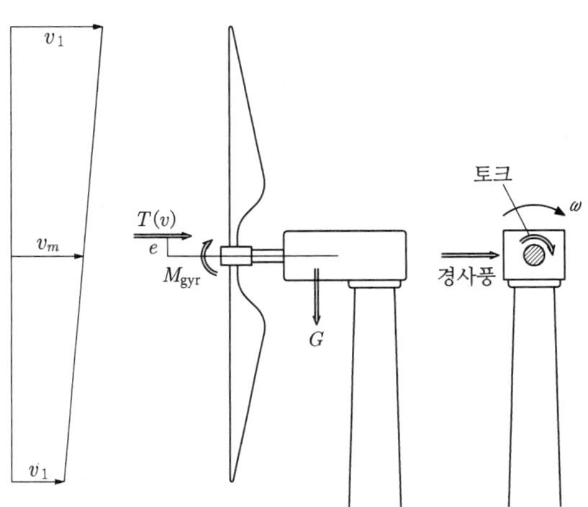

그림 6.32 >>>
너셀 및 타워에 미치는
바람의 영향

2.3 너셀 및 타워에 가해지는 하중

너셀 및 타워에 가해지는 가장 심한 하중은 로터에 걸린 스러스트 하중, 토크, 그리고 자중(自重)이다. 로터부의 스러스트 하중을 다룰 때에는 회전 평면 내의 바람의 분포를 고려할 필요가 있다. 스러스트 하중의 중심이 로터축과 일치하지 않는 경우에는 로터축에 휨 모멘트가 발생한다. 이 영향은 분포 스러스트 하중을 휨 모멘트의 효과가 같은 집중 스러스트 하중으로 바꿔놓는 것으로 간단하게 이해할 수 있다. 집중 하중 $T(v)$의 편심량은 e가 된다.

급격한 요 운동을 할 때는 자이로 모멘트 M_{gyr}이 발생하여

$$M_{\mathrm{gyr}} = \Theta \omega r \qquad\cdots\cdots\cdots\cdots\cdots\cdots \quad (6.52)$$

와 같은 식이 성립된다. 여기에서 Θ는 로터 허브와 발전기의 극관성 모멘트, r은 정상(定常) 요 각속도이다. 날개가 2매인 경우, 자이로 모멘트의 변동은 로터 회전수 ω와 동기한다.

사풍을 받을 때에는 너셀에 횡방향의 하중 및 휨 모멘트 M_y가 부가된다. 따라서 이렇게 강제적인 요 운동을 억지로 할 경우 사풍으로 인한 힘이 타워에 휨 및 꼬임을 발생시키게 된다.

03 풍차용 발전기의 기초

풍력 발전용 발전기는 제2차 대전 직후에 덴마크의 J. 율이 계통 연계 방식을 고안하기 전까지는 소규모의 커뮤니티 발전용으로서 직류 발전기가 사용되어 왔다. 그 후에는 계통 연계용으로서 유도 발전기를 사용하게 되었으며, 최근에는 풍차의 대형화와 계통 연계 덕분에 동기 발전기 등 유도 발전기 이외의 것도 사용하게 되었다.

3.1 풍차 발전기의 구성과 계통 연계

풍력 발전에 이용되는 발전기는 유도 발전기와 동기 발전기로 크게 나뉘며, 더욱이 전자에서는 회전자가 상자 모양을 하고 있는 '농형'과 회전자에 권선을 사용하는 '권선형'이 있고, 후자에는 여자기(勵磁器)를 이용하는 것과 영구 자석을 이용하는 것이 있다. 이들 중에서 지금까지 가장 많이 사용되어 온 것은 소형, 경량으로 저렴한 농형 유도 발전기이다. 현재 사용되고 있는 풍력 발전기의 대부분은 풍차, 증속 기어, 발전기, 전력 변환기, 제어 장치 등으로 구성되어 있다. 이들 각종 발전기의 전형적인 레이아웃을 **그림 6.33**에 나타냈다.

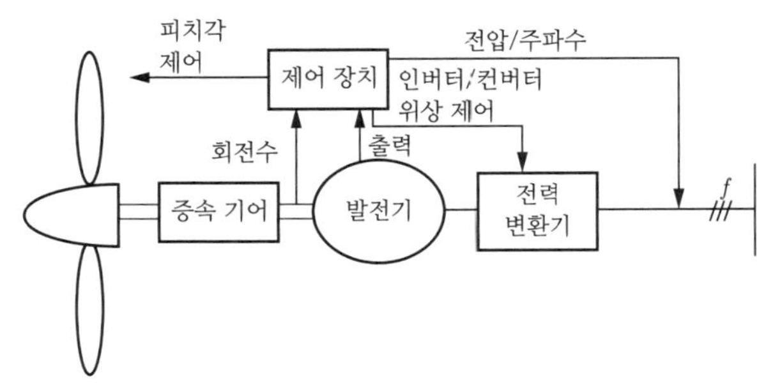

풍차 발전기의 전형적인 레이아웃

또, 풍력 발전기로 발생시킨 전력은 보통은 전력 계통을 경유하여 수요자에게 공급된다. 풍력 발전기의 출력을 전력 계통으로 접속하는 것을 계통 연계라고 하지만 자연풍은 풍향, 풍속이 변동하기 때문에 결과적으로 발전 출력도 변동하게 된다. 이 때문에 계통 연계 시에는 풍력으로 인한 발전 전력의 전력 계통에 주는 영향을 고려해야 한다. 연계 시에 고려해야 할 사항은 발전기의 출력 주파수, 전압, 유효·무효 전력 조정, 고조파 억제, 계통과의 보호 협조 등이다.

풍력 발전기를 전력 계통에 연계할 경우, 제일 먼저 고려해야 할 점은 풍력 발전기의 출력 주파수와 전력 계통의 주파수를 일치시키는 것이다. 주파수를 일치시키기 위한 방법으로는 두 가지가 있다. 첫 번째 방법은 발전기 출력을 전력 계통에 직결하여 피치각 제어 혹은 스톨 제어로 풍력 발전기의 회전수를 일정하게 제어한다. 이 방법은 고정속 제어라 한다. 두 번째 방법은 전력 변환기를 끼워 전력 계통에 연계하는 방법으로 발전기의 회전수의 변동을 어느 정도까지 허용하고, 전력 변환기의 출력 주파수를 제어해서 제어 주파수에 맞춘다. 발전기가 계통에 직결되어 있지 않기 때문에 가변속 제어라 한다. 또, 전압에 대해서는 발전기의 교류 출력을 변압기를 끼의 전압을 높이고 계통측의 전압과 조정시키도록 하고 있다.

3.2 풍력 발전에 이용되는 발전기[8]

풍력 발전에 이용되는 발전기로는 앞서 서술한 것처럼 유도 발전기와 동기 발전기가 있다. 가장 많이 보급되고 있는 농형 유도 발전기는 단단하고 저렴하지만 돌입 전류가 크다는 결점을 가지고 있다. 한편, 권선형은 2차 저항이나 미끄럼 출력을 제어하는 것으로 돌입 전류를 억제하기나 역률을 제어할 수 있다는 특징도 있다. 또, 동기 발전기에는 여자기가 필요한 형(여자기부)과 영구 자석으로 인한 여자기가 불필요한 형(영구 자석 여자)이 있다. 특히 최근 네오듐 등 희토류 금속으로 인한 자성 재료의 특성 향상으로 여자기가 불필요한 영구 자석 여자의 동기기를 많이 이용하게 되었다. 그 위에 더해 자극을 다수 나열한 다극 동기 발전기가 개발되어 기어리스형 동기 발전기가 실용화되어 왔다.

풍력 발전에 이용되는 각종 발전기를 정리하여 **그림 6.34**에 나타냈다.

다음에 구체적인 계통 연계의 예를 나타냈다.

■1 유도 발전기

유도 발전기는 회전수를 동기 회전수보다 조금 높여 간단하게 발전할 수 있고, 계통 연계를 할 때 유도 전동기와 같은 식의 운전이 가능하기 때문에 지금까지 아주 많이 이용되어져 왔다. 특히, 자기 기동성이 낮은 다리우스형 풍차의 계통 연계의 경우에는 유도 발전기로 전동기 모드로 기동시킬 필요가 있다.

유도 발전기에는 농형과 권선형 두 종류가 있다. 농형은 회전자의 모양이 상자처럼 되어 있다. 이 방법은 농형 유도 발전기를 계통에 직결하는 것으로 가장 단순한 연계 방법이다. 발전기가 공급할 수 있는 전력은 유도성 부하 대상이다. 또, 권선형 유도 발전기의 2차 권선 저항 제어형 (RCC 발전기)은 권선식 회전자의 권선에 발생하는 전류량을 저항을 변화시켜 제어한다. 기동 전류의 억제나 발생 전력의 주파수를 제어할 수 있고, 7% 정도의 범위 내에서 회전수를 제어할 수 있으며 풍하중의 저감과 계통으로의 전기적 변동을 슬립 제어하는 것으로 감소시킬 수 있다.

다음으로 **그림 6.35**는 권선형 유도 발전기의 2차 권선 전류 제어형 (Double-Fed 발전기)이며, 2차 권선인 회전자의 전류를 제어하고 풍차에서 발생하는 전기량과 주파수를 제어한다. 계통 연계는 AC/AC 교환기를 끼워서 하게 된다. 2차측에서는 미끄럼 출력 전압과 계통 전압을 연계하기 때문에 AC/AC 변환기를 접속하고 있다.

미끄럼 주파수와 계통 전압의 주파수를 조정해서 동시에 위상을 제어함에 따라 무효 전력의 제어도 가능해지며, 계통측에서 본 역률도 조정할 수 있다.

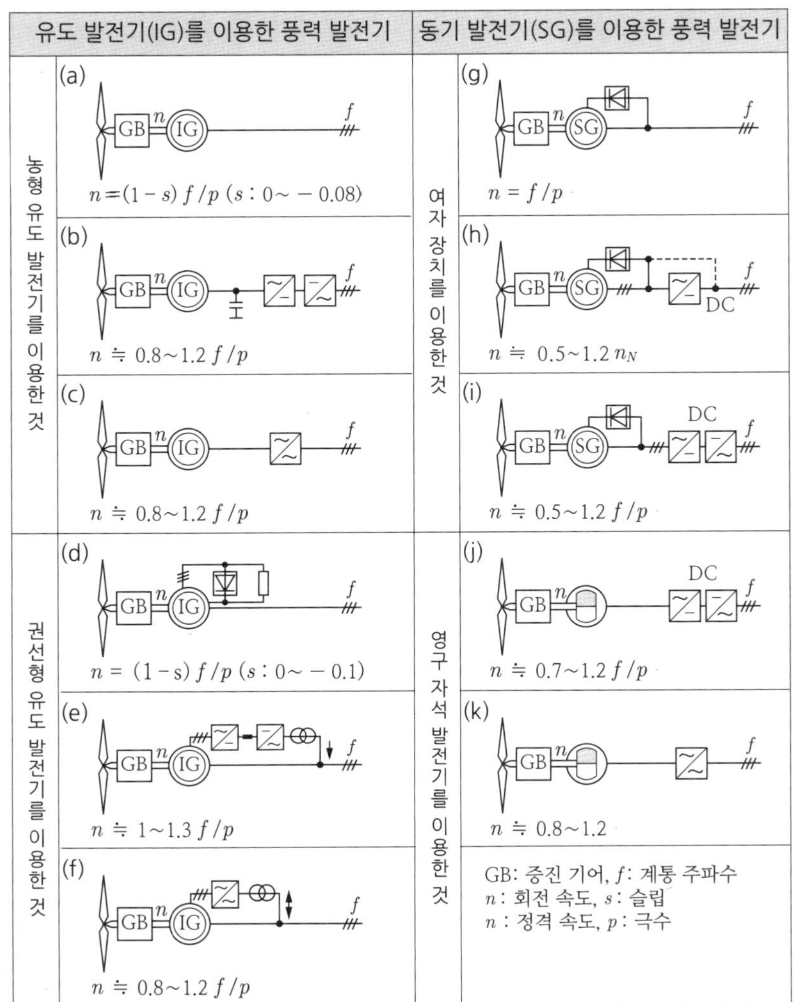

(출처, NEDO 풍력 자료 1997)

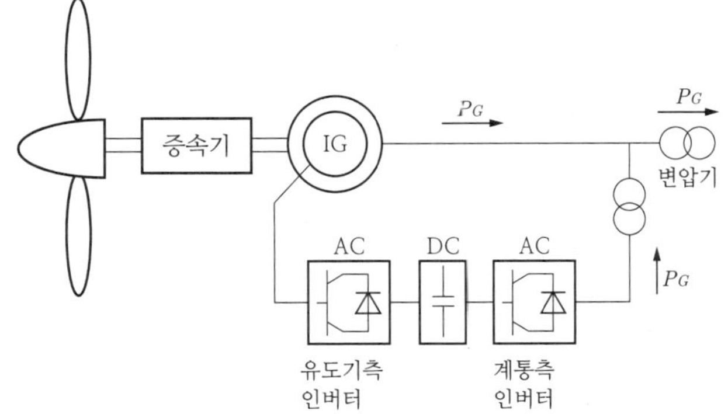

② 동기 발전기

풍력 발전의 계통 연계를 할 경우 계통선이 약하고, 돌입 전류 제한이나 풍속 변동에 따른 전압 변동의 문제가 있는 장소에서는 유도 전동기의 전기적인 약점을 해소하기 위해 동기 발전기를 이용한다. **그림 6.36**에 여자기 부착 동기 발전기로 인한 계통 연계를 나타냈다. 이 방법은 여자기 부착 권선식 동기 발전기를 사용해서 계통에 직결하는 것이다. 동기 발전기로는 회전자에 공급하는 전류를 여자기에 의해 제어할 수 있다. 이에 따라 무효 전력을 공급할 수 있기 때문에 역률 제어가 가능해지고 유도성, 용이성의 어느 부하에도 대응할 수 있다.

그림 6.36 >>>
여자기를 설치한 동기 발전기

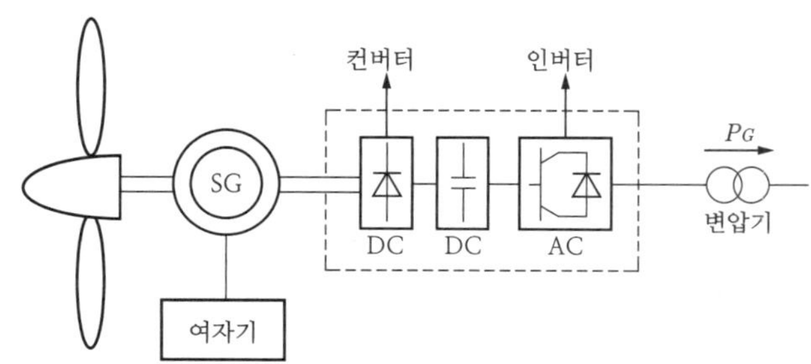

그림 6.37에 영구 자석식 동기 발전기에 따른 계통 연계를 나타내었다. 이 방식은 동기기의 여자기를 영구 자석으로 바꾼 것이다. 이렇게 발전한 교류 전력을 일단 직류로 변환하고, 계통측의 전기와 일치하는 교류로 다시 변환하는 DC 링크 방식에서는 가변속으로써 풍차의 공기 역학적 효율 향상이나 풍하중의 저감을 도모할 수 있다는 장점이 있다. 게다가, 다극화함에 따라 증속 기어를 생략할 수 있다는 특징을 가지고 있다. 또, AC/AC 접속을 이용하면 무효 전력의 제어도 가능하다.

그림 6.37 >>>
영구 자석식 동기 발전기

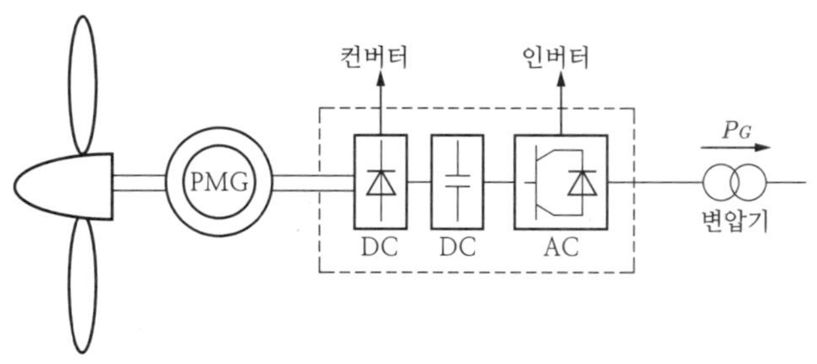

계통 연계를 할 때에는 주파수, 전압, 유효·무효 전력 조정 이외에 풍력 발전기의 출력 변동, 전력 변환기로 인한 고조파 변형 등을 억제하고, 기존의 전력 계통에 주는 전력의 질을 확보할 필요가 있다. 고조파는 소프트 스타터나 인버터의 사용으로 발생하지만 그 결과, 전력용 콘덴서의 과부하, 회전기나 변압기의 가열, 형광등의 콘덴서나 안정기 가열, 지시 계기나 적산 계기의 오차, 일렉트로닉스 회로에 미치는 영향 등이 있고, 특히 콘덴서 설비에 미치는 영향이 크다.

게다가 풍력 발전기를 계통 연계하고 있는 경우 계통측이 사고 등으로 계통 전원과 분리된 상태에서 연계하고 있는 풍력 발전 설비만으로 발전을 계속해서 국소적으로 전력을 공급하는 상태가 일어날 가능성이 있다. 이것을 단독 운전이라 하지만 발전기에서 발생하는 유효 전력과 부하가 소비하는 유효 전력, 발전기가 받아들이는 무효 전력과 콘덴서에서 공급되는 무효 전력이 각각 거의 균형을 이룰 때 계통으로부터 분리되어도 계속해서 발전하는 경우가 있다. 이와 같이 실제로는 거의 있을 수 없는 일이지만 만일 단독 운전 상태가 발생하면 감전 사고와 기기의 손상이 일어날 가능성이 있다. 이에 대해서는 "전력 계통 연계 기술 요건 가이드라인 '98"에 성략요건도 나타나 있다. 또, 운송 차단 등 기존 전력 계통과의 보호 협조에 필요한 기술 기준이 규정되어 있다.

04 일본형 풍력 발전 시스템의 개발[9, 10]

일본 각지에서 풍력 발전의 보급이 진행됨에 따라 유럽과는 다른 일본의 엄격한 운용 환경 조건이 확실해졌다. 덴마크의 풍력 발전의 고장 발생률은 연간 1기당 0.78건(2001.11~2002.10)인 것에 비해 일본에서는 연간 1기당 2.59건(2000.4~2001.3, NEDO FT사업)이며 덴마크의 3배나 된다.

이 높은 고장 발생률의 배경으로는 유럽에서는 볼 수 없는 일본의 태풍, 산악지대 특유의 바람의 산란, 그리고 동해측의 강력한 동계뢰의 존재가 크다. 2004년 당시, 일본의 풍력 발전 장치는 90% 이상이 덴마크나 독일에서 수입한 것이며, 이들은 일본에 비해 온화한 유럽의 환경 조건에 적합하도록 설정되어 있고, 일본의 환경 조건에 맞지 않는 것이 원인이라 생각된다. 이 절에서는 풍력 발전에 대한 일본의 특수한 환경이란 무엇인지, 이 환경에 적합한 일본형 풍력 발전은 어떤 것인지에 대해 생각한다.

4.1 일본의 풍력 발전을 둘러싼 환경(태풍)[11~13]

1 태풍으로 인한 풍차의 피해

2003년 9월 11일 오키나와 현 미야코 섬을 덮친 태풍 14호는 최대 순간 풍속 74.1m/s(미야코 섬 지방 기상대의 관측치)의 맹렬한 바람을 동반해 사망자 3명, 부상자 95명, 가옥 손상은 371동(棟)에 이르는 큰 피해를 일으켰다. 이 태풍으로 인해 미야코 섬에 설치되어 있던 7기의 풍력 발전기 중 3기가 타워의 뿌리부터 무너지고, 3기는 블레이드가 절손, 남은 1기는 너셀이 파손되는 큰 피해를 입었다.

2 열대 저기압으로 발생하는 지역

태풍이란 북태평양 서부에서 발생하는 열대 저기압 중 풍속 17.2m/s 이상인 것을 말한다(**그림 6.38**). 같은 종류의 열대 저기압으로는 인도, 남태평양에서 발생하는 사이클론, 북미대륙의 태평양측과 멕시코만에서 발생하는 허리케인이 대표적인 것이다. 한편, 세계에서 풍력 발전의 도입량이 높은 나라는 독일, 미국, 스페인, 덴마크이다. 이 나라들이 세계의 80% 이상을 차지하고 있지만 이들 지역은 고위도 지방 혹은 내륙부이며, 모두 열대 저기압이 발생하지 않는다.

그림 6.38 >>>
세계의 열대 저기압 발생 지역

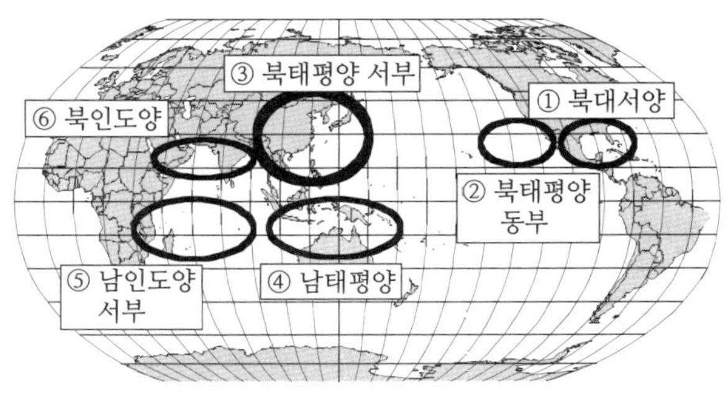

그림 6.39 >>>
인도의 사고(1998년)

이 중에서 5위인 인도, 8위인 일본만이 사이클론이나 맹렬한 기세의 태풍의 영향을 받고 있다. 일본과 같이 열대 저기압의 영향권에 있는 인도는 1998년 6월에 인도양 북서연안을 강한 사이클론이 덮쳐 2,000명 이상의 희생자를 내고 129기의 풍력 발전기가 파괴되는 풍력 발전의 역사에 남을 큰 재해가 발생했다(**그림 6.39**). 이 때 최대 순간 풍속은 72m/s라 추정하고 있다. 이와 같은 열대 저기압으로 인한 사고는 풍력 발전의 본고장인 유럽과는 다른 일본이나 인도에서 볼 수 있는 특징적인 현상이라 할 수 있다.

🔳3 풍차의 강도와 풍속

풍력 발전기의 설계, 제조는 국제 기준 IEC 61400-1 '풍력 발전 시스템의 안전 요구'에 그 기준이 명시화되어 있다. 이 기준에 따른 풍력 발전 시스템의 내풍 강도는 50년에 1번 통과할 가능성이 있는 최대 풍속(극치 풍속)을 견딜 수 있도록 설정되어 있으며, 표에 나타난 것처럼 바람이 약한 Class IV부터 강풍을 견디는 Class I까지의 4클래스로 나뉘어져 있다(**표 6.3**). 사용자는 풍력 발전기를 설치하는 지점의 바람의 강도에 따라 바람에 적합한 강도 클래스의 풍력 발전기를 선정한다.

강도 클래스	극치 풍속
Class Ⅰ	70m/s
Class Ⅱ	59.5m/s
Class Ⅲ	52.5m/s
Class Ⅳ	42m/s

앞서 서술한 미야코 섬을 직격한 태풍 14호에서는 미야코 섬 지방 기상대에서의 최대 순간 풍속은 74.1m/s로 관측되었지만 풍차가 설치되어 있는 장소의 풍속과는 반드시 일치하는 것은 아니다. 당시 계측된 풍속 데이터로 풍차 설치 지점에서의 풍속을 시뮬레이션 한 결과, 파손된 풍차에서의 최대 순간 풍속은 80.7~81.8m/s로 보고되었다. 미야코 섬에서 피해를 입은 풍력 발전기의 강도 클래스는 Class I과 Class II이며, 둘 다 태풍 14호에 대해서는 강도가 불충분한 풍력 발전기였다고 할 수 있다.

4.2 일본의 풍력 발전을 둘러싼 환경(바람의 산란)[11, 12, 14]

평지가 작고 국토의 약 70%가 산악지인 일본에서는 풍력 발전은 산악 지대에 건설되는 경우가 많다. 최근 거대 윈드팜(wind farm) 건설이 계속되고 있지만 그 중 대부분은 고원, 곶, 해안단구의 위라는 산악적 지형을 가진 토지에 건설되고 있다(**그림 6.40**). 일본에서는 바람의 산란이 원인이라 생각되는 큰 고장이나 파손이 발생하고 있다. 풍력 발전기의 블레이드에 크랙(틈새, 균열)이 발생하거나, 베어링이나 바퀴에 손상을 받거나, 제조국인 덴마크나 독일과는 다른 고장 형태가 보이는 일이 특징이라 할 수 있다.

산악지는 울퉁불퉁한 복잡한 지형이기 때문에 바람의 속도, 방향이 빈번하게 바뀌는 산란이 큰 바람이 분다. 풍력 발전기에 있어서 바람의 변화는 블레이드, 발전기, 증속기, 베어링이나 타워에 동적인 하중이 가해지고, 각 부위의 강도나 수명에 영향을 준다.

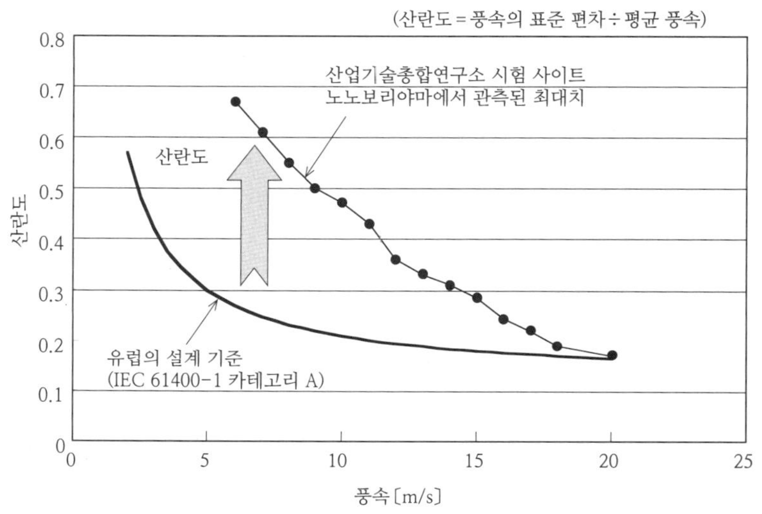

또, 풍력 발전기의 출력은 이에 맞게 변동하고, 실질적인 발전 효율을 저하시킨다. 이 같은 출력의 불안정은 전력의 송배전 계통의 전압이나 주파수 및 전력 품질을 저하시키게 된다.

앞서 서술한 국제 기준 IEC 61400-1에서는 풍력 발전기가 맞닥뜨리는 바람의 산란을 규정하고 있다. 이 모델은 기본적으로는 평탄한 지형이 많은 덴마크와 독일의 바람 관측 결과를 토대로 설정된 것이며, 일본과 같은 산란이 많은 산악지의 특성을 포함하고 있지 않다. **그림 6.41**에서 미에 현에 있는 스즈카산계인 노노보리산에 설치되어 있는 산업기술총합연구소의 풍력 발전 시험 부지에서 측정한 바람의 산란의 실측치를 나타냈다. 이에 따르면 IEC 61400-1보다 훨씬 높은 산란이 관측되고 있으며, 바람이 산란하는 점에서도 일본은 유럽에 비해서 험한 환경임을 알 수 있다.

4.3 일본의 풍력 발전을 둘러싼 환경(번개)[15, 16]

풍력 발전 장치를 번개로부터 보호하는 것에는 통상 다른 구조물에서는 볼 수 없는 문제가 따른다. 이들 문제는 주로 다음과 같은 원인에 기인한다.

- 풍차는 높이 100m를 넘는 높이의 구조물이다.
- 풍차는 때때로 번개를 맞기 쉬운 장소에 설치된다.
- 블레이드나 너셀과 같이 가장 외부에 많이 노출된 구성 요소는 번개의 직격에 견딜 수 없으며, 뇌전류가 통하지 않는 복합 재료로 되어 있다.
- 블레이드 및 너셀은 회전하고 있다.
- 뇌전류는 풍차 구조물을 통해 대지로 전달되지 않으면 안 되고, 번개는 거의 모든 전류가 실제로 모든 구성 요소 또는 그 근처를 통하게 된다.
- 윈드팜 풍차는 종종 상호 연계되어 있어, 설치 상황이 좋지 않은 장소에 설치되고 있다.

유럽의 몇 개의 나라에서 유지되고 있는 풍차 데이터베이스는 4,000기 이상의 풍차를 커버하고 있다. 원자료(Raw data)는 월간지의 형태로 풍차 소유자 및 운전자가 자발적으로 또는 지역의 특정 보조금 프로그램의 요구 조건에 맞게 제출하고 있다. 정부기관 또는 보조금을 지급하고 있는 조직이 매월 또는 매년 이들 통계를 모으고 있다. 이 데이터베이스로 편집한 번개로 인한 고장, 피해의 통계는 위험을 인식하는 역할을 하고 있으며, 풍차 제조업자 및 소유자가 번개 보호 장치를 평가하고, 방법을 결정할 때 도움이 되고 있다.

1990년대의 약 10년간의 독일, 덴마크, 스웨덴에서의 번개로 인한 고장은 100풍차·년에 대해 3.9~8건으로 변동하고 있고, 이 통계를 볼 때 북유럽에서는 1년간 100대의 풍차당 4~8대가 번개로 인한 피해를 받는 것을 예상할 수 있다. 또, 고장 상태를 구성 요소에 따라 분류해 보면 위험을 평가할 때에 유효하다. **그림 6.42**는 독일의 데이터, **그림 6.43**은 덴마크의 데이터로 몇 개의 카테고리의 관계를 그래프로 나타내고 있다. 카테고리는 같지 않지만, 번개에 기인하는 모든 보고된 데이터의 40~50%가 제어 시스템에 피해를 받고 있는 것에 주의를 요한다. 일본에서는 풍력 발전기의 정지 고장의 원인으로의 벼락 피해가 가장 많은데 전체의

24%를 차지하고 있다. 이에 비해, 유럽에서의 벼락의 피해는 독일에서 8%, 덴마크에서 4%이다. 이것으로 풍력 발전 선진국에 비해 일본에서는 압도적으로 번개 피해가 많은 것을 알 수 있다.

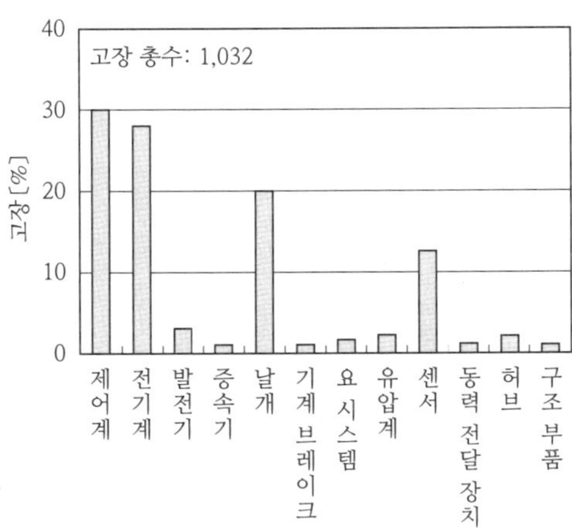

그림 6.42 >>>
독일의 낙뢰에 따른 구성 요소별 고장 상황

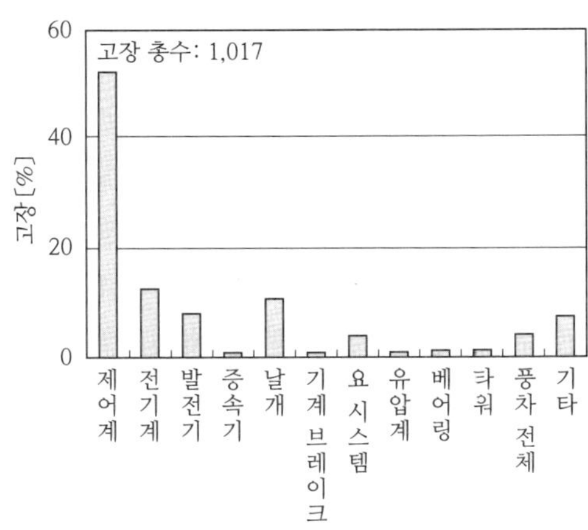

그림 6.43 >>>
덴마크의 낙뢰에 따른 구성 요소별 고장 상황

풍력 발전기가 피뢰(避雷)당한 경우에 유리 섬유 복합재로 만들어진 블레이드가 피해를 받는 경우가 많다. 블레이드는 다른 요소에 비해 피뢰 시의 손상이 심각하여 소손(燒損), 파열, 균열이 발생하는 경우가 많다. 이 수리를 하는 데는 긴 시간을 필요로 하여 구동 손실도 포함하면 매우 큰 피해가 된다. 풍력 발전의 번개에 대한 요구는 IEC 61024-1에 규정이 있고, 보호 레벨이 정해져 있지만 그 중에서도 가장 높은 레벨 I의 요구치와 일본 국내의 번개로 관측된 수치는 **표 6.4**에 나타냈다.

일본의 하계뢰는 적란운으로부터 발생하는 음극뢰(陰極雷)이다. 한편 동계뢰는 겨울의 동해측에 발생하는 정극뢰가 많고, 상향 방전으로 개시한다. 시베리아 대륙의 한랭기단이 동해를 지나갈 때 따뜻한 바다에서 나오는 상승 기류로 동해 상공에는 저고도, 광범위하게 덮는 구름이 발생한다. 동계뢰는 이 구름으로부터 발생하여 동해측의 겨울의 풍물시(風物詩)로 되어 있다. **그림 6.44**로부터는 동계뢰가 북동쪽에서 호쿠리쿠에 걸친 동해측에 집중되어 있는 것을 알 수 있다. 게다가 전 세계에서도 전례가 없는 강한 번개로, 높은 구조물에 낙뢰하기 쉬워 전하와 전격에너지가 가늠할 수 없이 크다. 동해의 동계뢰와 같은 번개는 노르웨이 앞바다에서 볼 수 있는 것만으로 풍력 발전에 관해서는 일본 특유의 현상이라 생각해도 좋다.

표 6.4 >>>
번개 보호 레벨 규격과 일본의 번개 강도

구분		전류 〔kA〕	고유 에너지 〔kJ/Ω〕	평균 전류 상승률 〔kA/㎲〕	전 전하 〔C〕
IEC 61024-1 보호 레벨 I		200	10,000	200	300
일본	하계뢰	24	1,000	80	20
	동계뢰	150 이상	100,000	1,000	3,000

그림 6.44 >>>
동계뢰 일수

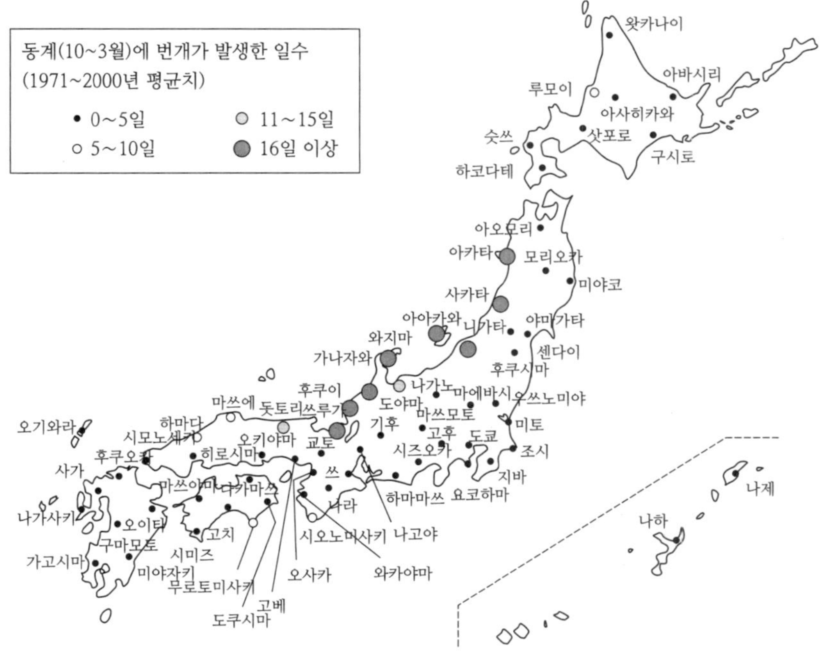

앞서 서술한 일본의 풍력 발전은 풍력 발전이 탄생한 곳인 독일, 덴마크와 비교해 지나치게 참혹한 조건으로 운용되고 있다. 일본에는 본토인 4개의 섬과 오키나와 본도 이외에 425개의 사람이 사는 낙도가 있고 146만 명의 인구가 거주하고 있다. 낙도의 전력의 대부분은 섬 내에 설치된 디젤 발전소에서 공급하고 있고, 발전 비용은 40엔/kWh 정도로 본토에 비해 고가이다. 한편, 낙도 지역의 대부분은 연간 평균 풍속 6m/s 이상의 우수한 풍황의 혜택을 받고 있다. 이같은 낙도에서는 유럽형 대형 풍력 발전 시스템의 도입이 곤란한 경우가 많다. 그 이유는 다음의 3가지이다.

- 강한 태풍이 오며, 내풍속 강도가 부족
- 건설용 대형 건설 중기의 반입이 곤란
- 풍력 발전의 비율이 큰 경우 풍력 품질의 유지가 곤란

신에너지종합개발기구(NEDO)에서는 일본의 낙도의 환경에 일치하는 풍력 발전 시스템 개발을 1999년도부터 2002년도까지 4년간 실시했다. 이 낙도용 풍력 발전 시스템의 개발 목표는 다음과 같다.

- 발전 비용 : 20엔/kWh 이하
- 계통병입률(系統倂入率) : 40% 이상
- 설계 수명 : 20년 이상
- 설계 극치 풍속 : 80m/s 이상
- 대형 중기(20톤급)를 사용하지 않는 건설
- 디젤 발전기와의 하이브리드 운전

개발은 후지중공업(주)에 위탁되어 2기의 낙도용 풍력 발전 시스템을 설계 제조하고, 오키나와 현 이제나 섬에 건설했다(**그림 6.45**). 1년간의 실운전 시험을 거쳐, 2002년까지 모든 개발 목표를 만족시켜서 개발 완

료되었다. 이 개발은 소규모기이지만 유럽형의 설계 기준에서 벗어나 일본의 환경과 일치하는 풍력 발전기를 실현한 것에 큰 의의가 있다.

NEDO/ 후지중공 낙도용
풍력 발전 시스템

4.5 일본형 풍력 발전 시스템의 개발[15]

일본의 특수한 환경에 적합한 풍력 발전으로서 NEDO 낙도용 풍력 발전 시스템은 100kW의 소규모 풍력 발전이지만 태풍에 견디고, 중기를 사용하지 않고 건설하였으며 약소계통에서의 운용이라는 일본적인 과제를 해결한 것이다.

한편, 풍력 발전 시스템은 경제성을 추구해서 1기당 평균적 출력은 1,000kW에 달하며, 2,000kW를 넘는 풍력 발전기도 시장에 나와 있다. 일본 내의 재생 가능 에너지의 중심을 담당하고 있는 대형 풍력 발전기에 있어서도 유럽형 풍력 발전 설계에서 벗어나 실로 일본의 국토 조건, 환경 조건에 적합한 설계 수법, 설계 기준의 확립이 시급하다.

이와 같은 일본의 환경에 적합한 풍력 발전기를 J 클래스 풍력 발전 시스템이라 하며, 2003년 이후 그 실현을 향해 관련성청, 연구기관, 단체에 있어서 구체적이고 적극적인 움직임이 시작되었다.

2002년부터 2003년에 걸쳐 재단법인 신에너지재단(NEF)이나 NEDO에서 일본 내에서의 풍력 발전을 운용하고 있는 사업자, 자치체 등에서의 실태를 조사해서 현장의 문제점과 과제를 추출하며, 행동 계획으로서 대책안을 구상했다.

번개에 대해서는 전국의 주요한 풍력 발전기의 피뢰의 상황을 계측하여 실제의 상황을 파악하고, 대규모 실험을 행하며, 메커니즘을 구명하고 대책 방법의 연구를 추진하고 있다. 또, 산악지의 산란과 강풍에 대해 각지의 풍력 발전과 관련된 바람을 계측하여 일본에 적합한 바람 모델을 만드는 계획을 시작했다. 한편, 풍력 발전에 관한 불편함, 사고를 줄이는 목적으로 조사위원회도 NEDO 안에 설립되었다.

그림 6.46에서 유럽과 다른 일본의 외부 환경 조건을 나타내고 있지만, 유럽에서 발생한 근대 풍력 발전을 일본의 특수한 환경에 적합하게 하기 위해 광범한 활동이 막 시작된 것이다. 이 결과 생겨난 일본형 풍력 발전 시스템은 일본뿐만 아니라 열대 저기압이 존재하는 인도, 오세아니아, 아시아 동해안, 또 산악지가 많은 뉴질랜드, 남미 및 저위도, 산악지형의 세계 표준이 될 가능성을 가지고 있다. 풍력 발전 시장의 확대를 배경으로, 일본에서 발신하는 동시에 일본에서만 가능한 새로운 사실상의 표준 제안이나 국제 공헌으로서의 성과를 기대하고 있다.

그림 6.46 >>>
일본 특유의 외부 환경 조건

풍차 시스템 제어

풍차로 인한 양수 시스템에서도, 풍력 발전 시스템에서도, 그 설계에는 매우 많은 선택지가 있다. 그러나 입력으로서의 바람 에너지가 크게 변화하기 때문에 풍차 시스템 전체에 영향을 주는 설계 요소 중에서 풍력의 제어법은 매우 중요하다.

제어의 종류[1]

풍차의 과회전 방지 기구는 돌풍이나 강풍이 부는 긴급 시에만 작동할 뿐이고, 보통 회전 시에는 작동하지 않는다. 과회전 방지 기구는 일반적으로 부가적인 보호 시스템이다. 이들 보호 시스템은 매우 많고 광범위에 걸친 설계가 있고, 덴마크류의 유도 발전기를 구동하는 계통 연계용의 실속 제어 방식에 따른 풍력 터빈의 경우에는 원심력으로 작동하는 스포일러를 구비하고 있다. 이들 스포일러는 전력 계통의 트러블 등으로 풍차의 회전수가 20% 이상 과회전이 되었을 때에 작용하도록 되어 있고, 회전수가 정격 회전수의 60%까지 저하되면 스포일러는 원래의 위치로 돌아오게 되어 있다. 이른바 온오프 제어로 되어 있다.

또, 원심력으로 인한 스위치에 다라 기계적으로 작동하는 유압변(油壓弁)을 열게 하는 것도 가능하다. 이 경우 유압 시스템의 압력이 저하하면, 유압 스프링에 의해 제동이 걸리도록 되어 있다. 소형 풍차에서는 원심력으로 작동하는 기계적인 브레이크가 걸리게 되어 있는 것도 눈에 띈다.

1.1 통상 제어 및 강풍 대책 시스템

통상 제어 및 강풍 대책 시스템은 풍차 로터의 과회전을 방지하는 것뿐만 아니라 입력 파워를 제한하고, 강풍 시의 타워에 미치는 로터 추력도 억제하게 된다.

일반적으로 이 같은 제어는 로터 회전수나 풍압이 어느 한계를 넘으면 연속적으로 움직이게 된다. 설계의 관점으로는 이는 이른바 비례 제어이며, 제어를 위한 파워로는 원심력과 풍압을 직접 사용하여 외부로부터의 에너지 공급 없이 작동할 수 있도록 되어 있다.

1.2 고속 제어 시스템

통상의 제어 시스템과 마찬가지로 고속 제어 시스템도 연속적으로 힘과 회전수를 제한하게 된다. 그에 더해, 예를 들면 풍차 시스템을 독립 전원으로써 운전 중에 항상 50Hz를 공급하기 위해서는 고속으로 피치 제어를 하지 않으면 안 된다.

따라서 이 경우에는 돌풍에도 대응할 수 있는 고속의 전자–유압 서보 기구와 고속 전자 제어 기구가 필요해진다. 이와 같은 고속 제어 시스템은 소형 풍차에는 쓰이지 않고, 비용이 높아지게 되는 전자 기기나 유압 기기가 상대적으로 큰 비중을 차지하는 일 없이, 주로 100kW 이상의 대형기에 적용되게 된다. 이와 같이 이 고속 제어 시스템은 풍력 발전 장치의 구조에 더해지는 하중을 경감시키고, 특히 대형 풍차에 대해서는 경제성을 가지게 된다. 이상의 풍차 로터에 대한 각종 제어법을 정리한 것이 **표 7.1**이다.

표 7.1 >>> 풍차 로터의 제어

구분		고속 제어	단순 제어	과회전 방지
기계식 브레이크				○
발전기 부하		○	○	○
공기 역학적 제어	Full Span 가변 피치	○	○	○
	날개단 가변 피치		○	○
	스포일러 플랩		○	○
	날개단 브레이크	○	○	○
	로터면 편향		○	○
	파라슈트			○

02 풍력 발전 장치의 제어[1]

풍력 발전에 한하지 않고 발전기는 정격 출력(최대 출력)이 제한되고 있기 때문에 정격 풍속 이상의 풍속에 대해서는 풍차의 출력 제어를 할 필요가 있다. 출력 제어 방식으로는 주로 다음의 4가지 방법이 사용되고 있다. 가변 피치 제어, 날개단 제어, 스톨(실속) 제어, 기존의 스톨과 블레이드의 가변 피치 기구를 조합시킨 액티브 스톨 제어이다. **그림 7.1**에 프로펠러형 풍차의 피치 제어와 스톨 제어로 인한 출력 성능의 차이를 나타냈다.

<table>
<tr><td>

그림 7.1 〉〉〉

피치 제어와 스톨 제어의 차이

</td><td>

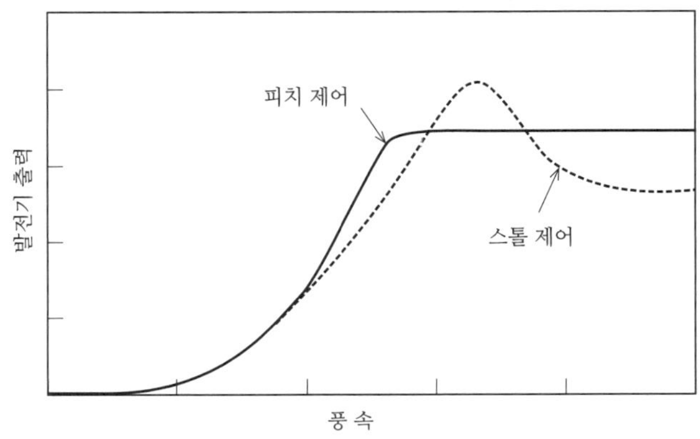

</td></tr>
</table>

1 가변 피치 제어

가변 피치 시스템은 풍속, 발전기 출력을 검지(檢知)하여 블레이드 전체의 피치각을 변화시켜 로터의 효율이 최대인 상태에서 운전할 수 있다. 보통은 유압으로 움직이지만 소형기에서는 메커니컬 거버너(Governor)에 의해 기계적으로 하는 것도 있다. 이 피치 제어 시스템은 출력 제어를 할 뿐만 아니라 태풍과 하루이치방(春一番 : 입춘 후, 일본에서 처음으로 부는 강한 남풍) 등의 강풍 시에는 피치각을 크게 해서 풍향에 평행한 페자링 상태로 해서 바람을 피해 회전을 억제하는 기능, 과회전 방지 등 안전, 제동 기능도 가지고 있다. 기구적으로는 허브의 구조가 복잡해져 충분한 힘을 갖춘 액추에이터 시스템이 필요해진다. 또, 보수나 수리를 할 때에는 블레이드 전체를 허브로부터 제거하게 된다.

❷ 날개단 제어

날개단 제어(팁 컨트롤) 시스템은 **그림 7.2**와 같이 블레이드 선단부만의 피치를 제어하는 방식으로 허브와 블레이드 설치부는 간단해진다. 또, 액추에이터나 날개단 베어링의 보수 점검 시에 블레이드 전체를 제거하지 않고 끝낸다. 그러나 블레이드 내부에 액추에이터를 설치할 공간이 필요해지며, 특히 고회전이고, 좁은 블레이드의 경우에 문제가 된다.

그림 7.2 >>>
날개단 제어 시스템의 예

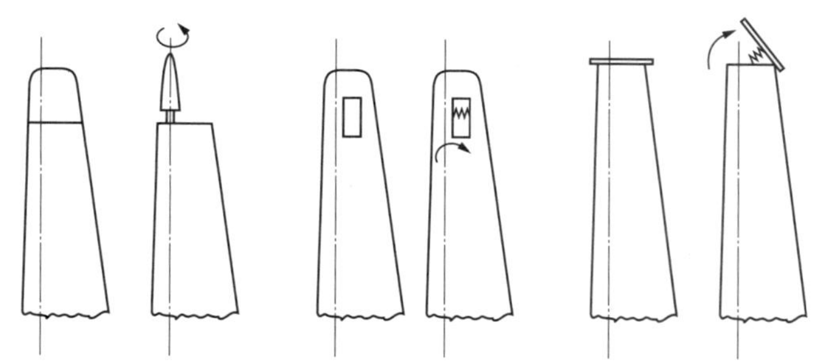

❸ 스톨(실속) 제어

스톨 제어는 피치각을 고정하고 풍속이 일정 이상이 되면 로터 블레이드에 유입되는 바람의 상대 유입각이 증대되고, 블레이드 뒷면에서 박리 현상이 일어나 스톨(실속) 상태가 되는 현상을 이용한 제어 방식이다. 블레이드가 양력을 잃으면 풍차 회전수가 억제되어 출력이 저하하게 된다. 이 실속 제어는 가장 간단하고 저가의 제어 시스템이며, 단순한 허브와 일체형 블레이드를 이용할 수 있고, 파워 액추에이터를 위한 보기(補機)도 필요하지 않다. 로터의 회전수를 독립해서 제어할 수는 없고, 보통은 유도 발전기를 사용한다. 또, 과회전 방지를 위해 어느 종의 공력 브레이크를 갖추는 경우가 많다. 지금까지 이 방식은 주로 덴마크제 풍차에 이용되고 출력 규모로는 500kW 이하인 것이 많지만 1,000kW급에서도 실속 제어를 이용하는 것이 있다.

❹ 액티브 스톨 제어

기존의 스톨 제어 방식의 블레이드 형상을 이용해 블레이드의 설치각을 변화시켜, 피치 제어와 비교해서 운전 중의 블레이드 작동을 최소한으로 억제할 수 있는 방식이다.

블레이드 선단의 에어 브레이크용 팁은 없고, 피치 제어와 스톨 제어를
조합시킨 제어 방식이라 할 수 있다. 일반적으로 대규모 풍차에서는 피
치 제어를 이용하지만 현재 날개단 제어와 풀 스팬 제어를 선택하기 위
한 명확한 기준은 존재하지 않는다. 또, **그림 7.3**에 가변 피치 제어, **그
림 7.4**에 실속(스톨) 제어의 구조를 나타냈다. 어느 방식으로도 컷인 풍
속으로 발전을 시작하여, 정격 출력에 달할 때까지는 풍속의 3승에 비례
해서 출력이 증대한다.

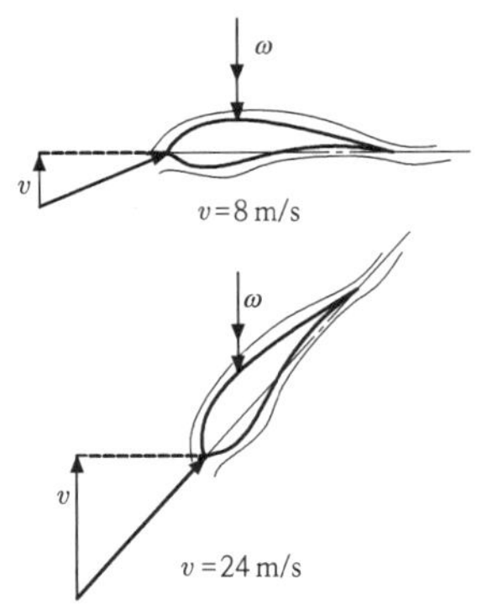

그림 7.3 >>> 가변 피치 제어

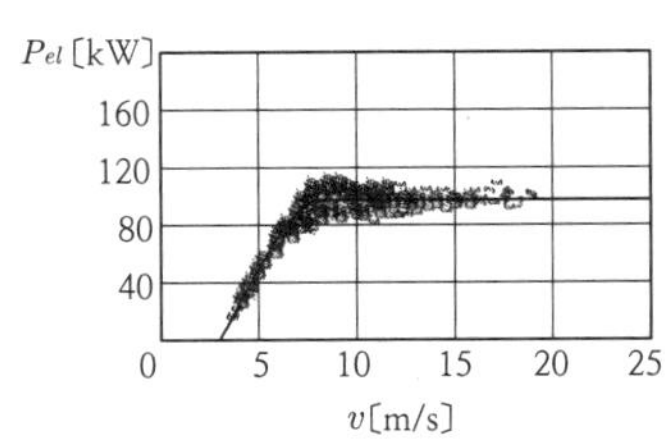

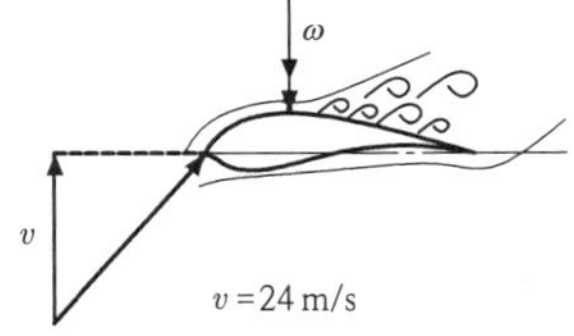

그림 7.4 >>> 스톨(실속) 제어

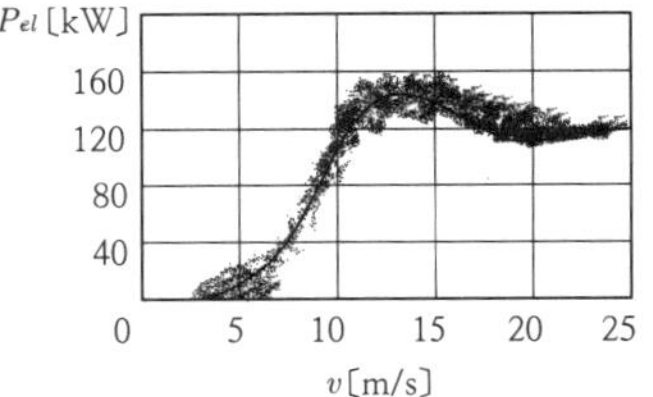

03 요(yaw) 시스템

풍력 터빈을 설계하는 데 있어서 앞서 서술한 풍력의 제어법은 매우
중요하지만, 이와 함께 풍향이 빈번하게 변화하기 때문에 수평축 풍차의

경우에는 풍차 로터를 풍향에 정면으로 마주하게 해서 효율이 높은 바람 에너지를 유도해내기 위한 연구가 필요해진다. 이 방법의 기본적인 선택지는 프리 요(yaw)나 파워 요 중 하나이다.

1 프리 요

프리 요 시스템은 일반적으로 다음의 3가지 방법으로 동작한다.

(1) **팬테일(fantail)** : 이 시스템은 **그림 7.5**와 같이 풍향계 안정용(風見安定用) 팬으로 정확히 작동하지만 소형 풍차에 한정되어 있다.

(2) **테일베인** : 이른바 풍향계 안정판으로 **그림 7.6**에 나타냈지만 이 시스템은 소형 풍차에 가장 많이 이용된다.

(3) **다운 윈드 로터** : 이 방식은 소형부터 대형 풍차까지 넓은 범위에 걸쳐 이용되지만, 앞서 서술한 것처럼 소음, 피로라는 고유의 문제가 있다.

그림 7.5 >>>
팬테일에 의한 방위 제어

그림 7.6 >>>
테일베인(풍향계 안정판)
의 예

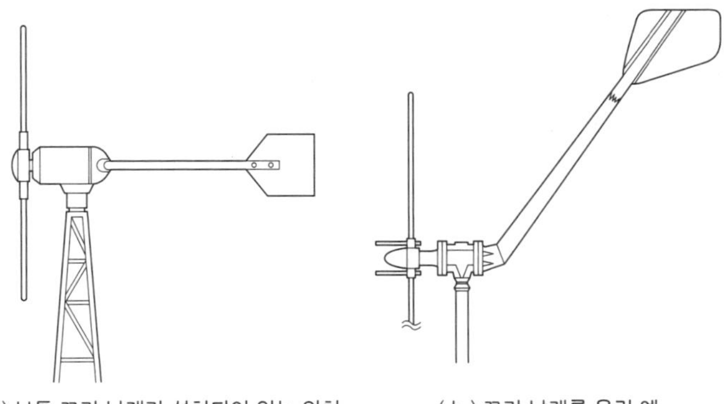

(a) 보통 꼬리 날개가 설치되어 있는 위치　　　(b) 꼬리 날개를 올린 예

2 파워 요

대부분의 요 구동 시스템은 타워 최상부에 있는 기어에 설치된 로터리 액추에이터로 구성되며, 풍향 센서로 로터에 상대적인 풍향을 검지하여 방위 제어를 한다. 이 시스템은 수 kW부터 수 MW급까지 널리 채용되고 있다.

타워로의 하중과 운전 조건

풍력 발전 시스템의 운전 상태와 풍차 로터나 풍차 타워에 가해지는 하중에 대해서 생각해 보면, 일반적으로 폭풍 시의 풍하중을 기초로 가장 불리한 응력을 발생시키는 경우가 많다.

1 정격 운전 시

(1) 풍차가 정격의 발전량을 출력하는 풍속 시이다.

(2) 정격 출력에 대응하는 풍속 이상으로는 피치 제어 또는 스톨 제어로 출력 제어를 한다.

(3) 일반적으로는 풍속 10~14m/s에서 정격이 된다.

2 컷 아웃 시

(1) 위험을 방지하기 위해 로터 회전을 멈추고 발전을 중지하는 풍속 시이다.

(2) 일반적으로 풍속 24~25m/s 정도이다.

3 공진 풍속 시

풍하중의 동적 작용력으로 풍향과 직각 방향에 자려 진동(紫蓼振動)이 발생하는 경우이다.

❹ 폭풍 시

(1) 설계로 생각할 수 있는 최대 풍속이 풍차에 작용하는 경우이다.

(2) 폭풍 시에 풍차는 로터의 회전을 멈추게 하고 발전을 중지하고 있다.

일반적으로 방파제나 기초 등을 설계하는 데 있어서는 지진이 일어났을 때의 하중으로서 풍하중을 고려하는 일은 적지만, 풍차의 경우에는 안전을 생각해 정격 운전 시의 풍속에서의 풍하중을 외력으로 이용하는 것을 원칙으로 한다. 단, 이 풍하중은 기존의 설계에 있어서 지진이 일어났을 때에 풍하중을 고려하지 않은 기초 형식에서는 지진이 일어났을 때의 풍하중을 기초로 작용시키지 않고, 풍차에만 적용시킬 것을 원칙으로 한다.

이 같은 풍하중의 설계에 대해서는 건축 기준법, 크레인 구조 규격 등 토목 건축 관계 기준의 풍하중 계산이 참고가 된다. 그러나 이들 계산법은 대상 물체가 정지하고 있는 것을 전제로 하고 있고, 풍차 운전 시처럼 블레이드가 회전하고 있는 상태에서의 외력의 산정을 상정하고 있지 않다. 또, 풍차에 가해지는 외력을 규정한 일본 기준은 현재까지 없기 때문에 풍차 꼭대기에 작용하는 풍하중은 풍차 메이커의 제시치를 이용하게 된다.

단, 풍차가 정지해 있는 폭풍 시의 경우, 풍압 계수를 적절하게 설정하는 것으로 '건축 기준법 시행령 제3장 제87조'의 기준을 적용하는 것은 가능하다. 또, 국제전기표준회의의 풍력 발전 관련의 기준(IEC TC-88)에서의 풍력 발전의 안전 기준이 JIS화 되어가고 있지만 이 기준은 풍속에 따른 클래스로 분류되어 있고, 기본적으로 일본과 같은 태풍이 없는 유럽 국가들의 풍황을 전제로 하고 있기 때문에 참고할 수는 있지만 설계기준으로 전면적으로 신뢰할 수는 없다. 이 때문에라도 6장에서 설명한 것처럼 일본의 풍황에 적합한 기준을 꼭 제정해야 한다.

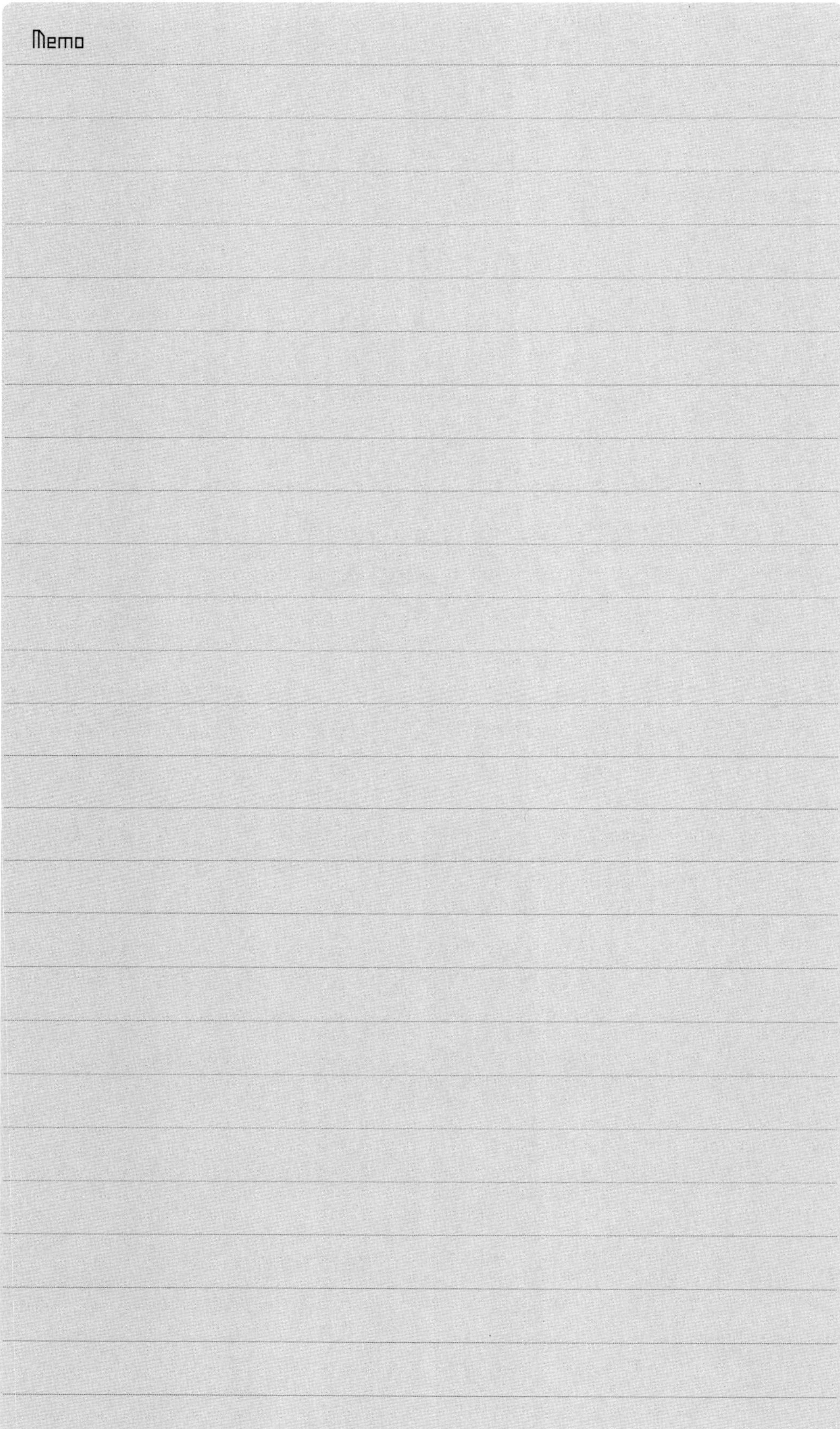

Memo

Memo

풍력 에너지 이용 시스템

01 독립 전원으로서의 소형 풍력 발전

1.1 소형 풍력 발전 도입의 배경

소형 풍차를 이용한 역사는 오래되었고, 미국에서는 1930년대의 제이콥스 풍차나 윈차저 풍차가 잘 알려져 있다. 또, 일본의 야마다 풍차 등도 1945년 후반에는 홋카이도 등의 개척지 등에서 상당수 사용되었다고 한다. 그러나 이들은 매우 한정적으로 이용해왔을 뿐이고, 1970년의 석유 파동을 계기로 유럽과 미국 각국에서 많은 소형 풍차 제조업자가 나타나, 그 수는 전 세계에 100개의 회사가 넘을 정도였다. 그러나 이들 소형 풍차가 산업 레벨로 취급되기 시작해서 30년 이상 경과했음에도 현재의 상업 규모, 성장 속도는 세계적으로 보아도 결코 큰 것이라고 할 수는 없다.

미국 풍력에너지협회(AWEA)의 하부 조직인 '소형 풍력 발전부회(SWTC)'는 2002년 6월에 미국의 소형 풍력 산업 로드맵을 발표하고, 2020년까지의 소형 풍력 발전 분야의 전망을 나타내고 있다. 이 중에서, 미국의 소형 풍력 발전기의 판매 실적은 2001년도에는 13,400대에 불과했지만 2020년에 있어서는 미국의 소비 전력의 3%, 5천만 kW(1kW기 환산으로 5천만 대에 상당)를 소형 풍차에 맡긴다는 장대한 프로그램과 함께 그 실현을 위한 과제도 명시하고 있다.

최근 지구 환경 문제의 현재화(顯在化)에 따라 환경 부하가 작은 발전 시스템으로서 풍력 발전의 도입이 활발해지고, 일본 내의 대규모 풍력 발전의 도입량은 2005년 말에는 100만 kW에 달하고 있다. 대형 풍차는 발전 비용도 화력 발전 등과 견줄 수 있는 단계에 있고, 경제성과 CO_2의 삭감 효과도 매우 유효하다고 할 수 있다.

한편, 출력 수kW 이하의 소형 풍력 발전 시스템의 도입도 성행하고 있어 일본 내에서 이미 5,000대 이상의 소형 풍차가 돌고 있다. 이들 소형 풍차는 가로등이나 무선 중계 기지 또는 야마고야(등산자의 휴게·숙박·피난을 위해 산속에 지어 놓은 산막) 등의 독립 전원으로 또는 도시

부의 공원이나 공공의 건물, 그리고 개인 주택에까지 설치하는 예가 증가하고 있다. 같은 목적으로 이용되는 태양 전지가 정지해 있는 것에 대해 바람을 받아 시원하게 회전하는 풍차는 전원으로서의 실용 목적과 동시에 환경 에너지의 상징으로의 역할이 큰 것이 장점이다.

2004년도 이후, 일본의 환경성에서는 지구 온난화 대책의 일환으로서 20kW 이하의 소규모 풍력 발전 설치에 보조금을 주고 있고, 향후 소형 풍력 발전의 도입이 점점 활발하게 될 것이라 예상된다.

1.2 소형 풍차의 용도와 설치 장소[1,2]

IEC(국제전기표준회의)의 풍력발전기술위원회에서는 2000년 이후 소형 풍차를 수풍 면적 40㎡ 이하부터 200㎡까지 확대하였는데 일본에서도 이를 받아 JIS화를 추진하고 있다. 상한인 수풍 면적 200㎡는 출력에서는 50kW급에 상당하고 **그림 8.1**과 같은 규모의 풍차는 대부분 대형 풍차와 같은 계통 연계 방식이며, 풍차에 관한 전문 지식과 기술을 가진 업자가 기획 단계부터 참가하게 된다. 이에 대해, 독립 전원으로서의 수 kW 이하의 풍차, 특히 1kW 이하의 마이크로 풍차는 풍차에 관한 전문 지식이 없는 일반인들이 대상이 되고, 게다가 시가지에 설치하려는 희망이 많기 때문에 종종 문제가 발생하고 있다.

소형 풍차의 용도는 크게 독립 전원형, 상용 전원 백업 독립 전원, 그리고 상용 전원과의 계통으로 분류된다.

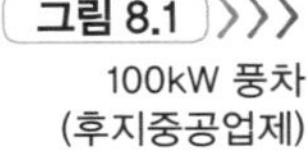

그림 8.1 >>>
100kW 풍차
(후지중공업제)

1 독립 전원형

독립 전원형에는 ① 풍력 발전 단독으로 인한 것과, ② 다른 독립 전원 백업 하이브리드가 있다. 마이크로 풍차의 용도로서 압도적으로 많은 것은 전자이지만 바람이 약한 장소에서는 좋은 결과를 얻을 수 없다. 설령 배터리 용량을 크게 하더라도 발전량이 적으면 축전할 수 없다. 어디까지나 발전량이 기본이 되고, 시스템 전체의 매칭이 중요하다. 사용 예로는 야마고야의 전원, 목장의 전원, 교육용 실험 설비, 개인의 취미 등이다. **그림 8.2**에 공공 시설용, **그림 8.3**에 개인 가정용의 예를 나타냈다. 또, 바람이 약한 시가지 등에 서 있는 풍차는 실용형 풍력 발전이 아닌 심벌이나 기념물이라 할 수 있다.

후자는 풍력과 태양광의 상호 보완 효과를 이용한 것이 많지만 이 하이브리드 전원 시스템이 그 기능을 최대한으로 발휘하는 장소로는 어느 정도 바람이 강할 필요가 있다. 단순히 풍차와 태양 전지를 조합시켜서는 하이브리드 시스템으로서 기능하지 않는 것이다. 하이브리드 시스템에서는 풍차와 태양 전지의 역할 분담의 비율이 중요하다. 사용 예로는 가로등이나 방범등 또는 낙도 등대용 시스템 등을 들 수 있다. **그림 8.4**는 유치원에 설치한 예이고, **그림 8.5**에 하이브리드 외등의 시스템 구성을 나타냈다.

그림 8.2 >>>
공공 시설에 설치한 예
(토부 철도 아시카가시 역 앞)

그림 8.3 >>>
개인 주택에 설치한 예
(방범등으로 사용)

그림 8.4 >>>
유치원에 설치한 예
(풍력+모뉴멘트)

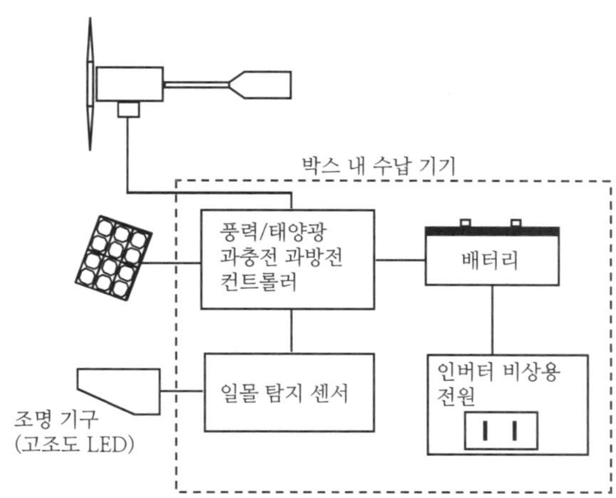

그림 8.5 >>>
하이브리드 가로등
시스템 구성

2 상용 전원 백업 독립 전원

독립형 전원으로는 조명용 용도가 많지만 펌프용 전원으로서의 수요도 많다. 펌프용은 전류를 많이 필요로 하기 때문에 큰 풍차가 아니면 실용적이기 어렵다. 상용 전원이 들어와 있다면 배터리 전압을 상시 감시하고 있는 전압 이하로 되면 상용 전원으로 전환하는 방식이 있다. 경제성은 낮지만 펌프 기능 유지의 의미로는 유효한 시스템이다. **그림 8.6**에서 이와 같은 전원 시스템의 일례를 들었다.

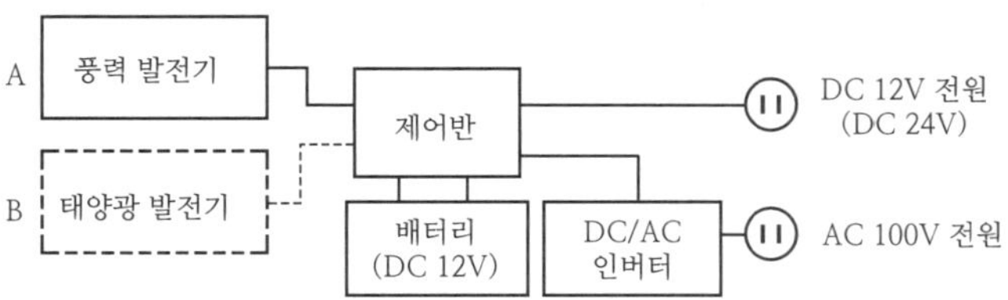

그림 8.6 >>>
솔라 전지 풍력 발전
전원 시스템

3 상용 전원과의 계통 연계

이에는 ① 역조류(逆潮流)가 있고, ② 역조류가 없는 두 가지 방식이 있다. 소형 풍차에서는 계통 연계가 가능하더라도 역조류가 있으면 일반적으로 바람이 강하지 않으면 어렵다. 문제점은 풍속이 일정하지 않기 때문에 풍력 전용의 인버터를 개발하기 어렵고, 필연적으로 태양광 발전 인버터를 사용하지 않으면 안 되기 때문이다. 최근에는 배터리가 없는 소형 풍력 전용 인버터도 개발되고 있기 때문에 향후 어느 정도의 수요를 기대할 수 있다.

1.3 소형 풍차 도입[3]

　마이크로 풍차 도입 시의 주의점을 분명히 한다. 도입 순서는 ① 도입 기획, ② 설계, ③ 설치, ④ 유지 관리가 있지만 가장 중요한 것은 ① 도입 기획 단계이다. 이 때 신중하게 검토하지 않으면 ㉠ 풍차가 돌지 않고, ㉡ 발전되지 않고, ㉢ 시끄럽고, ㉣ 파손되고, ㉤ 경관상 문제가 생긴다. 또, ㉥ 제 역할을 다하지 못하고, ㉦ 메인터넌스가 안 되는 등의 문제가 발생한다.

　다음으로 구체적으로 어떻게 도입을 진행하면 좋을지에 대해서 **그림 8.7**에 도입 프로세스의 일례를 들었다. 먼저, ① 구체적인 용도와 필요한 전력(몇 시간, 몇 와트)을 산정한다. 다음으로 ② 설치 장소의 선정, ③ 연간 최다 풍향의 방향에 바람의 장해가 되는 건물이나 장해물이 없을 것. 도시부의 주택지에서는 다른 집의 거주 공간이 풍차의 그림자로 가려지는 것과 소음에 주의해야 한다. 풍차 타워의 고정을 어떤 방법으로 행할지, 또 보수 등을 위해서 풍차에 다가가는 방법도 검토해야 한다. ④ 경관 장해가 되지 않고 오히려 수경 효과를 가져올 수 있는 배려와 기종 선정이 필요하다.

　위와 같이 해서 설치 장소가 결정되면 다음은 ⑤ 풍차의 기종 선정이다. 이를 위해서는 국내외의 소형 풍차 메이커의 '풍차 카탈로그'를 보고 사양에 있는 ㉠ 정격 출력과 정격 풍속, ㉡ 시동 개시 풍속과 발전 개시 풍속, ㉢ 내풍속(耐風速), ㉣ 로터의 지름·재질·매수, ㉤ 방위 제어, ㉥ 회전수 제어, ㉦ 발전 전압, ㉧ 중량 등의 내용을 제대로 이해해야 한다.

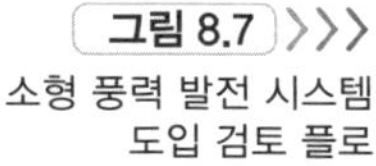

그림 8.7 >>>
소형 풍력 발전 시스템
도입 검토 플로

풍력 발전기 도입을 위해 어떤 것을 검토해야 할지를 생각한다.

어디에 설치하고 싶은가? 그 장소의 지형, 어느 정도의 바람이 있는가?
적용 법규, 준거 규격, 부근의 환경.

기초 디자인에서는 각 단계로 검토를 중첩시킨다.
〈중요〉
마을에서 사용되고 있는 풍차는 안전을 우선시해야 한다.
검토하기 위한 체크 항목
·안전성 : 페일 세이프(fail-safe) 구성인가?
·만일 파손되더라도 안전한 구성인가?
·소음, 진동은 괜찮은가?
·경관상 바람직한 디자인인가?
·메인터넌스 체제는 취하고 있는가?
·예산 확보

풍차의 시스템 설계는 균형 잡힌 매칭 기술이다. 외부로 의뢰하는 경우에는 풍차에 대해서 충분한 지식이 있는 업자에게 의뢰할 것.

발주자. 컨설틴트, 업자가 공통의 가치관을 갖는 것이 중요하다.

풍차는 작은 풍차는 별도로, 소형이라도 단순한 완구와는 달리 속도와 방향이 변하는 자연의 바람에 맡기고, 대기 중으로 방치되어 무인으로 계속해서 상시 운전하는 회전 기구이다. 정지하고 있는 건축물을 설치한다는 것과 설치 도입하려는 마음가짐이 전혀 달라 그 효용은 설치 시에 충분히 음미해 두지 않으면, 용도에 알맞은 출력을 끄집어낼 수 없을 뿐만 아니라 운전상의 안전성도 문제를 일으킬 우려가 있다.

　예를 들면, 마을 조성 시에 풍차를 도입할 경우, 시가지는 바람이 약한 지대이기 때문에 풍차의 도입에 있어서는 대형 풍력 발전기의 도입과는 다른 사고방식이 요구된다. 즉, 마을에서는 실용형 풍력 발전을 기대하기 어렵지만 빌딩풍과 같은 바람 자원도 있고, 그 유효 이용의 가능성에 대해서는 도전할만한 가치가 있다. **그림 8.8**에 그 일례를 들었다.

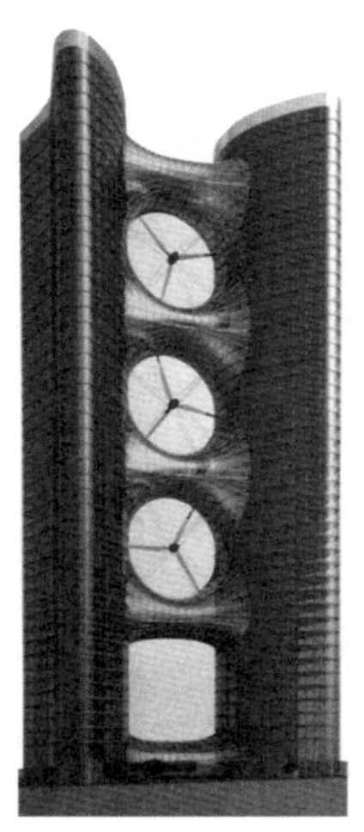

그림 8.8 >>>
빌트인 형식의
빌딩 일체형 풍차

그림 8.9 >>>
소형 풍력 발전기의 기종 선정 수법

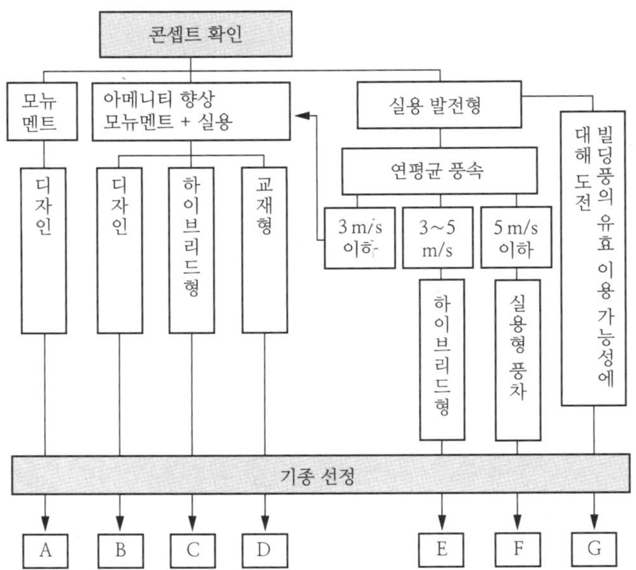

또, 기종 선정을 할 때는 개념을 명확히 한 후 **그림 8.9**에 나타낸 방법으로 (1) 모뉴멘트(기념물), (2) 어메니티(청결함, 쾌적함) 향상, (3) 실용 발전형으로서 이들의 3방향으로 좁혀가는 것이 좋다. 이들을 대응하는 풍차를 **표 8.1**에 나타냈다.

표 8.1 >>>
대표적인 풍차의 기종

종류	수평축형 풍차								수직축형 풍차		
	2개 날개		3개 날개				다익		사보니우스	크로스플로	직선날개
	지름 1.5m 이하	지름 1.5m 이상	지름 1.5m 이하		지름 1.5m 이상		지름 1.5m 이하	지름 1.5m 이상			
			I	II	I	II					
A	※	※		※		※	◎		◎	◎	
B	※	※		※	☆	※	◎	◎	◎	◎	◎
C	※	※	◎	※	◎	※	○	○	◎	◎	◎
D	※	※	◎	※	☆	※	◎	○	◎	◎	◎
E	※	※		※	☆	※	◎	○	○	○	◎
F	※	※	×	※	×	※	×	×	×	×	◎
G	※	※	×	※	×	※	×	×	☆	☆	◎

여기서, ◎ : 적합
○ : 연구를 필요로 하지만 적합
× : 저회전형이므로 부적합
※ : 마을에서는 부적합 하지만 가옥이 없는 강풍 장소에서는 적합
☆ : 향후의 과제
I : 날개 길이가 넓음
II : 날개 길이가 좁음

1.4 국내외(일본)의 시판된 소형 풍력 발전기[4]

배터리 충전식인 소형 풍력 발전기는 거의 100년의 역사를 가지고 있지만, 특히 1980년대 이후 산업의 한 분야로서 착실하게 성장하고 있다. 1980년대 중기에 연간 누적 생산수가 38,000대(380만 달러) 정도였던 세계의 소형 풍력 발전기의 시장은 1997년에는 2,400만 달러 규모로 성장하고, 최근 5년간에는 35% 정도의 성장률을 거두었다.

해외의 주요 메이커는 미국의 Bergey Windpower Co., Atlantic Orient Co., Southwest Windpower, 영국의 Ampair, Gazelle Wind Turbines Ltd., Marlec Engineering Co., Proven Engineering Products, 프랑스의 Vergnet, 오스트레일리아의 Westwind, 핀란드의 Windside, Shield, 스페인의 J. Bornay, 네덜란드의 Fortis 등이 있으며, 이들 대부분은 일본에 수입되고 있다. 또, 일본에서도 10사(社) 정도의 메이커나 10사 이상의 딜러가 있고, 이들의 자세한 내용은 일본 풍력에너지협회의 '풍력 에너지'에 게재되어 있으므로 참고하길 바란다. [4]

1.5 소형 풍차의 과제[5]

향후 소형 풍차를 보급하기 위해서는 몇 가지의 과제를 극복해야 할 필요가 있다. 이는 크게 경제성, 기술 혁신, 안전성, 설치와 보수로 나눌 수 있다. 다음에서 각각에 대해 상세하게 검토해 보자.

1 경제성

일반적으로 재생 가능 에너지는 현재 화석 연료에 비해 비용이 높지만 이 차이를 메우기 위한 정부의 원조가 있다. 태양광 발전에 대해서는 일본 정부의 보조 제도가 공을 세웠고, 그 산업화와 도입 보급에 큰 영향을 끼쳤다. 소형 풍력의 경우에는 아직 본격적인 제도가 존재하지 않는다. 그러나 여기에서 인식해야 할 것은 풍력은 태양광 정도로 공평한 자원 분배가 없다는 것이다. 태양광은 일반적인 주택지에서도 지붕 위에 태양 전지를 덮어씌우면 발전 가능하지만 풍력은 주택지에서는 약하고, 바람이 부는 곳과 불지 않는 곳에서는 발전 비용이 크게 달라지기 때문에 경제성 추구가 곤란하다고 할 수 있다.

만약, 발전에 적절한 6~7m/s 정도의 바람이 계절에 관계없이 불면, 로터 지름 1m 정도의 풍차라도 3.5kWh/일 이상의 발전량을 얻을 수 있다. 이 경우에는 세트 가격 30만 엔 정도의 장치를 설치해서 24엔/kWh의 매전 가격으로는 10년 정도로 상각할 수 있게 되며, 따라서 현재의 태양광 발전보다 유리해진다. AWEA의 보고에서는 소형 풍력 발전기의 비용을 현재의 3,500달러/kW를 2020년에는 1,200~1,800달러까지 낮춰야 한다고 하고 있다. 또, 그 발전량은 일반 가정에 있어서 연간 1,200~1,800kWh(1일당 3.3~5kWh)로 증가한다고 예측하고 있다.

한편, 제품의 비용에 대해서는 풍차 본체의 비용, 타워, 주변 기기의 비용 등을 총합적으로 균형 있게 낮출 필요가 있다. 이를 위해서는 풍차 본체의 중량이 경량일수록 유리해진다.

■2 기술 혁신

소형 풍차를 보급하기 위해서는 앞서 설명한 경제성, 비용 절감을 가능하게 할 기술 혁신이 필요하다. 민생용 전자 기기의 성능과 기능이 비약적으로 향상하고, 비용은 날이 갈수록 낮아지고 있는 것은 그 신기술 개발이 끊임없이 진행되고 있기 때문이다. 따라서 소형 풍차에 있어서도 유체 역학, 일렉트로닉스, 디지털 기술, 제어 기술, 신소재 등의 조합에 의해 향후 단기간에 있어서 큰 비약을 기대할 수 있다. 주요 포인트를 예로 들어 보면,

[1] 발전 효율

풍력 발전기의 효율 향상은 풍차에 대해서는 기본적으로는 고주속비의 풍차 채용이지만, 이는 안전성, 소음, 진동의 과제와는 상반되게 된다. 그러나 이들 과제는 앞서 서술한 소형 풍차에 관련된 기술 혁신으로 기술적으로 해결할 수 있다고 할 수 있다. 또, 저풍속역에서의 효율 향상은 적정한 양항비와 저회전 시의 발전기의 특성 향상 등, 블레이드의 공력 특성과 발전기의 특성 조정이 중요한 과제가 된다.

[2] 정숙성

소형 풍차의 경우에도 대형 풍차와 마찬가지로 풍차 블레이드가 발생시키는 공력 소음이 종종 문제가 된다. 특히 소형 풍차는 시가지에 설치된 것이 많기 때문에 낮에는 주위의 암소음으로 신경 쓰이지 않았던 풍

차의 소음이 야간에는 불만의 원인이 되어 운전을 정지하거나 회전수를 억제시켜야 하는 사례도 있다.

이에 대해서는 블레이드의 평면 형상을 연구하거나 올빼미 등이 소리를 발생시키지 않고 사냥감에 달려드는 비행 상태의 날개의 거동에서 힌트를 얻어, 블레이드 표면을 처리하는 것으로 크게 소음을 감소시킨 사례도 있다.

[3] 제어 기술

소형 풍차도 대형 풍차와 마찬가지로 사용 조건이나 자연 환경의 변화에 대해서 풍차를 적정하게 컨트롤하는 기술이 꼭 필요하다. 그 대표적인 기술이 제동(브레이크)이다. 브레이크에는 전기적인 브레이크와 기계적인 브레이크가 있으며 소형 풍차에는 이들의 편방 또는 양방이 갖추어져 있을 필요가 있다. 그러나 적정한 설계가 되어 있지 않은 풍차에서는 전기(회생) 브레이크가 듣지 않는 경우가 있으므로 주의해야 한다.

[4] 내구성과 신뢰성

대형 풍차는 일반적으로 설계 수명을 20년으로 하는 경우가 많지만, 소형 풍차의 경우에도 내구성은 중요하며 설치 상황이나 이용 형태에도 따르지만 10년 내지 15년 정도로 한다. 금속 피로나 연안부에서의 염해로 인한 전식(電食) 등 설치 장소에 따라 제품 수명이 크게 달라진다. 최악의 조건을 기준으로 해서 과잉 설계를 하면 비용이 높아지기 때문에 제조업자의 제품 개발 개념이 중요하다.

■3 안전성

소형 풍차는 대형 풍차와 달리 특정 부지에 설치되는 것이 아니라 어디든지 설치할 수 있는 편리성이 특징이며, 대형 풍차는 전기 주임 기술자 등 자격을 가진 전문가가 취급하는 데 비해, 소형 풍차는 전문 지식을 가지지 않은 이른바 문외한도 다룰 수 있다는 것이 큰 차이라 할 수 있다.

소형 풍차의 사고 원인을 크게 나누면 정상적인 사용 상태에서 일어나는 기기의 장해로 인한 사고, 예측 이상의 가혹한 자연 조건으로 일어나는 장해로 인한 사고, 기기의 설계, 제조 실수로 일어나는 사고, 사용자의 부주의로 일어나는 사고 등을 들 수 있다. 어느 경우에도 사람에게 위해를 끼치는 사고는 절대 일어나지 않도록 신경 써야 한다.

소형 풍차를 제조하는 기업은 중소기업이 많고, 대형 풍차를 제조하는 대기업과는 달리 설계, 제조 현장의 기술 수준도 천차만별이지만 JIS 기준 등에 있는 소형 풍차의 안전 기준에 준거하여 안심할 수 있는 제품을 제공할 것을 요구한다.

4 설치와 보수

소형 풍차의 보급을 촉진하기 위해서는 설치 비용 등 부수적으로 발생하는 이른바 부가 비용이 전체의 비용을 올리지 않도록 주의해야 한다. 예를 들면, 풍력 발전의 효율을 올리려 한다면 타워를 높게 하는 쪽이 유리하지만 경제성과 안전성은 역비례하게 된다. 따라서 소형 풍차의 공급업자는 설치용 타워도 동시에 취급하여 안전성 확보와 비용 절감을 동시에 해결해야 한다.

또, 기기를 보수 점검하는 것은 매우 중요하지만 전문 지식이 없는 일반인이 취급한다면 기기의 설계는 가능한 한 메인터넌스 프리로 운용하는 것이 바람직하다. 그러나 이음(異音)의 발생이나 진동 등 사용자가 간단하게 발견할 수 있는 최저 한도의 매뉴얼을 준비할 필요가 있고, 이상 현상을 인터넷을 통해 서비스 센터로 통보할 수 있는 시스템을 설치해야 한다. 향후에는 소형 풍차의 보급이 더욱 촉진될 것이라 예상되기 때문에 공급자는 세계적인 네트워크에서 장벽을 제거하고, 글로벌화를 진행할 필요가 있다.

1.6 소형 풍차의 향후의 동향

대형 풍차는 기존의 바람이 강한 평탄한 곳에서 산악 구릉지로, 낙도로, 해상으로 그 설치 장소를 확대해가고 있고, '풍차는 바람을 찾아 어디든지'라는 상황으로 이행하고 있다. 따라서 소형 풍차도 스케일 메리트가 중요한 해상 풍력 이외의 산악 구릉지로, 낙도용으로, 시가지의 환경 공생을 의식한 건물과 일체화한 풍차 시스템 등도 생각할 수 있다. 또, 환경 교육이나 에너지 교육의 일환으로서 상징성을 가지는 기념물 풍차 등도 크게 발전할 것이라 생각된다.

향후의 도입을 기대할 수 있는 분야로 구체적으로는 다음의 것을 생각할 수 있다.

· 일반 가정의 취미와 실익

· 야마고야 등 무전원 지역에서의 생활 전원

· 비상용 전원 설비 등의 보안 시설

· 학교 등의 환경 교육

· 낙도, 피지에서의 전원

· 지진계 등 무인 관측소에서의 전원

· 가로등

· 무선 중계소

· 빌딩 등의 옥상 녹화의 전원

· 수질 정화 장치의 전원

· 캠프 지역의 휴대 전원

· 재해 시의 라이프 스팟으로서의 독립 전원

이 밖에도 그 이용 범위는 기기의 비용, 신뢰성 향상으로 더욱 확대
될 것이다.

풍력 발전의 계통 연계 시스템[6]

현재, 대규모 풍력 발전 시스템은 모두 전력 계통에 접속되어, 이른바
계통 연계 운전을 실시하고 있다. 그러나 기상 조건에 좌우되는 자연 에
너지의 결점으로 풍력 발전의 출력은 크게 변동하기 때문에, 계통 용량
의 어느 정도의 도입량을 허용할 수 있을지가 중요한 문제이다.

2.1 전력 계통의 구성

일반적으로 멀리 떨어진 발전소에서 대도시의 수요지까지 전기를 보내
는 전력 계통의 시스템 구성은 다음의 두 종류로 크게 나뉜다.

❶ 방사상, 수지상(樹枝狀) 또는 빗형(櫛形) 계통

전기가 위에서 아래로 확대되면서 일방통행으로 흐르는 **그림 8.10(a)** 와 같은 방식으로 방사상, 수지상, 혹은 빗형이라 한다. 먼 곳의 발전소와 대도시의 수요지를 개별의 고압 송전선으로 엮고, 수요가에 맞춰 송전선을 건설하고, 나뭇가지처럼 뻗어나가는 자연 발생적인 방식이다. 이 방식은 전기의 흐름이 단순하고 관리하기 쉬우며, 어느 계통에서 사고가 일어난 경우에는 그 계통을 분리하기만 하면 사고는 다른 계통으로는 파급되지 않는다. 그러나 발전소와 수요지가 먼 경우에는 계통의 연결이 약하고, 대전력의 송전에는 적합하지 않다. 또한 사고에 대한 용장도(冗長度)도 낮고, 대전력 시스템에는 적합하지 않다.

일본의 전력 계통은 기본적으로 이 방식이고, 말단으로 갈수록 계통은 약해진다. 그러나 바람이 강한 풍력 발전에 적합한 지역은 인구가 적거나 거주지가 아니기 때문에 전력 계통이 약하거나 존재하지 않는 경우도 많다. 이 때문에 풍력 발전으로 발생한 출력 전력의 전력 계통으로의 연계가 큰 과제로 남는다.

그림 8.10 >>>
전력 계통도

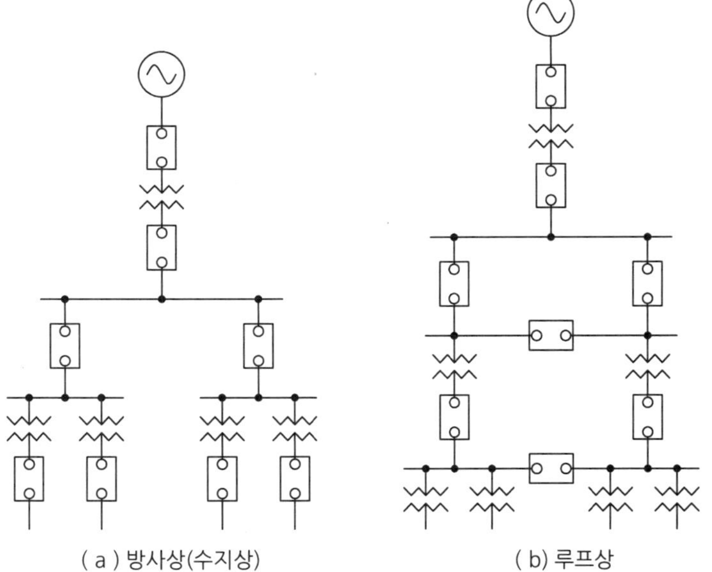

❷ 루프상 계통

발전소와 수요지를 엮는 송전선 혹은 수요지측의 송전선에 복수의 루트를 설치하여 바이패스 루트를 사용한 **그림 8.10(b)**와 같은 방식이다. 전기는 매우 많은 루트를 통해 수요지까지 가게 되며 전력 계통의 안정도, 신뢰성이 비약적으로 향상된다. 그러나 전기가 흐르는 루트는 지정할 수 없으므로 조류(전기의 흐름)가 복잡해지고, 계통 제어가 점점 복잡해지는 결점도 가지고 있다.

유럽의 여러 나라들의 전력 계통은 기본적으로 이 방식이고, 강력한 루프상 전력 네트워크로 연결되어져 있기 때문에 풍력 발전으로 발생한 전력도 비교적 간단하게 전력 계통에 접속할 수 있는 데다가 주파수 변동도 작다. 게다가 전력 회사가 연계선의 비용 부담을 하는 점도 있어 풍력 발전을 쉽게 도입하고 있다.

2.2 일본의 전력 계통의 구성

일본의 전력 시스템은 50Hz와 60Hz가 공존하고, 게다가 10개의 전력 회사가 독점적으로 운용하고 있지만 오키나와를 제외한 전 국토, 전 전력 회사의 기간 계통이 연계되어 있어, 매우 크고 신뢰도 높은 전력 시스템이 완성되어가고 있다. 또, 일본의 전력 시스템의 완성도를 나타내는 지표로서 정전 시간이 짧다는 것인데 연간 정전 시간이 미국 122분, 영국 80분, 프랑스 69분인데 비해 일본은 불과 6분이라는 경이적인 수치를 보이고 있다.[1]

또, 일본 전체의 전력 계통은 **그림 8.11**과 같이 지리적인 조건부터 전력 회사가 종렬(縱列)하는 '빗형 계통'이라 하는 계통을 형성하고 있다. 각각의 전력 회사 간 연계선에 대전류를 흐르게 하면 장거리 송전이 되며 안정도에 문제가 쉽게 발생한다.

또, 가까운 장래에 일본의 총 인구는 감소하기 시작하여 사회가 성숙 상태가 될 것으로 예상된다. 이에 따라 전력 수요도 2030~2050년에는 포화하고, 피크 전력 2.5억 kW, 발전 전력량 1.3조 kWh/년 정도로 더 진전할 가망성이 없는 한계가 될 것이라고 예상된다. 이 경우에 적당한 전원 설비는 3억 kW 정도(현재는 2억 kW)라 예상된다.

그에 어울리는 전원 구성은 공급 비용 제어, 연료 보안 확보, 지구 온난화에 대한 대응 등의 균형에 맞게 결정된다.

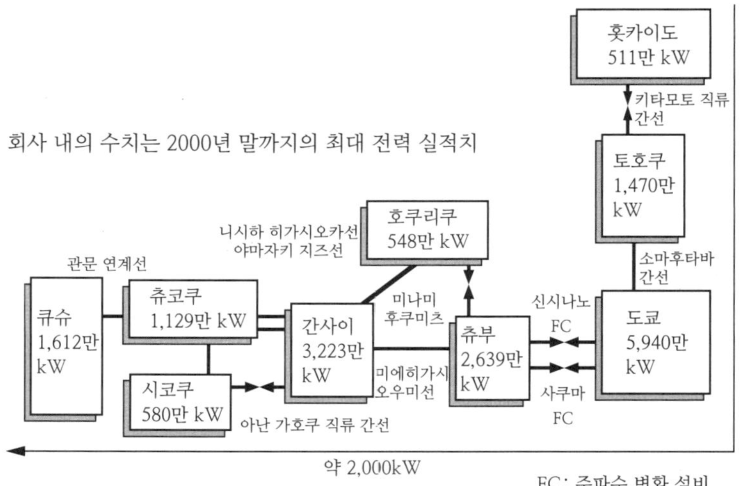

2.3 풍력 발전의 계통 연계[7]

풍력 발전으로 발생한 전력을 전력 계통에 접속할 경우, 일반적으로 전압이 높은 전선일수록 대용량의 전기를 받아들일 수 있다. 전선로는 전압에 따라 저압(100/200V), 고압(6,600V), 특고압(22,000V)으로 구분하고 있지만 원칙적으로 풍력 발전소의 출력이 2,000kW 이상인 경우에는 22,000V 이상의 특고압 전선로(송전선이 주)에, 그 미만의 경우에는 6,600V의 고압 배전선에 연계하게 되어 있다. 그러나 송전선이라면 무제한으로 연계될 수 있는 것은 아니라 전력 계통의 규모나 상황에 따라 주파수 변동이나 전압 변동의 문제가 있어, 그에 연계하려 하는 풍차의 규모에 제한을 둘 수밖에 없다.

풍력 발전용 발전기는 앞서 서술한 것처럼 교류 발전기의 형태로서, 유도 발전기와 동기 발전기 두 종류를 사용하고 있다. 전자는 출력 변동의 문제는 있지만 구조가 간단하고, 저가이기 때문에 널리 사용되고 있으며, 후자는 전압 제어가 가능하기 때문에 계통에 미치는 영향이 작은 데다가 독립 운전도 가능하다는 이점이 있지만 고가라는 것이 결점이다.

이들 교류 발전기의 출력을 계통으로 연계할 경우, **그림 8.12**와 같이 기본적으로는 변압기만을 끼워서 직접 전력 계통에 접속하는 AC 링크 방식과 발전기의 교류 출력을 일단 직류로 변환하는 컨버터와 또, 계통과 같은 주파수 교류에 변환하는 인버터 등으로 구성되는 전력 변환 장치를 이용하는 DC 링크 방식이 있다. AC 링크 방식은 출력 변동이 전력 계통에 직접 영향을 주기 때문에 소프트 스타트 방식을 채용하거나 계통에 따라서는 전압 조정기를 필요로 하는 경우가 있다. 또, 발전기의 주파수가 계통 주파수의 관계로부터 일정하기 때문에 로터 회전수도 일정하게 회전하게 된다.

한편, DC 링크 방식은 발전기의 교류 출력을 일단 직류로 변환하고, 더욱이 계통과 같은 주파수의 교류로 변환하는 것으로, 비용 증가는 되지만 풍력 발전 시스템 고유의 문제인 출력 변동과 상관없이 품질 좋은 전력으로 계통에 연계하는 방법이며, 가변속 운전 시스템에서 주로 이용한다. 이 가변속 운전이란 바람의 세기에 맞게 로터의 회전 속도를 변화시키는 운전법이고, 블레이드나 주축으로의 하중이 경감되어 구조 설계가 용이해지고, 증속기를 사용하지 않는 경우가 많은 점으로부터 경량화를 도모할 수 있다.

그림 8.12 >>>
계통 연계 풍력 발전기에서의
전기 설비의 주요 구성

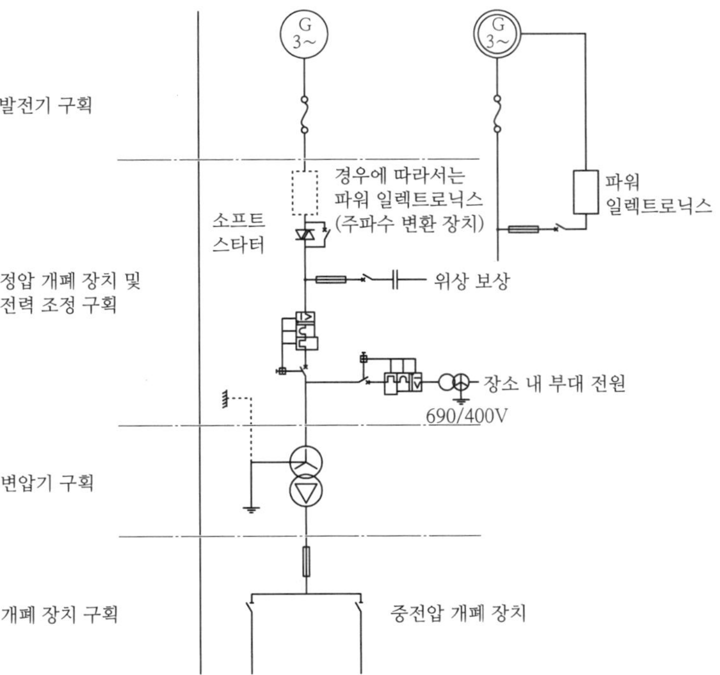

일반적으로 풍력은 저장할 수 없기 때문에 생산량과 소비량이 항상 같아야 할 필요가 있고, 이것이 불가능하다면 주파수가 변동하게 된다. 전력 계통 내의 모든 발전기는 동기 운전을 시행하고 있고, 계통 내의 총 수요가 총 발전량을 상회하면 주파수는 저하하고, 역으로 하회하면 주파수는 상승하게 된다. 즉, 다음과 같은 식이 유지되지 않으면 주파수 변화가 일어난다.

$$P_G = P_L + P_{\text{loss}}$$

여기서, P_G: 계통 내의 발전 전력(유효 전력), P_L: 수요 전력(유효 전력), P_{loss}: 송전 손실이다.

실제로는 어느 지역에서 불균형이 발생하면 각 지역에서 전력이나 주파수가 진동하면서 새로운 평균점에 도달한다. 낙도 등의 닫힌 전력 계통에서는 전력 수요가 감소하는 심야의 경부하 시에 풍력 발전 전력이 증대하면 주파수가 상승하는 경우가 생긴다. 이때에는 운전 중인 화력 발전소의 출력을 얻어 내는 것과 동시에 풍력 발전기의 운전을 정지시킬 필요가 생긴다. 이 주파수의 편차가 0.2Hz를 넘으면 수요가측에 문제가 발생하며, 수 %의 주파수 변동이 생기면 발전기측에서 터빈 날개나 발전기 축이 비틀어지는 것을 막기 위해 발전기를 정지시켜야 한다.

일본은 유럽의 여러 나라와 같이 타국과의 연계가 없기 때문에 계통 용량이 적고 주파수는 변동되기 쉬운 것이 특징이다. 또, 미국 텍사스 주나 캘리포니아 주 등은 일본의 규모에 가깝지만 수요 변동이 일본 정도로 크지 않은 점과, 미국에서는 화력 발전이 많아 조정하기 쉬운 점도 있어서 일본 정도의 주파수 변동은 생기지 않는다.

이에 대해 전력 계통에 있어서 주파수를 유지하기 위해서는 화력 발전의 발전력을 수요 변동의 변화 속도에 맞게 따르는 것을 기본으로 하여 다음과 같은 제어가 행해지고 있다.

· 단주기(수 분 이내) 성분 → 발전기의 조속기(거버너) 프리 운전

· 중주기(수 분~수십 분) 성분 → 자동 주파수 제어(LFC)

· 장주기(수십 분 이상) 성분 → 운전 기준 출력 제어(EDC)

여기에서 가버너 · 프리는 LFC에서는 추종할 수 없는 부하 변동(수 초에서 수 분 정도의 주기)과 수급 미스 매치에 대한 대응, LFC는 수요 예측이 곤란한 부하 변동(수 분에서 수십 분 정도의 주기)이나 수급 미스 매치로의 대응, 그리고 EDC는 비교적 장기간의 부하 변동(수십 분에서 수 시간 정도의 주기)에 대응하는 것으로 특히 EDC는 수요 예측에 맞춰서 선행적으로 제어를 하게 된다.

또, 전력 각 사(社)는 자사의 계통 내에서 발생하는 부하 변동을 각각의 계통 내에서 처리하는 것을 전제로 각 사 계통에 있어서 고유의 부하 변동의 실태에 맞게 필요한 조정 능력을 조정 용량과 조정 속도의 양면에서 확보하고 있다. LFC 조정 용량으로는 총 수요의 약 ±1~2% 정도(도쿄 전력의 경우)를 확보하고 있지만 원자력 등의 출력 고정 전원의 비율이 증가하여 조정할 수 있는 전원이 감소하는 경부하 시 정도, 필요량을 확보하기 어려워진다.

이와 같이 풍력 발전의 계통 연계에 대해서는 출력 변동에 기인하는 과제, 특히 주파수 문제가 존재하기 때문에 전력 계통에 미치는 영향을 평가하면서 도입을 도모할 필요가 있다.

여기에서 풍력 발전 출력의 연계 시의 계통 주파수의 변동을 ΔF라 하면, 전원으로 인한 조정분 ΔG, 수요 변동 ΔL, 혹은 풍력의 출력 변동 ΔL_W와의 사이에 다음과 같은 관계가 있다.[8]

$$\Delta F = \frac{1}{K}(\Delta G - (\Delta L + \Delta L_W))$$

여기서, ΔF : 계통의 주파수 변동, K : 계통마다의 정수(계통 정수), ΔG : 전원으로 인한 조정분, ΔL : 수요 변동, ΔL_W : 풍력의 출력 변동이다.

이리하여 풍력의 출력 변동이 어느 정도 이상으로 커지는 경우, 보다 많은 조정 능력을 준비하지 않으면 주파수를 현상 정도로 유지할 수 없게 된다. 따라서 현상의 전력 품질을 유지하면서 주파수면에서 본 풍력의 도입량을 증가시키기 위해서는 다음의 두 가지 대책을 생각할 수 있다.

· 계통측의 조정 능력을 확대함 : 전원으로 인한 조정분 ΔG의 변화 폭을 크게 한다. 즉, LFC 조정 용량의 확대 · 조정용 전원의 증설 등을 도모한다.

· 풍력의 출력 변동을 억제함 : 풍력의 출력 변동 ΔL_W의 변화 폭을 작게 한다. 이에는 축전지로 인한 출력 평활화(平滑化) 등을 생각할 수 있다.

그러나 이들 대책에 필요한 비용적인 문제를 검토해야 할 필요가 있다. 이 외에도 풍력 발전 사업자와 전력 회사와의 사이의 협조에 따라 전력 수요가 적은 연말연시나 5월의 대형 연휴 등의 계통측의 조정 능력을 확보하기 어려운 시기에 풍력 발전측에서는 보수 점검이나 수리를 하도록 하여, 전력 계통과의 해열(解列)을 행하는 것으로 풍력의 도입량을 증가시키는 것을 생각할 수 있다.

일본에서는 특히 홋카이도, 북동 지역에 풍황의 혜택을 받는 부지가 많아 이들 전력관 내에 풍력 발전이 집중되는 경향이 강하다. 또, 큐슈 지역에서도 연계량이 증가하고 있고, 풍력의 출력 변동 실적 데이터 등의 취득과 그 평가를 토대로 검토할 필요가 있다. 이와 같은 풍력 발전의 출력 예측 방법이 확립되면 수 시간 후의 발전량 예측이 가능해져 이는 EDC에 반영할 수 있다. 게다가 수 분에서 수십 분 후의 발전량을 예측할 수 있다면 LFC 조정량을 절약할 수 있게 된다. 그 결과로 풍력 발전의 연계 가능량이 증가하게 되는 것이다.

03 풍력의 기계력 이용 시스템[9]

3.1 풍력 양수 시스템

풍력 발전 이전의 풍력 이용은 양수와 제분이 2대 이용법이었다. 특히 네덜란드의 양수(배수)는 잘 알려져 있고, 해면보다 낮은 간척지의 물을 펌프로 배수해 왔기 때문에 '네덜란드의 토지는 풍차가 만든다'고 할 정도이다. 현재에도 풍력에 따른 양수의 예는 많고 미국에서는 15만 대 정도의 풍력 양수 펌프가 사용되고 있다. 한편, 풍력으로 제분을 하고 있는 곳은 거의 없다. 그래서 이 절에서는 풍력의 기계력 이용 시스템으로서 풍력 양수 펌프 시스템에 대해서 설명하도록 한다.

유럽의 여러 나라에서 풍력 에너지를 양수로 이용한 것은 14세기까지 거슬러 올라간다. 경제적으로도 중요한 역사적인 예로서는 네덜란드 연안부의 저습지의 배수용, 크레타 섬의 라시치 분지의 감자밭의 관개용, 미국 중서부의 목장의 양수 펌프 등이 있다. 오늘날 선진 공업국에서는 양수용 풍력 이용은 아주 조금 보일 뿐이다. 그러나 오늘날에도 많은 전력 공급을 행하고 있지 않는 개발도상국에서는 급수를 위한 경제적이고 친환경적인 방법의 하나로 풍력 에너지를 이용하고 있다.

풍력 에너지를 풍력 펌프 시스템으로 수력 에너지로 변환하는 경우에는 풍력 터빈, 기어 박스 및 펌프로 구성되는 풍력 양수 펌프와 풍력 펌프와 수력 플랜트를 조합시킨 풍력 양수 시스템이 있다. 풍력 에너지의 통계적인 입력량은 손실을 동반하고 수력 에너지로 변환된다. 일반적으로 과회전 제어 기구를 갖추지 않은 기계적 구동 시스템에서는 제어 기구 없이 작동하기 때문에 풍속의 변화는 양수량에 직접적인 변화를 일으키게 된다. 또, 우물의 수위가 변화할 것 같은 양수 조건의 변화는 에너지 변환 효율에 영향을 끼치게 된다. **그림 8.13**은 풍력 터빈과 펌프를 기계적으로 결합하는 풍력 양수 펌프 시스템의 기본적인 설계를 나타내고 있다.

그림 8.13 >>>
풍력 양수 펌프 시스템

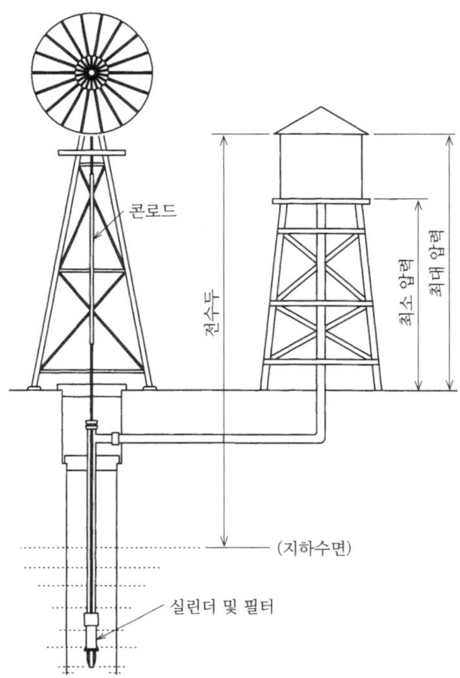

오늘날에는 풍력 펌프를 응용한 예가 선진국보다도 주로 개발도상국에서 발견된다. 그 용도는 다음의 4가지의 응용으로 분류된다.

· 음료수의 공급

· 가축을 위한 급수

· 관개

· 배수

개발도상국에서의 풍차 펌프의 운전은 음료수의 공급과 가축의 급수에 이용되고 있다. 최근의 관개를 위해 풍차 펌프를 사용하는 것은 그 응용이 복잡하기 때문에 반드시 모두 성공하고 있다고는 할 수 없다. 그러나 관개나 배수를 위해 풍차 펌프를 이용하는 것은 개발도상국의 농업에 있어서 큰 가능성을 가지고 있다.

풍력 에너지를 수력 에너지로 변환하기 위해서는 물을 축적해 둘 장소가 중요하다. 물을 이용하는 형태에 따라 지하수나 지표수 중 하나를 사용한다. 수력 파워에 대해서는 다음의 관계식이 이용된다.

$$P_{\text{hydr}} = \rho_w gQH \qquad\qquad\qquad\qquad (8.1)$$

여기서, ρ_w : 물의 밀도, g: 중력으로 인한 중력 가속도, Q : 양수량, 그리고 H : 전수두(全水頭)이다. 이 식 8.1로 큰 양수량이고 낮은 양정(揚程 ; 펌프에서 물을 퍼 올리는 높이)인 경우와 적은 양수량이고 높은 양정인 경우에는 양수의 힘은 같아진다. 그 결과, 양수의 조건으로 다음의 3가지 범위로 분류할 수 있다.

· 양정 20m 이상의 깊은 우물에서 소량의 양수를 한다.

· 양정 5m 내지 20m의 우물에서 중간 정도의 양수를 한다.

· 양정 5m 이하의 얕은 우물에서 대량의 양수를 한다.

이들 양수의 조건이 어떻게 위와 같은 4가지의 펌프의 응용으로 이루어지는지의 조합을 **그림 8.14**에 나타냈다. 이 조합에 대한 정량적인 수치를 풍력 터빈의 지름이 5m인 경우에 대해서 통상의 사이즈의 풍력 양수 시스템에 대해서 구하면 **그림 8.15**와 같이 된다.

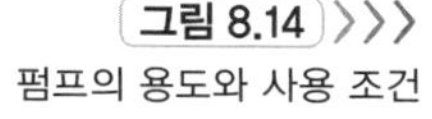

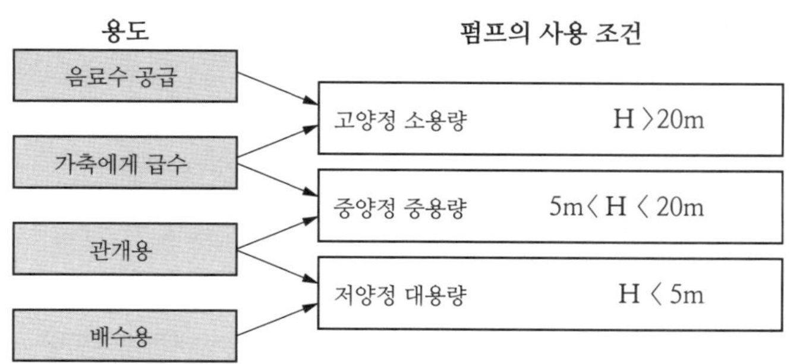

그림 8.14 ▷▷▷ 펌프의 용도와 사용 조건

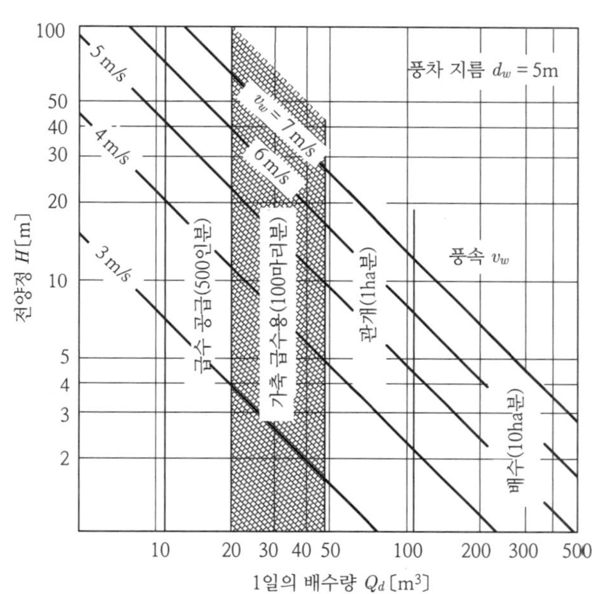

그림 8.15 ▷▷▷ 1일당 양수량 (8시간 운전한 경우)

이 그림은 일정 풍속 V 로 1일 8시간의 운전이 이루어진다고 가정했을 경우에 수두 H 로써 하루당 양수량 Q_d 가 어느 정도로 될 것인지를 나타내고 있다. 또, 이 그림은 여러 응용의 범위에 사용할 수 있다. 예를 들면, 풍속 v = 4m/s이고, 양정 H = 3m인 경우에는 하루당 약 70㎥의 양수량을 얻을 수 있어, 1ha(10,000㎡)의 밭의 관개가 가능해진다.

3.2 풍력 양수 펌프의 타입

일반적으로 펌프의 정의는 '퍼 올린 물 등의 매체의 압력, 속도 또는 높이의 레벨을 증대해서 유체의 에너지 레벨을 증대하는 기계'라는 것이다. 단위 시간당 에너지 입력, 즉 유체 파워 P_{hydr}는 질량 유량 m과 단위 유량당의 양수 작업 Y와의 곱이 된다.

$$P_{\text{hydr}} = mY = \rho_w QY \quad\cdots\cdots\cdots\cdots\cdots\cdots \text{(8.2)}$$

단위 유량당의 양수 작업과 양수량은 **그림 8.16**에 나타난 것처럼 조합의 장치로 측정할 수 있다. 펌프의 전방과 후방에 설치한 마노미터로 정압 P_s과 P_d를 측정할 수 있는데, 흡입측에서는 유속 v_s, 유출측에서는 v_d가 측정된다.

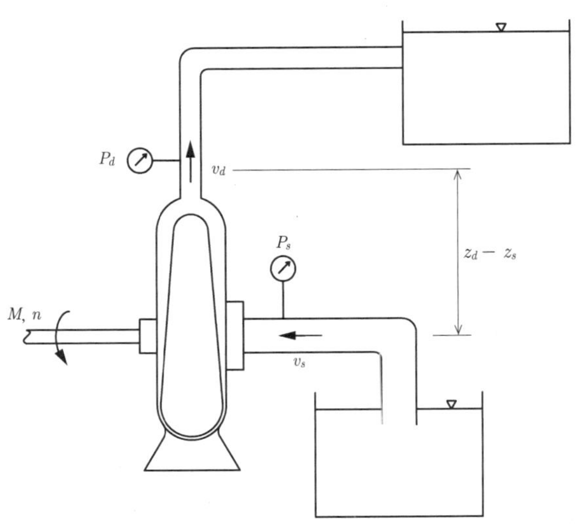

단위 중량당 작업 Y는 베르누이의 정리에 의해 펌프의 흡입측과 유출측의 에너지의 차부터 구할 수 있다.

$$Y = \left(g(z_d - z_s) + \frac{P_d - P_s}{\rho_w} + \frac{1}{2}(v_d^{\,2} - v_s^{\,2}) \right) \quad\cdots\cdots\cdots\cdots \text{(8.3)}$$

일반적으로 높이 z의 차의 항과 속도 v의 차의 항은, 압력의 항에 비해 무시할 수 있으므로 단위 중량당 펌프 사양 대신에 전수두 H를 사용하는 경우가 많다.

$$Y = gH \quad\cdots\cdots\cdots\cdots\cdots\cdots \text{(8.4)}$$

여기에서 식 8.2에 따른 수력 파워는 다음과 같다.

$$P_{\text{hydr}} = \rho_w gQH \qquad \cdots\cdots\cdots\cdots\cdots\cdots\cdots \text{(8.5)}$$

펌프의 기계적인 힘은 토크 TQ와 회전수 n과의 곱이기 때문에 다음 식과 같다.

$$P_{\text{mech}} = 2\pi TQn \qquad \cdots\cdots\cdots\cdots\cdots\cdots\cdots \text{(8.6)}$$

이들 양을 측정하면 펌프의 효율 η을 결정할 수 있다.

$$\eta = \frac{P_{\text{hydr}}}{P_{\text{mech}}} \qquad \cdots\cdots\cdots\cdots\cdots\cdots\cdots \text{(8.7)}$$

또, 풍력 터빈의 힘은 펌프의 운전 중에는 기어 박스나 축받이 등 모든 손실을 포함한 기계적인 힘을 상회하고 있어야 한다.

풍력 양수 펌프의 응용과 펌프의 조건에 대응하는 역할은 펌프에 따라 넓은 범위의 변화를 요구하게 된다. 따라서 다른 형태의 용도와는 다른 펌프의 설계가 필요해진다. **그림 8.17**은 풍력 터빈과 조합시켜 사용한 펌프의 종류와 특징을 나타낸 것이다.

그림 8.17 >>>
각종 풍력 양수 펌프의 특징 비교

작동 원리	디스플레이스먼트 방식			연속류 방식		흡상 방식		에어리프트 방식
펌프 형식	피스톤	다이어프램	원심 스크루	원심 펌프		스크루 펌프	체인 펌프	맘모스 펌프
				1단	다단			
구분 기호	A	B	C	D	E	F	G	H
개요도								
H	$10 \div 300\text{m}$	$2 \div 4\text{m}$	$10 \div 300\text{m}$	$1 \div 10\text{m}$	$10 \div 300\text{m}$	$1 \div 3\text{m}$	$2 \div 5\text{m}$	$5 \div 30\text{m}$
$H\text{-}Q$ 곡선								
n_q	$0.01 \div 5\text{min}^{-1}$	$1 \div 3\text{min}^{-1}$	$1 \div 5\text{min}^{-1}$	$20 \div 50\text{min}^{-1}$	$0.7 \div 50\text{min}^{-1}$ * 다단 $20 \div 100\text{min}^{-1}$	$1 \div 3\text{min}^{-1}$	$1 \div 3\text{min}^{-1}$	—
$TQ\text{-}n$ 곡선								—
n_{optmax} 곡선	85%	70%	75%	75%	75%	65%	50%	50%

간단한 피스톤 펌프와 같은 펌프의 설계는 풍력 펌프로 다수 사용되고 있다. 또, 편심 스크루 펌프와 같은 설계는 실험적으로 아주 조금 이

용된다. 그리고 이 그림에 나타낸 수치 데이터는 시판되고 있는 풍력 펌프의 시장 조사 및 연구용이나 실험용 장치의 문헌을 토대로 한 것이다.

더욱 상세한 내용은 펌프의 전문서에 나와 있고, 비속도 n_q를 도입해서 각종 풍력 양수 펌프와 그 응용 범위와의 관계를 나타낸 **그림 8.18**에, 각종 펌프의 양정의 범위를 포함한 조합을 **그림 8.19**에 나타냈다. 이에 따라 3가지 펌프의 사용 조건에 대응하는 적절한 펌프의 조합을 구할 수 있다.

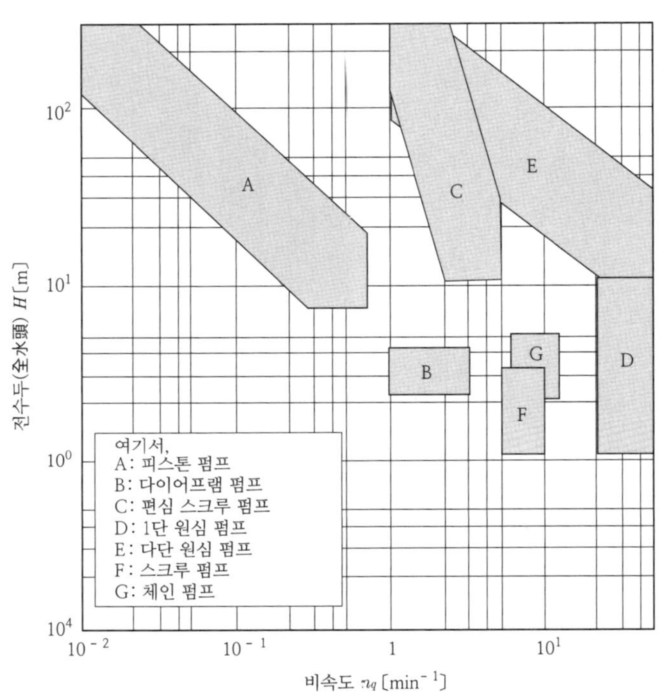

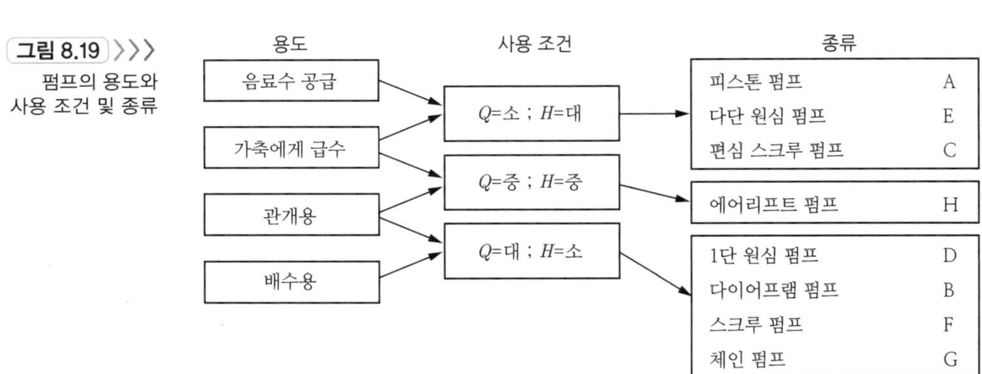

3.3 풍력 터빈과 펌프의 조합

펌프를 선정하는 데 있어서 그 운전 조건으로부터 주요한 선정 기준이 되는 이용 조건에 따라 풍력 펌프의 설계가 결정된다. 한편, 풍력 터빈, 감속비 및 펌프는 그 풍력 양수 펌프를 설치할 곳의 국소적인 풍황을 고려하여 각각에 대해서 적당하게 결정해야 한다.

풍력 터빈과 펌프의 적당한 조합은 일반적으로 엔진과 구동 기기와의 조합으로 하고 있는 것과 마찬가지로 풍력 터빈과 펌프의 토크 특성을 비교해서 구하게 된다. 풍차와 펌프의 조합을 선정할 경우에 두 가지 포인트가 중요하다.

한 가지는 풍력 터빈의 회전수와 펌프의 회전수가 전달 기어에 의해 일치하도록 조정해야 하는 것이다. 다른 한 가지는 기동 토크가 풍차 펌프의 바람직한 기동의 거동을 고려해야 하는 것이다.

그림 8.20은 다른 종류의 펌프의 운용 회전수와 양정의 전형적인 범위를 나타내고 있다. 또, 풍력 터빈의 대응하는 지름은 $d_w = 5\text{m}$로 하고 있다. 대부분의 경우, 적당한 펌프의 폭넓은 회전수 범위를 풍차의 좁은 회전수 범위에서는 커버할 수 없기 때문에 전달 기어를 이용해서 회전수를 조정하게 된다. **그림 8.20**의 좌측 영역의 펌프는 일반적으로 전달 기어로 인한 감속이 필요해지고, 그에 대해서 그림의 우측 영역의 펌프는 전달 기어에 의한 증속이 필요해진다. 또, 이 그림으로 분명히 알 수 있듯이 회전 속도의 조정이 불필요한 펌프와 풍차의 조합도 존재한다. 그리고 이 그림에서 주속비가 작은 풍차는 A, B, F, G 등의 펌프를 구동하는 데에 적합하고 C, D, E 등의 펌프는 높은 주속비의 풍차와의 조합이 적합함을 알 수 있다.

이 경우의 전달 기어비는 주어진 풍차와 펌프가 풍력 펌프의 전 운전 범위에 걸쳐 최고의 시스템 효율을 얻을 수 있도록 선정된다. 또, 주어진 바람의 조건에 대한 기어비의 계산에 대해서는 풍력 터빈과 펌프가 최고 효율에 달하는 정격 풍속이 결정된다.

게다가 회전수 조정 외에도 풍력 터빈과 펌프의 조합에 있어서는 펌프를 기동시키기 위해 풍력 터빈의 토크가 펌프의 소요 토크에 비해 충분히 큰지의 여부를 고려하지 않으면 안 된다. 피스톤 펌프나 다이어프램

펌프 혹은 편심 스크루 펌프 등의 디스플레이스먼트 형식의 펌프는 큰
기동 토크를 필요로 하고, 원심 펌프는 비교적 작은 토크로도 충분하다.

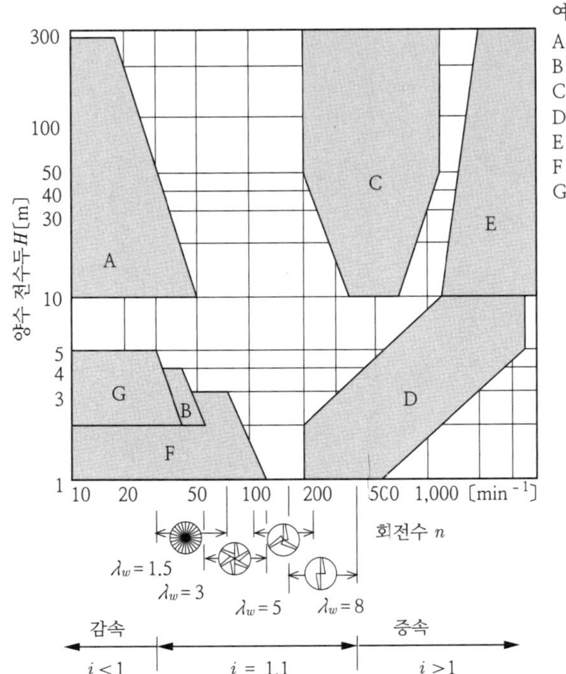

그림 8.20 >>>
각종 수평축 풍차
(지름 5m)의 작동 범위

지금까지의 설명을 토대로 **그림 8.21**에서는 양정에 대해서 풍력 터빈과
펌프의 적당한 조합을 나타내고 있다. 이 그림에 나타난 모든 풍력 펌프
가 양호한 효율을 얻을 수 있는 한정된 이용 범위가 존재한다. 그리고 이
이용 범위는 주로 조합시킨 풍차와 펌프의 운전 특성에 의해 결정된다.

그림 8.21 >>>
풍차와 펌프의 적절한 조합

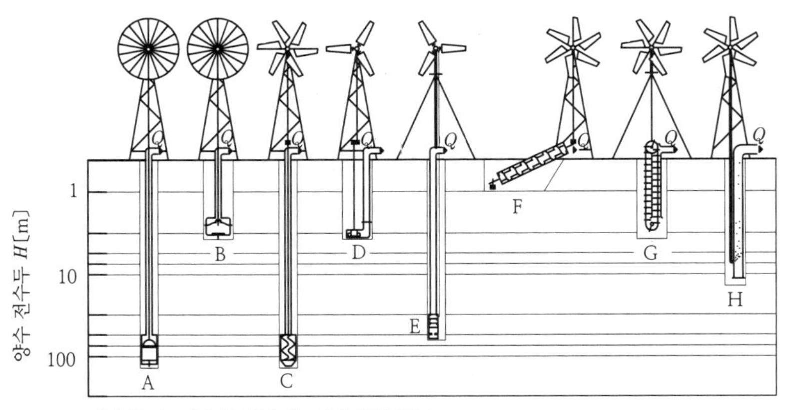

여기서, A: 피스톤 펌프, E: 다단 원심 펌프
B: 다이어프램 펌프, F: 스크루 펌프
C: 편심 스크루 펌프, G: 체인 펌프
D: 1단 원심 펌프, H: 기포 펌프

3.4 피스톤형과 원심형 풍력 펌프의 정성적인 비교

여기에서는 가장 중요한 펌프의 형식으로 피스톤 펌프와 원심 펌프를 예로 들어 생각해 보자. 이들 2가지의 펌프 형식의 특성의 차이는 **그림 8.22**에 나타낸 H-Q 선도에 분명하게 나타나 있다. 펌프의 회전수는 성능 특성상의 회전수의 차이에 따른 영향을 분명히 하기 위한 파라미터로서 주어지고 있다.

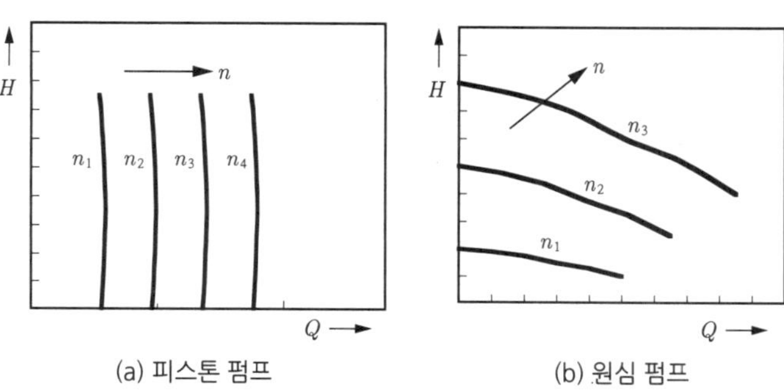

그림 8.22 >>>
피스톤 펌프와 원심 펌프의 H-Q 곡선

피스톤 펌프의 특성 곡선에 대해서는 펌프의 피스톤 용량을 V_{hub}, 피스톤의 지름을 d_p, 크랭크 팔의 길이를 r_c, 피스톤과 펌프의 누설 손실 등을 고려한 용적 효율을 η_{vol} 이라 하면 다음의 관계가 성립한다.

$$Q = V_{\mathrm{hub}} n \eta_{\mathrm{vol}} = \frac{\pi d_p^{\,2}}{4} 2 r_c n \eta_{\mathrm{vol}} \qquad \cdots\cdots\cdots (8.8)$$

원심 펌프의 특성 곡선은 레이놀즈수의 어느 한계보다도 낮은 수치가 아닌 한은 상사측(相似側)을 이용해 $H \sim n^2$ 및 $Q \sim n$의 관계로 **그림 8.22**와 같이 다른 회전수에 대해 변환할 수 있다.

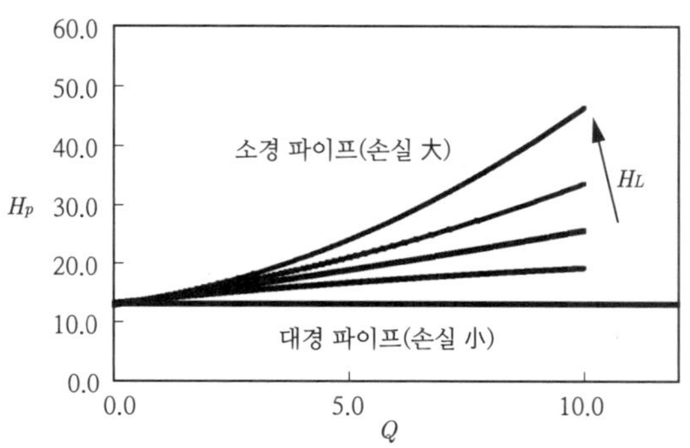

그림 8.23 >>>
펌프의 H_p-Q 곡선

그리고 통상은 펌프에 의해 생긴 흐름은 파이프를 통해 운반된다. 펌프의 흡입구와 배출구에 설치된 파이프류는 수력 플랜트라 한다. 우물과 파이프의 사이즈를 토대로 하여 그 수력 플랜트의 수두(水頭) H_P를 계산할 수 있다. 대부분의 경우, 그 수치는 극복해야 할 높이의 차이에 대응하는 측지적인 펌프 수두 H_{geo}와 수두 손실 H_L로 구성된다.

$$H_p = H_{geo} + H_L \qquad \cdots\cdots\cdots\cdots (8.9)$$

여기에서 수두 손실 H_L은 파이프의 사이즈에 따라 발생하고, 2승 칙에 의해 파이프 내의 유속에 비례하여 증대하기 때문에 양수량 Q의 2승에 비례하게 된다(**그림 8.23**).

수력 플랜트의 수두는 H_p, **그림 8.24**와 같이 양수량 Q에 관해 펌프의 양정과 마찬가지로 나타낼 수 있다.

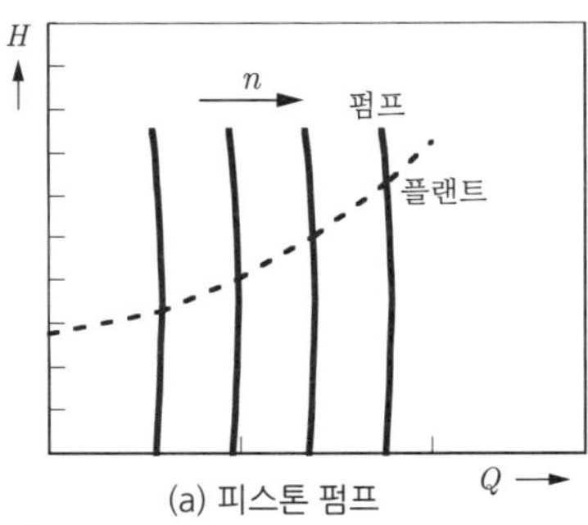

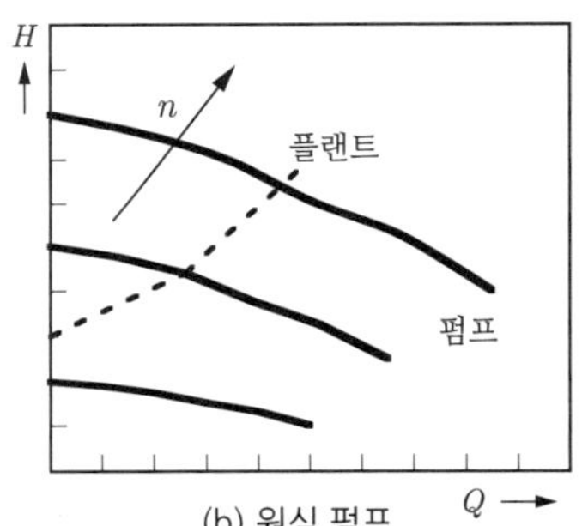

수력 펌프와 플랜트 작동점은 H-Q 선도의 특성 곡선의 교점이며, 이 관계를 피스톤 펌프와 원심 펌프의 각각에 대해서 **그림 8.25**에 나타냈다.

다양한 종류의 용도에 적합한 풍력 양수 시스템을 설계하기 위해서는 선정한 펌프의 특성이 대응하는 풍차의 특성과 조합되어야 한다. **그림 8.25**에서 분명한 것처럼 왼쪽 그림의 피스톤 펌프의 평균 토크는 회전수와 관계없고 일정한 데에 비해, 오른쪽 그림의 원심 펌프의 토크는 회전수의 2승에 비례해서 증가하게 된다. 이와 같이 풍차 특성과 부하 특성의 매칭은 5장에서 서술한 것처럼 매우 중요하다.

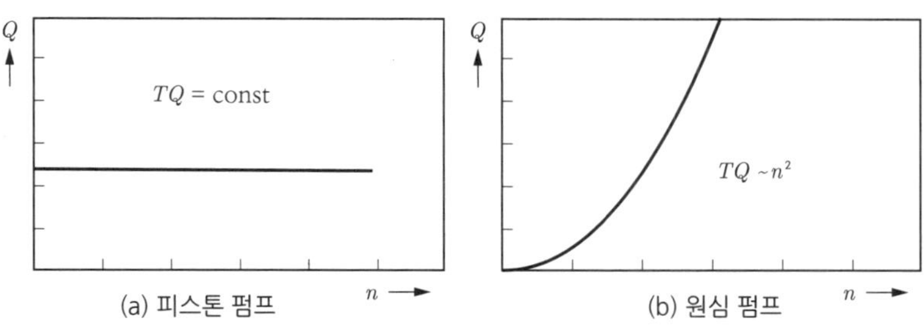

그림 8.25 >>>
피스톤 펌프와 원심 펌프의
토크 특성

3.5 풍력 양수 시스템의 설계 순서

풍력 이용 시스템을 설계하는 데는 성격이 다른 이용 시스템마다 방법을 검토해야 할 필요가 있다. 풍력 발전의 경우에도 기본적인 사고방식은 같다. 우선, 풍력 양력 시스템의 설치 예정 지점의 풍황 데이터와 이용 시스템의 내용을 분석하고 계속해서 풍차 시스템의 설계 그리고 그것을 토대로 경제성을 평가한다는 프로세스를 만족시킬 때까지 반복하게 된다.

양력 풍차 시스템의 설계 순서에 대해서 국제연합의 전문가위원회에서 M.M. 셔먼이 상세한 검토를 보고한 것을 소개한다.[10] **그림 8.26**이 그 플로 선도이며, 이 예에서는 순서 전체를 크게 3개의 단계로 나눈다. 제 I단계의 기본 조사에서는 시스템 설계에 필요한 양수 조건이나 풍황 등 모든 입력 데이터의 조사와 그것들의 개별 분석이 이루어진다. 제 II단계에서는 입력 데이터를 토대로 상호의 설계 요소를 분석하게 되지만, 이 단계에서의 요점은 풍차와 펌프 방식 선정 및 가장 알맞은 정격 풍속과 펌프의 정격 동력을 결정하는 것이다.

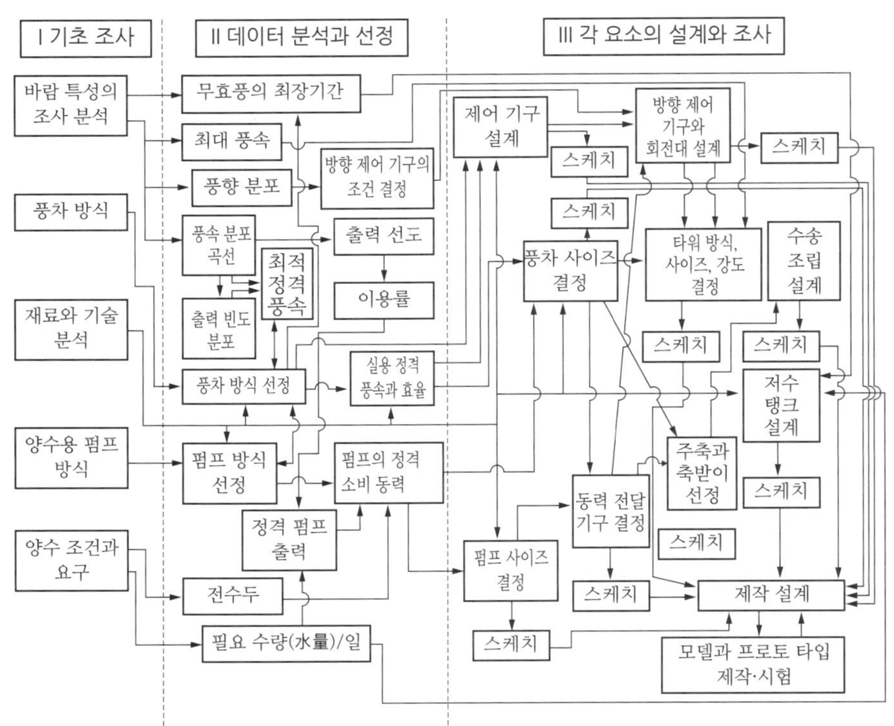

그리고 마지막 III단계에서는 각 요소의 구체적인 설계와 조정을 하여 양수 시스템을 제작하고 시험한다. 이 예에서는 바람 에너지를 기계적 펌프로 전달하는 기구를 상정하고 있고, 시스템의 경제성은 주로 장치의 제작비에 따라 평가된다.

풍력 발전의 경제성

풍력 발전 사업에 관한 제도의 추이[1,2]

1973년의 석유 파동을 계기로 일본의 신에너지에 관한 정책, 기술 개발이 본격적으로 시작되었다. 이에 따라 풍력 발전과 태양광 발전도 1970년대 후반부터 내셔널 프로젝트인 선샤인 계획의 일환으로서 기술 개발이 가속화되었다.

그러나 이들 자연 에너지를 이용하는 발전의 최대 약점은 출력이 자연, 기상 조건에 달려있다는 점이다. 이 약점을 보완하는 방법으로 소형 시스템에서는 배터리로 인한 저장, 대형 시스템에서는 계통 연계에 따라 자연 에너지로 인한 발전의 약점을 일단 회피할 수 있게 되었다.

1992년에 통산성(通産省)에 의해 분산 전원의 계통 연계에 관한 기술 요건 가이드 라인이 나타남과 함께 전력 회사에 의해 잉여 전력 구입 메뉴가 제도화되었다. 이 제도는 가이드 라인을 따라 설치된 풍력 발전이나 태양광 발전의 발생 전력에 잉여가 생긴 경우, 전력 회사가 공급하고 있는 전력과 같은 요금으로 구입할 수 있는 제도이다. 그러나 이 제도는 본래 전력 회사에서 전력의 공급을 받아 그 보조로서의 자연 에너지 활용을 전제로 만들어진 제도이며, 사업으로서 풍력 발전을 계획하려면 가격, 구입 기간의 안전성 등의 점에서 문제가 있었다.

게다가 1997년에는 전력 각 사가 잇달아서 풍력 발전 사업에 새로운 제도를 창설했다. 이것은 일반적으로 사업용 메뉴라고 부른다. 그 내용은 대규모의 풍차를 설치하고 그에 따라 발전한 전력의 대부분이 잉여가 되는 경우, 그 동안의 잉여 전력 구입 메뉴와는 별도로 장기간, 일정 가격으로 구입하는 제도이다. 가격, 기간은 전력 회사에 따라 다소 차이가 있지만 거의 공통적으로 가격은 11엔/kWh대, 기간은 15년부터 17년이었다.

풍력 발전 사업을 기획하는 데 있어서 종전의 잉여 전력 구입 메뉴의 결점, 가격, 구입 기간의 불안정성을 개선하는 것이고, 전력 회사에 있어서는 구입 가격을 제어한다는 점에서 의의가 있는 내용이었다.

그러나 이 제도는 일찌감치 1999년에 홋카이도 전력이 구입 가격을 입찰하려는 방침을 내세운 것으로 가격이 하락되었고, 다른 전력 회사도 이에 따르게 되었다. 게다가 2002년에는 일본판 RPS법(전기 사업자로 인한 신에너지 등의 이용에 관한 특별 조치법)의 성립에 힘입어 홋카이도 전력에서는 구입 가격을 3.3엔/kWh대까지 인하하였다. RPS법이란 최종 수요가에 전력을 공급하는 전력 회사 등의 전기 사업자에 대해 공급하는 전력에 경제 산업 대신(大臣)이 정하는 일정 비율을 곱한 전력을 신에너지에 맡기는 것을 의무화하는 것이다.

또, 이 법률의 운용 중에서 신에너지 발전 설비로 발전한 전력을 '전력 그 자체의 가치'와 '신에너지 상당분'으로 구분하고, '전력 그 자체의 가치'는 연계된 전력 회사에, '신에너지 상당분'은 이를 필요로 하는 전기 사업자에게 따로따로 양도하는 것을 인정하고 있다. 이 양도를 받은 전기 사업자는 이것을 자사의 신에너지 사용 의무량으로 충당할 수 있도록 하고 있다. 앞서 서술한 홋카이도 전력이 풍력 발전의 구입 단가를 3.3엔/kWh대까지 인하한 것은, 이 '전력 그 자체의 가치'이며, '신에너지 상당분'은 필요로 하고 있지 않다.

따라서 이 RPS법을 풍력 발전 도입 촉진에 실효가 있게 하기 위해서는 2010년까지 1.35%라는 현재의 도입 목표치를 한 자릿수 정도 크게 상향 수정하고, RPS(R은 재생 가능)라고 하지만 재생 가능하지 않은 '쓰레기 발전'을 제외해야 할 것이다. 그렇게 하지 않으면 전력 회사는 비용이 낮은 쓰레기 발전으로 인한 전력을 우선적으로 구입하게 되기 때문이다.

풍력 발전 사업의 성립 조건

풍력 발전을 계획할 경우, 사업자와 자치체 등 사업 주체에 의해 다소 차이는 있지만 기본적으로는 그 풍력 발전 사업에 필요한 초기 투자, 수입, 지출의 현금의 흐름을 나타낸 캐시 플로 계산서를 작성하여, 그것을 기초로 DCF법(Discount Cash Flow법) 등의 재무 분석 어프로치로 경제성을 분석하고, 그 곳에서의 풍력 발전이 경제적으로 성립할 것인지의 여부를 검토하는 것이 중요하다. 아래에 퍼시픽 컨설턴트 주식회사의 협력에 따라 캐시 플로 계산서의 작성 등에 대해서 설명했다.

2.1 캐시 플로(cash flow) 계산서의 작성

풍력 발전 사업에 필요한 초기 투자, 수입, 지출에 대해서 전제 조건을 정리하고, 캐시 플로 계산서 작성에 필요한 각 비용의 모델을 작성한다.

1 초기 투자

초기 투자에 필요한 주요 비용은 다음과 같다.

· 설계비 : 사전 조사비, 실시 설계비, 신청 업무비

· 풍력 발전 설비비 : 풍차 본체비, 수송비, 설치비

· 토목 공사비 : 토공사비, 기초 공사비, 구내정지(構內整地) 공사비

· 전기 공사비 : 전기 공사 전반에 관한 비용

· 전력 부담금 : 계통 연계 대책비, 전용선 부설 등

· 보조금 : 나라 등에 따른 조성 제도로 인한 초기 투자에 대한 보조금

2 수입 모델

이 사업으로 인한 수입은 풍력 발전에 의해 발전된 전력을 모두 전력 회사에 매전하는 구조이다. 매년 수입은 다음의 식으로 구할 수 있다.

· 연간 발전 전력량(kWh/년) = 풍력 발전 설비 총 용량(kW) × 설비 이용률(%) × 8,760(h)

· 연간 수입(엔/년) = 연간 발전 전력량(kWh/년) × 매전 단가(엔/kWh)

3 지출 모델

풍력 발전 사업에 드는 주요 지출 비용은 다음과 같다. 단, 사업 주체에 따라 세금 등의 지출 항목이 달라지는 경우도 있다.

· 정기 점검 비용 : 풍차의 정기 점검 비용

· 대규모 수리비 : 부품 교환 비용 등

· 인건비 : 전기 주임 기술자 등

· 보험료 : 화재 보험, 기계 보험, 기업 비용 이익 보험, 기후 디리버티브(파생 금융 상품) 등

- 통신비 등 관리비 : 발전 데이터 등 계측 · 기록비
- 토지 임대비 : 지권자에게 지불하는 토지 임대료
- 지불 금리 : 자금 조달 금리 등
- 고정 자산세
- 감가상각비

4 캐시 플로 계산서

해당 부지에서의 전제 조건을 토대로 캐시 플로 계산서를 작성하여 다음에 나타냈다(**표 9.1**).

표 9.1 >>>
캐시 플로 계산서

항목	비고
총 용량 : kW	단기 출력×기수
초기 투자	
A : 초기 투자 합계	①~⑤의 합계-⑥
①【설계비】	
②【풍력 발전 설비비】	
③【토목 공사비】	
④【전기 공사비】	
⑤【전력 부담금】	
⑥【보조금】	보조율 설정
수입 모델	
B : 수입 합계	④
①【설비 이용률】	
②【발전 전력량】	총 용량×설비 이용률×8,760시간(연간)
③【매전 단가】	
④【매전 매상고】	발전 전력량×매전 단가
지출 모델	
C : 지출 합계	①~⑩의 합계
①【정기 점검 비용】	
②【대규모 수리비】	
③【인건비】	
④【보험료】	
⑤【통신비 등 관리비】	
⑥【토지 임차비】	정기적으로 필요해지는 오버 플로비
⑦【지불금 이자】	
⑧【고정 자산세】	
⑨【감가상각비】	
⑩【기타】	

항목	비고
총 용량 : kW	단기 출력×기수
D : 세금 공제 전 이익	
E : 법인세 등	
F : 세금 공제 후 이익	
G : 감가상각비	
H : 프리 캐시 플로	

2.2 경제성의 감도 분석

풍력 발전의 경제성에 크게 영향을 주는 요인으로 초기 투자, 설비 이용률 혹은 발전 전력량, 매전 단가 등을 예로 들 수 있다. 이하에서 이들 요인이 풍력 발전 사업에 주는 영향도를 감도 분석하여 검증해 보자.

1 초기 투자의 설정

초기 투자에 있어서 토목 공사비나 전력 부담금 등은 지역 특성에 따라 크게 좌우된다. 또한 보조금의 보조율에 대해서도 사업 주체, 사업 규모 등에 의해 달라진다. 그래서 초기 투자에 대해서는 사업 주체마다 현실성을 고려한 비용을 설정하고 초기 투자가 주는 영향에 대해서 분석한다.

2 설비 이용률의 설정

풍차 설치 후보 부지의 연평균 풍속을 알면 지금까지의 경험으로부터 평균적인 설비 이용률을 설정할 수 있다. 일본에서는 지금까지 NEDO의 보조금 교부를 하는 데 있어서 연평균 풍속 6m/s를 기준으로 해왔다. 이것은 설비 이용률 25% 정도에 상당한다. 여기에서는 설비 이용률을 A: 양호한 풍황 지역에 대응하는 30%, B: 일본의 풍력 발전 사업자 부지의 평균적인 설비 이용률을 상정해서 24%, C: NEDO의 매뉴얼 등에 나타난 사업성의 판단 기준치로서의 17%의 3가지 사례를 설정하여 발전 전력량을 시산한다. **표 9.2**는 총 용량 1,200kW의 풍력 발전을 행한 경우의 각 사례의 연간 발전 전력량을 나타낸 것이다.

또, 같은 사업 규모라 하더라도 풍차의 너셀 높이, 사양, 파워 곡선 등이 다르기 때문에 발전 전력량도 달라지지만 **표 9.2**는 이들의 차이를 고려하지 않고 있다.

케이스	총 용량(kW)	설비 이용률(%)	연간(일)	연간 발전량(kWh)
A	1,200	30	8,760	75,686,400
B	1,200	24	8,760	60,549,120
C	1,200	17	8,760	42,888,960

❸ 매전 가격의 설정

풍력 발전으로 인한 발전 전력은 앞 절에서 설명한 것처럼 2003년에 시행된 RPS 제도에 의해 전기 가격과 RPS 가격(신에너지 등 전기 상당량) 두 가지 가격을 가지고 각각을 분리해서 판매하는 것도 가능해졌다. 그러나 풍력 발전의 매전 단가는 전력 회사에 따라 다르고, 향후의 동향도 분명하지 않다. 따라서 매전 단가에 대해서는 현재 일본에서 거래되고 있는 매전 단가의 데이터를 토대로 6~10엔/kWh 정도의 범위에서 2~3사례를 설정하여 매전 단가가 끼치는 영향에 대해서 분석하는 것이 바람직하다.

캐시 플로 계산서의 실제 예로 정격 출력 600kW 풍차 2기에서 총 용량 1,200kW의 풍력 발전을 행한 경우, 자치체 사업(설비 이용률 20%와 30%의 경우)과 민간 사업자(설비 이용률 30%)의 경우에 대한 수치의 예를 **표 9.3~표 9.5**에 나타냈다. 이에 따라 풍력 발전 사업의 경제성은 명확해진다.

항목		비고	건설 전	1년 째
풍차 단기 출력(kW)	600			
기수	2			
총 용량(kW)	1,200	단기 출력×기수		
건설 단가(천엔/kWh)	￥218	￥371(보조금을 이용하지 않는 경우)		
평가 지수				
프리 캐시 플로(천엔)		해당 년차의 현금 지지 물가 상승률,	￥-261,194	￥14,023
할인율	4%	금리 등을 고려한 수치		
초기 투자				
A : 초기 투자 합계　　　　〔천엔〕		①~⑤의 합계-⑥	￥261,194	
①【설계비】				
②【풍력 발전 설비비】			￥309,645	
③【토목 공사비】				
④【전기 공사비】				
⑤【전력 부담금】			￥135,320	
⑥【보조금】		41.3%	￥183,771	

항목		비고	건설 전	1년 째
수입 모델	〔천엔〕			
B : 수입 합계	〔%〕	발전 전력량×매전 단가		￥18,922
①【설비이용률】	〔kWh〕			20%
②【발전 전력량】	〔円/kWh〕	총 용량×설비 이용률×8,760시간(연간)		2,102,400
③【매전 단가】				￥9.0
지출 모델				
C : 지출 합계		①~⑩의 합계		￥13,096
①【정기 점검 비용】		정기 점검비, 인건비 등		￥3,784
②【대규모 수리비】				
③【인건비】				
④【보험료】				￥72
⑤【통신비 등 관리비】				￥237
⑥【토지 임차비】				
⑦【지불금 이자】				
⑧【고정 자산세】				
⑨【감가상각비】				￥8,197
⑩【기타】		전기세		￥806
D : 세금 공제 전 이익		B-C		￥5,826
E : 법인세 등				
F : 세금 공제 후 이익		D-E		￥5,826
G : 감가 상각비		C의 ⑨와 같은 수치		￥8,197
H : 프리 캐시 플로		F+G		￥14,023

항목		비고	건설 전	1년 째
풍차 단기 출력〔kW〕	600			
기수	2			
총 용량〔kW〕	1 200	단기 출력×기수		
건설 단가〔천엔/kWh〕	￥218	￥371(보조금을 이용하지 않는 경우)		
평가 지수				
프리 캐시 플로〔천엔〕		해당 년차의 현금 지지 물가 상승률,	￥-261,194	
할인율	4%	금리 등을 고려한 수치		
초기 투자				
A : 초기 투자 합계	〔천엔〕	①~⑤의 합계-⑥		￥261,194
①【설계비】				
②【풍력 발전 설비비】				￥309,645
③【토목 공사비】				
④【전기 공사비】				
⑤【전력 부담금】				￥135,320
⑥【보조금】		41.3%		￥183,771
수입 모델				
B : 수입 합계	〔천엔〕	발전 전력량×매전 단가		￥28,382
①【설비 이용률】	〔%〕			30%
②【발전 전력량】	〔kWh〕	총 용량×설비 이용률×8,760시간(연간)		3,153,600
③【매전 단가】	〔円/kWh〕			￥9.0

항목		비고	건설 전	1년 째
지출 모델				
C : 지출 합계		①~⑩의 합계		¥13,096
	①【정기 점검 비용】	정기 점검비, 인건비 등		¥3,784
	②【대규모 수리비】			
	③【인건비】			
	④【보험료】			¥72
	⑤【통신비 등 관리비】			¥237
	⑥【토지 임차비】			
	⑦【지불금 이자】			
	⑧【고정 자산세】			
	⑨【감가상각비】			¥8,197
	⑩【기타】	전기세		¥806
D : 세금 공제 전 이익		B-C		¥15,286
E : 법인세 등				
F : 세금 공제 후 이익		D-E		¥15,286
G : 감가상각비		C의 ⑨와 같은 수치		¥8,197
H : 프리캐시 플로		F+G		¥23,483

표 9.5 >>>

시산 케이스 ③
풍력 발전 사업
(민간 사업자 · 600kW×2기)
설비 이용률 30%인 경우

항목		비고	건설 전	1년 째
풍차 단기 출력〔kW〕	600			
기수	2			
총 용량〔kW〕	1,200	단기출력×기수		
건설 단가〔천엔/kWh〕	¥218	¥371(보조금을 이용하지 않는 경우)		
평가 지수				
프리 캐시 플로〔천엔〕		해당 년차의 현금 지지 물가 상승률,	¥-296,645	
할인율	4%	금리 등을 고려한 수치		
초기 투자				
A : 초기 투자 합계　〔천엔〕		①~⑤의 합계-⑥		¥296,645
①【설계비】				
②【풍력 발전 설비비】				¥309,645
③【토목 공사비】				
④【전기 공사비】				
⑤【전력 부담금】				¥135,320
⑥【보조금】		33.3%		¥148,320
수입 모델				
B : 수입 합계　〔천엔〕		발전 전력량×매전 단가		¥28,382
①【설비 이용률】　〔%〕				30%
②【발전 전력량】　〔kWh〕		총 용량×설비 이용률×8,760시간(연간)		3,153,600
③【매전 단가】　〔円/kWh〕				¥9.0

항목		비고	건설 전	1년 째
지출 모델				
C : 지출 합계		①~⑩의 합계		￥21,364
	①【정기 점검 비용】	정기 점검비, 인건비 등		￥3,784
	②【대규모 수리비】			
	③【인건비】			
	④【보험료】 0.5%	초기 투자의 ①~⑤의 합계×괘율(掛率)		￥2,225
	⑤【통신비 등 관리비】			￥237
	⑥【토지 임차비】			
	⑦【지불금 이자】			
	⑧【고정 자산세】 1.4%	(초기 투자의 ①~⑤의 합계 – 유형 감가상각비) – 1.4%		￥6,115
	⑨【감가상각비】			￥8,197
	⑩【기타】	전기세		￥806
D : 세금 공제 전 이익		B–C		￥7,019
E : 법인세 등		실효 세율 : D×40.87%		￥2,869
F : 세금 공제 후 이익		D–E		￥4,150
G : 감가상각비		C의 ⑨와 같은 수치		￥8,197
H : 프리 캐시 플로		F+G		￥12,347

2.3 경제성의 평가 지표

풍력 발전 사업의 경제성을 평가하는 방법으로는 몇 가지 예로 들 수 있지만 여기에서는 사업 투자의 의사결정이나 사업 가치를 평가하는 데 자주 이용되는 DCF법(NPV, IRR) 등을 소개한다. 또, DCF(디스카운트 캐시 플로)법이란 장래의 캐시 플로(예측치)를 할인율을 이용해 현재 가격으로 환산하여 투자 판단하는 수법이며, DCF법의 주요한 것으로 NPV(순 현재 가치), IRR(내부 수익률)이 있다.

1 NPV(Net Present Value ; 순 현재 가격)

각 시기에 얻을 수 있는 캐시 플로를 할인율을 이용해 초기 시점으로 되돌린 누적액을 초기 투자와 비교하여 사업성을 판단한다.

$$\text{NPV} = -I\frac{CF_1}{1+r} + \frac{CF_2}{(1+r)^2} + \cdots\cdots = \sum_{t=1}^{\infty}\frac{CF_t}{(1+r)^t} - I \quad \cdots(9.1)$$

단, I : 초기 투자, CF_t : 시점에 있어서 캐시 플로, r : 할인율이다.

▶2 IRR(Internal Rate of Return ; 내부 수익률)

각 시기에 얻을 수 있는 캐시 플로를 할인율을 이용해 초기 시점으로 되돌린 누적액을 초기 투자와 비교하여 사업성을 판단한다. 일반적으로는 IRR이 5~10% 정도면 채산성이 있다고 판단된다. 여기에서 IRR이란 식 9.1에서 NPV=0이 되는 할인율 r이다. 이들의 구체적인 평가에 대해서는 전문 컨설팅 회사의 상담을 받는 것이 바람직하다.

풍력 발전 사업의 장래

풍력 발전 사업의 사회적 의의는 환경 보전(온실 효과 가스의 배출 삭감, SO_x, NO_x의 배출 삭감), 에너지 시큐리티(에너지 다양화, 국산 에너지), 그리고 경제 효과(고용 창출, 지역 경제의 활성화)에 있다. 따라서 풍력 발전의 중요성은 향후 점점 증대될 것이라 생각되지만, 현실에서는 풍력 발전을 둘러싼 제도 환경은 거꾸로 엄격해지고 있다. 전력의 매입 가격은 낮아지고, RPS법으로 인한 '전기 그 자체의 가치'와 '신에너지 상당분'의 가격의 이중화로, 가격 교섭이 번잡해지고 있다. 그 원인은 풍력 발전 전력의 매입 제도가 민간 기업인 전력 회사의 자주 제도로 시작되어 현재에도 본질적으로 바뀌지 않았기 때문이다.

본래 환경 보전이나 에너지 시큐리티의 과제는 행정의 책무이며, 이에는 물론 비용이 들게 된다. 따라서 풍력 발전을 단순히 에너지원으로만이 아닌 환경 보전 능력도 아울러 평가하고, 환경 비용을 도입하는 사회 시스템이 필요하다. RPS법은 신에너지의 도입을 법적으로 의무화한 점은 높이 평가할 수 있지만, 각각의 신에너지가 가진 환경 보전 능력을 고려하지 않은 점과 그 비용을 직접 부담하는 것이 전기 사업자라는 점에 문제가 있다.

향후의 환경세나 일본 내에서의 이산화탄소의 배출권 거래의 제도화 등의 새로운 사회적인 움직임도 주목되지만, 기본은 국제화 시대에 있어서 일본이 진정으로 지속 가능한 사회 구축에 얼마나 공헌할 수 있는가 하는 것이다.

# 04 그린 전력 제도[3]

최근 기업이 CSR(기업의 사회적 책임)에 대한 관심이 고조되고 있는 반면, NPO(비영리 조직)가 사업성을 중시하기 시작한 것으로, 영리와 비영리의 근본이 계속 낮아진다고 할 수 있다. 특히 풍력 발전으로의 시민 출자(시민 풍차)나 자연 에너지 보급을 위한 법 제도 도입 등 풍력 발전을 지원하는 여러 가지 제도가 확대되고 있다.

1 그린 전력이란?

일본에서 본격적인 발전용 풍차의 건설이 시작된 것은 1980년대 초이지만 약 10년간 나라, 메이커, 전력 회사 등으로 인한 연구 개발의 시대를 거쳐 90년대 이후, 지방 자치체의 시대에서 비즈니스의 시대로 들어가고 있다. 특히 90년대 후반의 나라의 풍차 설치 보조 제도와 전력 회사로 인한 우대 가격으로의 전력 구입이 풍력 발전을 도입하고 보급하는 데 큰 역할을 해냈다고 할 수 있다.

1990년대에 들어서 지구 온난화에 대한 염려가 급속도로 높아진 것에, 에너지 시장 자유화의 진전으로 전력 회사로부터 '마케팅', '고객'이라는 획일적이지 않은 접근이 등장했다. 예를 들면 '안심하고 생활하기 위해 자연 에너지인 전기를 사용하고 싶다', '기업의 이미지 상승을 위해 풍력 발전을 이용하고 싶다'와 같은 고객의 요구에 대해 수요측에서의 실질적인 전원을 선택할 수 있게 하는 구조로서 전력 10사의 협조에 의해 제안된 것이 '그린 전력 증서 시스템'이다.

일반적으로 그린 전력이란 자연 에너지에서 전력이나 설비를 사용자가 자발적으로 참가 내지는 선택할 수 있는 것처럼 전력 회사에 따른 프로그램을 가리킨다. 이 구조는 민주화가 진행된 유럽과 미국의 에너지 환경정책의 진전에 흐름을 큰 배경으로 등장한 것이다. 특히 캘리포니아 주의 새크라멘토 전력 공사에서 시작한 '솔라 파이오니어'란 프로그램을 시작으로 미국의 각 주 그리고 유럽이나 호주로 급속도로 퍼져 각국, 각 지역의 정치 풍토나 시장 안에서 각각의 전개가 이루어지고 있다.

➋ 일본 내에서의 보급

일본에서 그린 전력은 유럽과 미국에 비해 조금 늦게 시작했다. 그린 전력 프로그램이라고 볼 수 있는 최초의 사례는 홋카이도의 소비자 생협이 1999년에 시작한 '홋카이도 그린 펀드'이다. 이 사례는 홋카이도 전력에 지불한 전력 요금에서 5%의 그린 펀드를 상승시켜서 참가자의 전기 요금과 합쳐서 징수 대행하는 이른바 '그린 전기 요금'이었다.

그 다음해인 2000년부터 전력 회사는 협조하여 '그린 전력 기금'과 '그린 전력 증서' 두 가지의 프로그램을 시작했다. 그린 전력 기금이란 전국 10개의 지역의 전력 회사가 일제히 도입한 것으로 자연 에너지 보급을 위한 응원 기금이다. 이 기금은 CO_2 배출 억제 등 환경 보전으로의 공헌을 희망하는 사람들로부터 기부금을 모으고, 풍력 발전이나 태양광 발전의 시설 등으로 조성하는 것이다(**그림 9.1**). 구체적으로는 일반 가정의 참가자가 1인당 500엔(간사이 전력은 1인당 100엔)을 전기 요금과 함께 기부금으로 지불하고, 지역마다 설치된 그린 전력 기금의 관리 단체인 지역의 산업 활성화 센터가 모은 기금을 토대로 태양광이나 풍력 등 자연 에너지로 보급하는 것으로, 전력 회사는 모인 기부금과 같은 금액의 자금을 관리 단체에 기부하여, 이를 공공 단체의 태양광이나 풍력 발전을 설치하는 데 조성한다는 프로그램이다. 운영의 투명성과 공평성을 확보하기 위해 그린 전력 기금 사업은 다른 사업과 경리를 명확히 구분함과 함께 학식 경험자, 소비자 단체 대표, 연구 기관 연구원 등으로 구성된 인증위원회를 설치하여 조성 내용과 운영에 관한 심의를 하고 있다. 저자도 도쿄 전력 관 내 GIAC(광역관동권산업활성화센터)의 그린 전력 기금의 인증위원을 맡고 있는데 반드시 인지도가 높은 것은 아니며, 참가자에게는 자연 에너지사업에 참가한다는 실감이 조금 빈약한 것 같다. 조성 자금은 공평하게 분배되고 있지만 더욱 적극적인 홍보 활동이 필요하다.

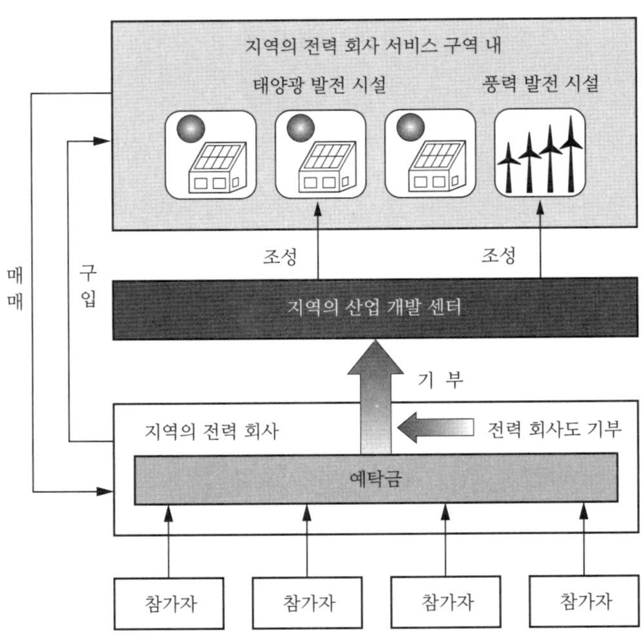

한편, 그린 전력 증서는 도쿄 전력을 중심으로 하는 신규 사업(일본 자연 에너지(주) 마사다 쯔요시 사장)으로 시작된 것으로 자연 에너지의 '환경 부가 가치'를 그린 전력 증서라는 형태로 발행하여 이를 주로 기업을 대상으로 하는 고객의 환경 대책 등을 위해 판매하는 프로그램이다. 이쪽은 마케팅에 초점을 두며, 또 NPO와의 협력을 토대로 그린 전력 인증이라는 구조도 만들고, 일본 국내에서는 2005년에는 1개의 회사에 머물러 있었지만 국제적으로도 대기업에 속하기까지 순조롭게 성장했다. 저자는 이쪽의 인증위원도 맡고 있다.

소니는 도쿄전력이 그린 전력 증서를 만들게 한 원동력의 역할을 다했으며, 게다가 그린 전력의 최초의 고객이 되었다. 현재 소니는 치바현의 풍차 등으로부터의 그린 전력 증서를 구입하고 있고, 2005년 현재 합계 약 450만 kWh 중 약 200만 kWh는 오사카, 신사이바 시에 있는 소니타워의 '그린화'에 충당하고 있다. 나머지 약 250만 kWh은 소니본사에서 사용하고 있고, 이것은 소니본사의 빌딩의 연간 전력 사용량의 약 절반에 해당한다고 한다. 소니 그룹 전체로서는 일본의 전국 5도시(삿포로, 센다이, 도쿄, 오사카, 후쿠오카)에서 대형 라이브 홀 'Zepp'이 그린 전력 사용을 시작하여 그곳에서 개최된 도든 라이브 콘서트 및 이벤트는 풍력 발전으로 공급한다. 또, 스카이퍼펙트TV!의 음악 전문 채널 'Viewsic'에서 일본의 방송 업계 최초의 그린 전력 운용을 시작하여 24시간 논스톱으로 방송하는 음악방송을 모두 풍력 발전으로 인한 전력으로 제공하고 있다.

게다가 자동차 업계의 최대 기업인 토요타도 그린 전력 증서의 중요한 고객으로, 연간 약 100만 kWh의 그린 전력 증서를 구입하고 있다. 또, 토요타는 일본에 앞장서서 미국에서 그린 전력의 유저가 된 것으로 알려져 있다.

이리하여 파이오니어 기업에 더해 상품 그 자체에 그린 전력 증서를 맞추는 예도 등장하고 있다. 이케우치 타올은 '천사의 바람'이라는 브랜드 타올을 풍력 발전의 전력으로 생산하는 것에 성공하여 미국에서 수상했다. 풍력 발전에 관한 책을 그린 전력으로 출판한 출판사(타다스쇼보우, 糺書房)와 새롭게 판매하는 주택에 그린 전력 증서를 부여한 토부철도의 예도 등장하는 등 일본에서도 '그린 전력 마케팅' 시대의 막이 열리고 있다.

이 밖에 저자가 근무하는 아시카가 공업대학이 대학에서의 그린 전력 증서의 제1호가 된 것을 비롯하여 코시가야시, 이타바시구 등 대학이나 자치체에서도 그린 전력 증서는 널리 사용되고 있다.

3 일본 내에서의 과제

향후, 일본 내에서의 그린 전력의 전개는 어떻게 될 것인가? 이것은 정부의 제도면에 크게 좌우된다. 본질적으로는 두 가지 제도로부터의 영향이 크다. 한 가지는 자연 에너지 보급 정책과의 관계, 다른 한 가지는 지구 온난화 대책과의 관계이다.

자연 에너지 보급 정책에서는 2003년에 시행된 '전기 사업자로 인한 신에너지 등의 이용에 관한 특별 조치법', 이른바 신에너지 RPS법과 직접적으로 상호작용이 있다. '전기 사업자로 인한 신에너지 등의 이용에 관한 특별 조치법'을 시행한 후 전력 회사가 구입하는 '전기만의 가격'이 그린 전력 증서의 거래에서 합의되고 있던 6엔/kWh의 가격부터 3엔대/kWh로 낮아짐과 동시에 증서 가격도 RPS 증서의 높은 가격 수준으로 끌어가게 되었다(**그림 9.2**). 이에 풍력 발전 사업 그 자체가 전력 회사의 계통 연계 대책 문제나 신에너지 RPS법을 토대로 조금 성장이 느려지고 있고, 신규 전원이 반드시 순조롭게 뻗어나가고 있지는 않다. 이 양면으로 그린 에너지 증서는 반드시 큰 성장을 보여 주지 못하고 있는 실정이다. 풍력 발전 등 재생 가능 에너지의 효과적인 보급을 위해서는 2010년까지 1.35%라는 신에너지 RPS법의 목표치를 영국 등과 같이 한 자릿수 크게 하여 RPS 증서가 높은 가격 수준으로 거래되는 것이 바람직하다.

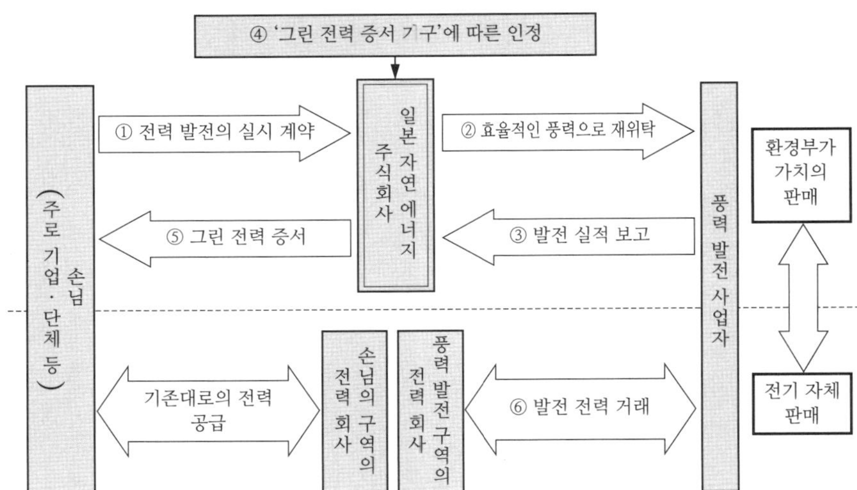

그림 9.2 >>> 그린 전력 증서 시스템의 개요

한편, 지구 온난화 대책으로 이산화탄소의 배출량 거래가 진행되면 그린 전력 증서 중에서의 탄소 가치가 확정되기 때문에, 앞서 서술한 기업 회계에 있어서의 그린 전력 증서의 손금(損金) 취급이 불가능하다는 직접적인 장해는 해결할 수 있는 가능성이 있다. 단, 거래되는 탄소 가치(수 백엔~수 천엔/ CO_2톤)와 그린 전력 증서의 가치(약 4만 엔/ CO_2톤)는 한 자리 수 이상의 가격 수준의 차가 나기 때문에 이산화탄소의 가치만으로는 경쟁력을 가지지 못한다. 여기에서도 제도면과의 조정이 큰 과제라 할 수 있다.

4 세계의 그린 전력

그린 전력에 대해서 해외로 눈을 돌리면 역시 주목되는 것은 독일의 풍력 발전의 현저한 보급이다. 세계의 풍력 발전은 2004년 말 누적으로 4,400만 kW에 달하고 있다. 유럽이 2004년에 누적 3,000만 kWh를 넘어 전 세계의 75%를 차지하고 있고, 그 중에서는 역시 고정 가격제(FIT, Feed in Tariff)를 도입하고 있는 독일과 스페인이 각각 1,461만 kW,

641만 kW이고, 여기에 덴마크의 311만 kW를 더한 3개국으로, 실제로 유럽 전체의 풍력 발전의 약 83%를 차지하고 있다.

독일에서는 풍력 발전으로 인한 발전량이 250억 kWh로 총 발전량의 5%에 달하고, 4만 5천 명 고용(자연 에너지 전체에서는 13만 명 고용)과 30억 유로(자연 에너지 전체로는 80억 유로)의 경제 효과를 낼 뿐만 아니라 자연 에너지를 이용함에 따라 3,500만 톤(2000년)의 이산화탄소를 삭감해서 온난화 방지에 공헌했다고 하는 실로 환경과 경제의 총합을 상징하는 존재로 되어 있다.

'고객이 선택하는 자연 에너지'라는 시점에 서면 이른바 그린 전력 프로그램 외에 덴마크에서 탄생하고 발전해 온 협동조합으로 인한 풍차의 공유의 구조(시민 풍차)도 있다. 덴마크의 수도 코펜하겐의 앞바다에는 20기의 2MW 풍차로 구성된 미들그룬덴 해상 풍력 발전이 있는데 그 절반은 코펜하겐 시민의 출자로 인한 풍력협동조합일 뿐만 아니라 계획 단계에서 시민의 의견을 반영하고, 경관을 고려해서 커브형 배열로 되어 있다.

이러한 그린 전력과 시민 풍차라고 하는 '고객이 자신의 의지로 선택하는 자연 에너지'는 미들그룬덴 해상 풍력 발전의 예를 봐도, 자연 에너지에 대한 사회적인 수용성을 높이는 것에 그치지 않고 자발적인 참가로 인한 에너지와 환경 문제로의 주체적인 관심을 가지며 시민적인 행동을 촉진하는 것으로 연결된다. 한편, 자연 에너지는 오염자 부담 원칙을 토대로 한 공공 정책으로의 보급을 요청하는 측면도 있다. 그린 전력의 보급은 그 양면의 조화가 열쇠이며 앞으로의 공공 정책의 큰 과제라 할 수 있다.

풍력 발전이 환경에 미치는 영향

1장에서도 언급한 것처럼 20세기의 인류의 풍부한 생활을 지탱해 준 에너지 공급은 석탄, 석유, 천연가스라는 화석 연료의 대량 소비로 이루어져 왔다. 이와 같은 에너지의 공급 구조는 1970년대의 석유 파동으로 자원 고갈이라는 과제와 직면하게 되고, 1990년대 이후에는 지구 온난화를 중심으로 한 심각한 지구 환경 문제로서 세계적인 과제가 되었다.

COP(기후 변동에 관한 국제연합범위조약체약국회의)에서는 지구의 온난화를 억제하기 위해 우선적으로 취해야 할 시책의 하나로서 태양광이나 풍력으로 대표되는 재생 가능 에너지로의 이행을 제창하고 있다.

이와 같은 희박한 에너지원인 재생 가능 에너지를 이용할 때에는 얼마나 효율 좋은 저비용으로 발전을 할 것인가라는 기술적, 경제적인 과제가 있지만 풍력 발전은 현재 가장 효율적인 발전 시스템의 하나로 여기고 있고, 세계 각국에서 적극적으로 그 도입을 진행하고 있다. 일본에서도 1998년의 홋카이도 토마마에 마을에서의 대형 윈드팜 건설을 시작으로 토호쿠, 홋카이도를 비롯한 좋은 풍황 지역에는 거대한 풍차가 쭉 늘어서 있다. 그리고 이들 풍력 발전 장치에는 화석 연료를 대신하는 '친환경적인'이라는 캐치프레이즈가 주어져 왔지만 최근에 풍력 발전의 지역 환경에 부하를 주는 것과 같은 측면도 인식되고 있다.

풍력 발전을 계획할 경우, 후보 지역의 풍황은 그 입지의 옳고 그름을 결정하기 위한 가장 중요한 조건이지만 발전 효율을 높이고, 가능한 한 큰 발전량을 얻으려면 풍력 발전기는 필연적으로 거대해져 일본의 사업용 풍력 발전기의 평균 출력 규모는 1,000kW를 넘고, 평균 로터 지름은 60m를 넘는다.

따라서 풍황이 아무리 양호하더라도 후보 지역의 각종 사회적 조건이 풍차의 건설을 제한하는 경우가 있기 때문에 사회 조건에 관한 사전 조사는 중요하다.

사회 조건의 조사 항목으로는 구획 지정, 토지 이용, 배전선, 송전선, 수송, 도로, 소음, 전파 장해, 경관, 생태계를 들 수 있지만 여기에서는 환경 영향에 대해서 분명히 하도록 한다.

풍력 발전의 환경 평가[1, 2]

현재 화력, 수력, 원자력 등의 전원 개발에 관해서는 환경영향평가법 1997년 법률 제81호로 인한 평가가 의무였지만, 풍력 발전에 관해서는 2004년 현재, 이와 같은 환경 평가는 의무가 아니다. 지금까지는 NEDO(신에너지 산업 기술총합개발기구) 또는 경제 산업성의 보조금을 취득하기 위해서 풍력 발전 사업자가 자주적으로 환경 평가를 실시해 온 실정이지만, 향후에는 주민의 합의를 얻기 위해서라도 점점 이 프로세스의 중요성이 인식될 것이다. 일반적으로 풍력 발전소의 설치에 따라 생기는 주요 환경 영향으로서 다음 5가지의 것을 생각해 볼 수 있다.

· 풍력 발전기의 운전 시에 발생하는 기계음 및 로터 블레이드 선단의 풍절음의 영향
· 블레이드의 회전 혹은 거대해지는 풍력 발전기 자체의 존재로 인한 전자 영향
· 회전하는 블레이드로 조류가 충돌하는 등 동물의 생식 환경에 대한 영향
· 윈드팜 형식으로 대규모의 풍차가 늘어서고 배치되는 것으로 인한 경관상 영향
· 풍차 건설에 따른 수목 벌채 등으로 인한 동식물의 생육 환경에 대한 영향

이들에 대해서는 NEDO의 '풍력 발전을 위한 환경 영향 평가 매뉴얼'에서도 표준 항목으로서 취급되고 있다. 다음으로 풍력 발전에 특징적인 영향에 대해서 분명히 하자.

1.1 소음

풍력 발전기로 인한 소음에는 블레이드가 회전할 때에 발생하는 풍절음과 너셀 내부의 증속기 등에서 발생하는 기계음이 있다. 이들 소음이 전달되는 방식은 기상 조건, 특히 풍향, 풍속에 크게 의존하지만 후보 지점과 주변 민가의 거리를 풍차 소음 면에서 고려해 둘 필요가 있다.

풍차 소음의 레벨은 기종에 따라 다르지만 **그림 10.1**의 예와 같이 일반적으로 풍차에서 떨어져 있을수록 소음 레벨은 감쇠한다. 풍차를 설치하는 데 있어서는 이 거리 감쇠 및 풍차의 종류를 고려해서 설치 지점을 결정할 필요가 있다. 또, 소음 레벨의 기준을 참고로 하여 **그림 10.2**에 나타냈다.

    소음 영향이 생긴 경우의 저감책은 대상이 기계음일 경우에는 발생원 측으로의 대처가 되고, 너셀 내부에 방음재 첨부, 통기공으로의 방음 처리 등을 생각할 수 있다. 한편, 대상이 풍절음인 경우에는 블레이드의 평면 형상을 변경하거나 블레이드의 표면 처리 등의 설계 변경으로 피드백하는 것 외에, 풍차 설치 후에는 수음측인 개별 가옥에 대해서 창틀을 이중으로 하거나 환기구를 방음 처리하는 등 일반적인 소음 대책으로 하고 있는 처치를 하게 된다.

1.2 전파 장해

전파 장해는 그 발생 원인의 차이에 따라 크게 차폐 장해와 반사 장해로 구별된다. 풍력 발전기는 빌딩과 같은 일반적인 건축물과 비교해서 전파 도래 방향에 대한 투영 면적이 작기 때문에 수신 장해의 원인으로는 되기 어렵지만 풍차의 규모나 설치 기수 등에 따라서는 수신 장해를 일으킬 가능성이 있다.

풍차의 타워나 너셀은 금속 재료가 많이 사용되므로 전파 장해를 발생시킬 가능성이 있으므로 전파의 루트 등을 조사하고 이를 피해서 설치해야 할 필요가 있다. 대상이 되는 전파는 다음에 나타난 전파법에서 규정한 중요 무선 통신이나 그 밖의 생활 기반상 중요한 전파이다. 구체적으로는 텔레비전 방송국이나 라디오 방송국 등의 방송 업무용, 전화국 등의 전기 통신 업무용, 자위대나 해상 보안청 혹은 경찰 등의 치안 유지용, 어업 무선 중계 기지, 기상 업무용, 전기 사업용, 철도 사업용, 시정촌의 방재 무선 등이 있다.

또한, 주변에 민가가 있는 경우 가장 문제되는 것은 텔레비전 전파 장해인데 송신 지점, 풍차 지점, 수신 지점의 위치 관계나 풍차 규모에 따라 변화한다. 사전 예측을 토대로 반사 영역과 차폐 영역에 거주 지역이 포함되지 않도록 후보 지점을 설정할 필요가 있다.

1.3 경관[3]

경관에 대해서는 주관적인 것으로, 객관적으로 평가하는 것은 어렵지만 기본적으로는 주변의 경관과의 조화를 도모하는 것이 대전제가 된다.

2003년에 환경성 국립공원과가 개최한 '국립, 국정 공원 내에서 풍력 발전을 설치하는 방식에 관한 검토회'는 풍력 발전이 경관에 미치는 영향에 대해서 공식석상에서 의논한 일본 최초의 사례였다. 저자도 위원으로서 검토에 참여했지만 정량화하기 어려운 경관에 대해서는 주관적인 요소가 들어가고, 그 해석을 둘러싼 의논의 대립이 보이는 것은 이 문제의 어려움을 나타낸 것이라고 할 수 있다.

대형 풍력 발전기는 지구 온난화 방지의 상징적 존재로서 고압 송전 철탑 등과 비교해서 경관상 좋은 인상을 주며, 지방 자치체 등으로부터의 설치 요구도 많지만 일반적으로 산릉선(스카이라인)이나 해안선, 곳 위 등 전망 좋은 장소가 입지 지점이 되기 때문에 국립, 국정 공원 내에 있어서는 다음과 같은 보전 조치가 필요하다.

· 자연경관의 보호상 핵심적인 지역을 회피한다.

· 조망 대상인 산릉선 등 경관상 두드러진 장소로의 입지를 피한다.

· 중요한 전망 지점에서 멀리한다.

· 중요한 조망 대상을 포함한 시야로부터 벗어난다.

· 배경의 지형 스케일을 잃지 않는 규모로 한다.

· 배경에 융화되기 쉬운 색채로 한다.

이들을 토대로 '국립, 국정 공원 내에서의 풍력 발전 설치 방식에 관한 기본적인 사고방식'을 정리하고, 이를 토대로 책정된 심사 기준이 2004년 4월 이후에 시행되고 있다. 그러나 구체적인 '자연공원법의 행위의 허가 기준의 운용' 중의 조항을 해석하는 데도 주관적인 요소가 들어가기 때문에 실제로 운용하는 데는 지역차가 나올 것이다.

자연과 인간을 대립 관계에 두는 서양의 사고방식에 대해서 동양 또는 일본에서는 인간은 자연의 일원이며 그 안에서 살고 있다는 사고방식을 가지고 있고, 이 대자연과의 조화의 의식이 일본인의 감성을 길러왔다고 할 수 있다. 그리하여, 경관에 관해서도 '차경(借景)', '첨경(添景)', '수경(修景)' 등 일본만의 독자적인 개념이 생겨난 것이다. 따라서 공원 내의 풍차에 대해서도 '경관을 돋보이게 하는 풍차'라는 긍정적인 사고방식이 중요하다.

이 경관 논쟁은 향후에도 점점 활발해질 것이라 생각되지만 풍차를 설치하고 싶은 사업자나 자치체와 환경을 보호하는 입장에 있는 환경성이 데이터 공유, 합의 형성이라는 프로세스를 토대로 풍차 설치를 진행해야 할 것이다. 이는 경관뿐만 아니라 야생의 동식물과의 공존에 대해서도 말할 수 있는 것이다.

02 생태계에 미치는 영향[4~9]
(야생 조류에 미치는 영향)

풍차의 설치로 인해 동식물에게 미치는 악영향은 거의 없다고 하지만, 절멸 위기로 보호가 필요한 동식물종이 생식하는지 아닌지를 도도부현의 환경과 등에서 조사하여, 특히 희소맹금류인 검둥수리, 뿔매, 대매에 대해서는 유의할 필요가 있고, 그 외의 종에 대해서도 필요에 맞게 그 영향을 평가하는 것이 바람직하다. 또, 새가 지나가는 경로나 중계 지점과의 관계에 대해서도 검토를 하는 것이 바람직하다. 특히, 생태계에 미치는 영향을 평가하기 위해서 기존과 같이 설치하기 전의 평가뿐만 아니라 풍차를 설치한 후에 야생 조류나 야생 생물에게 어떤 영향을 주는지에 대한 사후의 평가도 꼭 필요하다고 할 수 있다.

풍력 발전 시설의 증가와 대형화에 따라 새가 회전하는 풍차 블레이드로 충돌할 위험에 대해서는 이전부터 염려되어 왔다. 일본에서도 2003년 11월의 '발전용 풍차로의 버드 스트라이크에 관한 심포지엄' 등을 계기로 정면으로 받아들이게 되었다. 여기에서는 생태계에 미치는 영향의 대표적인 것으로 버드 스트라이크의 문제를 받아들인 것이다.

버드 스트라이크는 항공기의 경우에는 매우 심각하여 때로는 항공기의 손해뿐만 아니라 추락 사고의 원인이 될 수도 있다고 알려져 있다. 예를 들면, 독일 버드 스트라이크 위원회(GBSC)에 의하면 1960년부터 1996년까지 세계에서 16건의 중대한 사고가 발생하였다고 한다. 이 경우에는 항공기가 피해자이고 새를 가해자로 보고 있다.

일반적으로 버드 스트라이크는 항공기나 풍차의 경우는 적고, **그림 10.3**과 같이 빌딩, 송전 철탑, 송전선, 등대, 자동차나 열차, 그리고 충돌 피해는 아니지만 농약 피해나 고양이에 의해 목숨을 잃는 경우도 매우 많다.

풍력 발전으로 인한 버드 스트라이크는 1980년대에 캘리포니아에서 다수의 풍차가 설치되었을 때부터 지적되고 있다. 당시의 타워는 라치스 구조로 직선의 도리목이 매우 많았고, 새가 이를 홰(가로질러 놓은 나무 막대)로 둥지를 지으려 하기 때문에 많은 버드 스트라이크가 일어났다고 한다. 현재 사용되고 있는 모노포일형이라 불리는 원통형의 타워는 버드 스트라이크 대책에도 유효하다. 또, 각국에서 조류를 보호하는 입장에서 버드 스트라이크 방지의 가이드라인도 정리하고 있다.

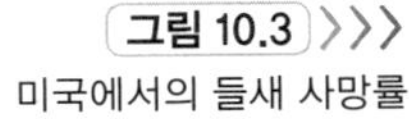

그림 10.3 >>>
미국에서의 들새 사망률

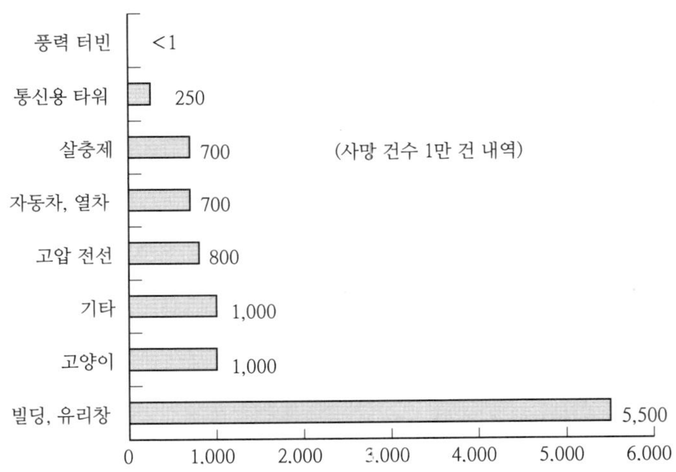

또, 환경 보호 단체인 그린피스와 WWF는 함께 풍력 발전을 추진하는 입장인데 그것은 조류가 서식하는 지구 환경의 CO_2 삭감에 풍력 발전이 공헌할 수 있기 때문이며, 재생 가능한 에너지로의 전환 내지는 기후 변동 방지, 온난화 방지, 동식물의 보전을 실현할 수는 없다. 미국의 애조단체 Audubon, 영국의 왕립조류보호협회(RSPB) 등도 같은 입장을 취하고 있다.

또, 영국의 English-Nature, RSPB, WWF-UK 및 BWEA(영국 풍력 에너지협회)는 "Windfarm development and nature conservation(윈드팜 개발과 자연보호)"라는 문서를 2001년 3월에 공적으로 간행했다. 이는 윈드팜을 건설하거나 제안할 때에 자연보호단체와 풍력 개발자에게 인도가 되는 것으로 환경 영향 평가, 모니터의 방법에 대해서도 서술하고 있고, 정부도 이를 지원할 것을 명기하고 있다.

한편, 일본의 (재)일본 야생조류회의에서는 2003년 10월에 풍력 발전 시설의 설치 기준에 대한 기본적인 의견을 모았다. 그것은 현상 인식으로서 야생생물에 대한 사전 조사와 영향 평가의 실시가 불충분하다는 것, 현재 시설에서의 계통적 조사, 맹금류 등 대형 조류의 보호가 필요하다고 하고, 시설 설치에 대해서 사전 조사나 영향 평가의 의무화, 철새의 왕래나 생식지, 번식지 조사 등 몇 가지 과제를 지적하고 있다.

 03 원활한 환경 평가를 위해[2, 10]

2004년 현재, 풍력 발전에는 환경 평가에 관한 법적인 규제는 없지만 자주적인 평가라 하더라도 그 진행 방식에 대해서는 환경영향평가법에 준거하도록 노력하는 것이 지역 주민과 원활하게 합의할 수 있는 지름길이 된다고 생각하고 있다. 그때 포인트가 되는 것은 어느 지역에서도 통용되는 일반적인 환경 평가 매뉴얼은 존재하지 않음을 염두에 두어야 할 필요가 있다. 따라서 지역의 특성을 감안하여 조사를 행할 필요가 있으며, 지역으로의 정보 제공을 통해 폭넓게 의견을 청취하고, 조사 방법이나 사업 계획에 대해서 가능한 한 지역 주민의 목소리를 받아들여 보고서에 반영시켜야 한다.

이를 더욱 진행한 것이 전략적 평가이며, 이는 현재의 사업가와 비교하여 보다 상위의 계획이나 정책에 관한 의지 결정에 평가를 받아들인다는 것이다. 이 방법은 사업자에게도, 사업 계획을 책정하는 단계에서 지역 주민과의 커뮤니케이션을 도모하고, 보다 나은 사업을 구축할 수 있다는 장점이 있다. 이에 대해서는 와카나이 시가 책정한 '와카나이 시 풍력 발전 시설 건설 가이드라인 지도' 등이 자치체로서 대처하는 전형이라고 할 수 있다.

Memo

Memo

풍력 에너지의 장래 전망

유럽 대륙의 서단 포르투갈의 최서단 로카 곶에는 포르투갈에서 가장 경애받고 있는 시인 카몽이스의 시 '우스 루지아다스'의 첫머리의 구절 "이곳에서 땅이 끝나고 바다가 시작된다."가 새겨진 비석이 대서양을 향해 세워져 있다. 이것은 인도 항로를 개척한 바스코 다 가마의 업적을 읊은 것으로 16세기 대항해 시대의 시작을 알리는 것이라고 할 수 있다.

21세기의 풍력 발전도 실로 "이곳에서 땅이 끝나고 바다가 시작된다"이다. 이미 덴마크에서는 육상에 풍차는 설치하기 어려워졌고, 북해양상으로 부지를 확대하고 있지만 21세기는 해상 풍력의 시대, 그리고 주위가 바다로 둘러싸인 일본에도 해상 풍력의 시대가 도래한 것이다.

01 풍력 발전 '육지에서 바다로'

1990년대 이후 유럽에서의 풍력 발전의 도입은 독일, 덴마크, 스페인을 중심으로 급속도로 확대되었다. 이 때문에 풍황의 혜택을 받고 있는 넓은 토지가 감소하고, 소음이나 경관 등의 환경 문제도 있어서, 향후의 새로운 개척지로서 해상 풍력 발전이 주목받고 있다.

해상은 거대한 프로젝트를 전개하는 데에 충분한 넓은 면적을 얻기 쉬운 점, 육지에서 떨어질수록 풍속이 높아지고 바람의 난류 성분도 적어지는 점, 육상에 비해 윈드 시어(wind shear)가 발달하는 경계층이 얇기 때문에 풍차 타워가 낮은 점 등의 이점이 있다. 특히, 덴마크, 네덜란드, 영국, 스웨덴 등에서는 대규모의 해상 풍력 발전의 도입 계획이 추진되고 있다. 일본에서도 풍력 발전의 도입이 급격하게 증가하고 있지만 육상에서는 설치 부지가 부족하거나 토지 가격, 도로 액세스, 약소 전력 계통의 강화 등의 문제로부터 풍력 발전을 도입하는 데는 일정한 제한이 있다. 이 때문에 향후에는 방대한 풍력 에너지가 부존하는 해상으로 전개되어야 한다.

1.1 해상 풍력 발전의 현상(현황)

■1 유럽에서의 해상 풍력 발전의 현상(현황)과 장래

유럽에서의 해상 풍력 발전의 조사 연구는 1980년대에 시작되어 구체적인 사업은 덴마크, 스웨덴 및 네덜란드에서 착수되었다. 2003년 말에 19개 시설의 해상 풍력 발전이 건설되어 총 설비 용량은 700MW에 달하고 있다.

향후의 설치 계획은 2004년에 영국의 768MW을 시작으로 1,466MW, 2005년에 독일의 1,205MW를 시작으로 2,344MW, 2006년에는 역시 독일의 1,891MW를 시작으로 2,787MW, 그리고 2007년에도 독일의 1,560MW를 시작으로 3204MW라는 목표가 발표되었고, 육상뿐만 아니라 해상에 있어서도 독일의 동향이 주목된다.

■2 해상 풍력 발전의 과제

[1] 지점 선정과 풍차 배치

일반적으로 해상 풍황 지도상에서 바람이 강하고, 안정적으로 불며, 물이 얕아 해류의 유속이 느린 곳이 바람직하다. 또, 해상에서의 윈드팜은 대규모가 되기 때문에 정기 선박 혹은 항공기에 방해가 되지 않는 지점에 설치해야 한다. 게다가 전원선 부설, 전력 공급 등의 면에 대해서도 물이 얕은 곳의 해저 상황이라면 설치 작업도 용이하고, 경비도 절감할 수 있다. 또, 동식물이 서식하는 데 악영향을 주지 않는 장소인 것이 필요 조건이다.

풍차의 배치에 관해서는 풍차 후류의 영향과 상호 간섭을 피할 필요가 있다. 또, 연안부에 가까운 곳에서는 경관 장해에 유의해야 할 필요가 있다. 덴마크의 미들그룬덴에서는 앙케이트 조사로 주민의 의견을 받아들여, **그림 11.1**과 같이 20기의 풍차가 궁형(弓形)을 형성하는 것과 같은 최종적인 풍차의 배치를 결정하고 있다.

[2] 토목·설치 공사·타워 강도

기초의 설계 조건으로서 파도와 풍력을 조합한 최대 하중과 피로 강도 산정, 최대 풍하중과 빙하중을 조합한 최대 하중 데이터의 산정이 과제가 된다. 또, 풍차열 가운데에서의 특정 1기의 고장 정지에 기인하는 난류로 인한 최대 하중, 피로 하중의 증가, 성능 저하, 풍차와 기초로 인한 영향 등도 고려해야 한다.

[3] 전기 설비·계통 연계

대규모의 해상 풍력 발전소에서 육상의 전력 소비지까지 송전하는 데는 송전 계통을 증강해야 한다. 그러나 최근에는 가공의 교류 고압 송전선을 건설하는 데 많이 반대한다. 또, 기술적, 경제적으로도 고압 교류 송전은 장거리(100km 이상), 대용량(300MW) 송전에는 적절하지 않으며 오히려 고압 직류 송전에 적합하다. 한편, 불안정한 풍력 전력을 전력 시장에 참입시키기 위해서는 발전 출력의 정밀도가 높아질 거라는 예상을 해야 하며, 풍력 발전의 출력 예측 기술의 확립이 요구된다.

[4] 발전 시스템의 설계

육상용 풍력 터빈도 해가 지날수록 대형화되고 있지만, 해상 풍력 발전의 경우에는 스케일 메리트를 얻기 위해서는 2MW 이상의 풍차가 표준이 된다는 것을 생각할 수 있다. 그리고 해상 풍력 발전을 위한 풍차의 요구 사양은 타워와 너셀의 기밀성 확보, 제습 시스템 도입, 부식 방지를 위한 표면 가공, 너셀 위의 500kg 정도까지 매달 수 있는 크레인 설치, 대형 부품을 달아 올리는 용도의 크레인 설치 설비, 변압기, 차단기의 타워 안으로의 수납 등을 들 수 있다.

[5] 경제성

기존의 해상 설비는 육상 설비에 비해 약 1.5배의 경비 증대가 예상되어, 해저 기초 구조물에 관해 경비가 증대하지만, 이를 피하기 위해서는 구조 형식 등을 재검토해야 한다. 항만, 해저 지형, 유빙, 풍황, 파도의 높이 등 모든 것을 고려할 수 있는 기초 구조물의 최적 설계법의 확립으로 비용 저감을 도모해야 한다.

해상 풍력 발전의 발전 비용은 기술의 진보에 따라 저감되고 있지만 현재에는 이미 4~6ECU/kWh에 도달해 있고, 경제적으로도 실용 단계에 들어가 있다.

[6] 사전 조사

해상 풍력 발전에 관한 사전 조사 내용으로는 풍황 조건, 설계 조건, 입지 조건, 환경 조건에 관한 것으로 나누어 조사를 실행하고 있고, 그 개요를 **표 11.1**에 나타냈다. 또, 환경 조건에 대해서는 육상과의 비교로 **표 11.2**와 같은 비교가 행해지고 있고, 각 항목에서의 필요성의 정도를 시사하고 있다.

표 11.1 >>>
해상 풍력 발전에 관한
사전 조사 내용

풍황 조건	각종 풍황 특성, 풍황 시뮬레이션
설계 조건	해상 조건(파도, 유황), 해저 지형, 지질
입지 조건	수역 이용(어업, 선박 항행, 레크리에이션)
환경 조건	바다 생물, 조류, 경관, 전파, 해저 지질, 고고학 상의 물건

표 11.2 >>>
해상 풍력과 육상 풍력에
있어서 환경 영향 비교

환경 영향	육상과 비교해서 해상은?
경관 장해	감소 : 시점에서 멈
소음 장해	감소 : 수음점에서 멈
조류의 충돌	지점에 의함
전자파 장해	감소
마이크로파 장해	지점에 의함
쉐도우 플리커	문제가 되지 않음
바다 소음과 진동	해상 풍력 특유

[7] 메인 터넌스와 각종 대책

해상 풍력 발전 사업에 있어서는 입지 환경의 특수성부터 황천 시(荒天時) 등의 액세스의 어려움이 따른다. 메인터넌스에 대해서는 그 실시 방법이 사업의 채산성(운전비, 발전 비용)에 크게 영향을 준다. 육상에 설치한 풍차와 비교해서 해상 풍차에서는 운전, 보수 비용의 비중이 크기 때문에 풍차로의 액세스 빈도가 높으면 운전비가 증대하기 때문에 액세스 빈도를 최소한으로 하는 것이 운전비 저감의 주요 변수가 된다.

1.2 해상 풍력 발전의 장래

1 유럽의 풍력 에너지 부존량

덴마크의 Risoe 연구소는 1989년에 해상 풍황 지도를 작성하고, 유럽에서의 해상 풍력 에너지 부존량에 관한 초기 정보를 제공했다. 이 해상 풍황 지도는 대상 해역을 해안에서 10km 이상 떨어진 범위로 한정하고 있다. 한편, 유럽의 풍력 에너지 부존량에 관한 본격적인 연구는 Matthies에 의해 행해지고 있다.[1]

나라 이름	잠재 부존량 [TWh/]*	합계 전력 수요량(1994) [TWh/年]
영국	986	321
덴마크	550	32
프랑스	477	355
독일	237	432
아일랜드	183	13
이탈리아	154	235
스페인	140	137
네덜란드	136	75
그리스	92	34
포르투갈	49	25
벨기에	24	63
EC 합계	3,028	1,846

주)*연안에서 30km 앞바다에서 수심 40m까지의 해역에서
또, 10m/s까지를 전제로 시산. 풍차의 허브 높이 60m에서
1km²당 6MW가 설치된다고 가정함.

해상 풍력 분포도를 토대로 해상 풍력 에너지의 잠재 부존량이 산출되고(풍차의 설치 가능 용량 : 6MW/km²), EC 전체의 해상 풍력 에너지 잠재 부존량은 3,028TWh/년으로 추산되며, 이는 1994년 당시의 EC 전체의 전력 수요량(1,845TWh/년)의 약 1.6배에 상당하는 규모였다.

나라별로는 **표 11.3**과 같이 영국이 가장 많은데 986TWh/년으로 EC 전체의 1/3을 차지한다. 이어서, 덴마크의 550TWh/년, 프랑스의 477TWh/년, 독일의 237TWh/년의 순이다. 또, 스웨덴의 해상 풍력 잠재 부존량은 139TWh/년으로 보고되고 있는데 이는 스페인과 동등하다.

❷ 유럽의 해상 풍력 발전 개발 목표

유럽 주요국에서는 덴마크나 독일을 중심으로 백~수 천 MW 규모의 사업 계획이 세워지고 있다. 또, 해상에 설치된 풍력 발전 장치도 초기의 것은 육상 타입의 풍차에 외부 설비의 부식 방지와 제어 시스템으로의 염분을 포함한 외기의 유입 방지 방책을 추가함과 함께 해상의 강풍을 고려한 것이었다. 최근, 각 풍차 메이커는 적극적으로 해상 전용 풍차를 개발하고 있어, 가까운 미래에는 해상 전용의 맘모스 풍차가 출현하게 된다.

해상 전용 풍차는 육상 타입에 비해 정격 풍속, 회전수가 높아지고 있고, 또 건물에 대해서도 상대적으로 낮게 설계되어 있다. 날개 매수는 3매가 주류이지만, 2매는 경량이고 또, 운반도 용이하다는 이유로 해상 사양으로는 유망하다. 2매 날개 풍차는 고속 회전으로 인한 소음 문제가 있고 경관상의 관점에서도 육상에서는 경원시되어 왔지만, 해상에서는 이와 같은 문제는 없으며, 3매 날개에 비해 공력적인 효율은 1~2% 감소하지만 경량화와 운반의 용이함 등 발전 비용 저감에 유효하다고 여겨지고 있다.

게다가 풍차의 설치 방법도 기존과 같은 얕은 해역에서는 해저에 지지 구조를 설치하는 착저 방식으로 끝냈지만 일본과 같은 해역이 얕고, 좁으며, 이안(離岸)하여 바로 심해역에 도달할 수 있을 것 같은 곳에서는 부유 방식의 해상풍 방식이 필요하다.

❸ 일본의 해상 풍력 발전의 가능성

일본의 해상 풍력 발전에 관한 부존량에 대해서는 여러 연구가 진행되고 있다. 저자들의 산정 조건으로 연안에서 앞바다 방향으로 1km에서 3km 떨어진 해역을 대상으로 하여 500kW 풍력 발전기의 설치를 상정한 것으로는 936~2,809억 kWh/년의 범위에 있고,[1] 2,000kW 풍력 발전기의 설치를 상정한 경우에는 1,342~4,027억 kWh/년이라는 큰 수치로 되어 있다.[2] 한편, 후지이에 의한 부존량의 추정치는 1~3km 떨어진 해역을 대상으로 2,550~7,650억 kWh/년으로 커지고 있다.[3] 게다가 Leutz 및 Ackermann은 수심 50m까지의 면적의 절반분인 해역에서 7,080억 kWh/년으로 하고 있다.[4] 부존량의 추계치가 연구자에 의해 달라지는 것은 추계의 전제가 다르기 때문이지만, 추계치가 작은 수치(936억 kWh/년)를 기준으로 해도 NEDO의 풍황 지도를 토대로 한 육상의 풍력 발전 부존량(0.34억 kWh/년 : 시나리오 2의 $10D \times 30D$의 사례)의 약 2,750배의 잠재 부존량을 가지며, 해상 풍력 발전의 잠재력이 아주 크다는 것을 시사한다.

이 밖에도 치요다 데임즈 앤 무어 주식회사, CRC 솔루션 등의 조사 결과도 있고, 이들을 일괄하여 **표 11.4**에 나타냈다.

이와 같은 배경 하에 (사)동해양개발산업협회, (재)연안개발기술연구센터 또는 (사)일본전기공업회 등 몇 개의 그룹에서 일본의 해상 풍력 발전의 피지빌리티 스터디나 기술 과제 추출, 기초 공법 검토 등에 대한 방안을 찾고 있다.[5~7]

1.3 부체(浮體)형 해상 풍력 발전 시스템[8]

1 부체형 시스템이 요구하는 것

부체형 시스템에서는 극복해야 할 과제가 많다. 그것들을 정리해 보면

- 파도, 강풍 하에서의 동요나 경사를 어떻게 억제할 것인가?
- 거대 구조물을 어떻게 효율적으로 건설하고 설치할 것인가?
- 액세스, 메인터넌스를 어떻게 저감할 것인가?
- 전체 시스템을 어떻게 경제적으로 창출할 것인가?

등이 있다. 즉, 이들 조건에 어떻게 대처하는지에 따라 시스템의 좋고 나쁨을 좌우하게 된다.

표 11.4 >>>
일본의 해상 풍력 발전 부존량

잠재 부존량(만 kW(억 kWh))			추계 방법	추계 조건	출처
20,485(2,809) (연안에서 난바다로 3km 폭의 범위) 6,825(936) (연안에서 난바다로 1km 폭의 범위)			등대 등의 풍황 관측 데이터	· 풍차 설비 가능 해안선 : 도쿄만, 이세만, 세토 내해, 도서부(島嶼部), 항만, 선로를 제외한 해안선에서 전체의 80%가 설치 가능하다. (6,556km) · 대상 풍차 : 정격 출력 500kW, 허브 높이 40m, 로터 지름 40m · 풍차의 배열 : $3D \times 10D$(D는 로터 지름) · 오키나와 현의 부존량은 제외하고 있다.	나가이 히로시, 우시야마 이즈미, 우에노야스오(1997) : 일본의 오프쇼어 풍력 발전의 가능성, 제19회 일본 풍력 에너지 심포지엄, 1997.11
7,400,000(1,502,790) (200해리 경제 수역 내의 범위) 37,800(7,650) (연안에서 난바다로 3km 폭의 범위) 12,600(2,550) (연안에서 난바다로 1km 폭의 범위)			위성 마이크로 파고계에 의한 해상풍 데이터 (1° 그리드 : 약 90km×약 110km)	· 대상 풍차: 정격 출력 500kW, 허브 높이 40m, 로터 지름 40m · 풍차의 배열 : $3D \times 0D$(D는 로터 지름)	후지이 토모키(1999) An Estima-tion of the Potential of Offshore Wind Power in Japan by Satellite Date 태양/풍력 에너지 강연 논문집, 1999.11
25,290(4,027) (연안에서 난바다로 3km 폭의 범위) 8,427(1,342) (연안에서 난바다로 1km 폭의 범위)			등대 등의 풍황 관측 데이터	· 풍차 설비 가능 해안선 : 도쿄만, 이세만, 세토 내해, 도서부, 항만, 선로를 제외한 해안선에서 전체의 80%가 설치 가능하다. (6,556km) · 대상 풍차 : 정격 출력 2000kW, 허브 높이 60m, 로터 지름 72m · 풍차의 배열 : $3D \times 10D$(D는 로터 지름) · 오키나와 현의 부존량은 제외하고 있다.	나가이 히로시, 우시야마 이즈미(2000) : 일본 연안의 오프쇼어 풍력 발전의 가능성, 일본 태양에너지학회· 일본 풍력에너지협회, 합동 연구발표회, 2000.11
31,487(7,080) (수심 50m까지의 면적의 절반의 해역)			위성 마이크로 파고계에 의한 해상풍 데이터 (1도 그리드 : 약 90km×약 110km)	· 대상 해역 : 수심 50m 이하로 얕은 해역 면적의 50%가 설치 가능 · 대상 풍차 : 정격 출력 3,000kW, 허브 높이 125m(max), 로터 지름 90m · 풍차의 배열 : $10D \times 10D$(D는 로터 지름)	Leutz. R., T. Ackermann, A. Suzuki and T. Kashiwagi(ps) : Offshore Wind Energy Potentials of Japan and South Korea.(투고 중)
연평균 월속 〔m/s〕	5 이상	0~10m 깊이	2,300(530)	· 풍차 설비 가능 해안선 : 수심 20m 이하로 얕은 해역(도쿄만, 이세만, 세토 내해, 도서부, 항만, 항로를 제외) · 자연공원 : 자연공원 지정 지역의 전면 해역은 제외한다. · 항만, 하구, 항로의 해역 : 이들의 해역 면적은 수심 10m 이하로 얕은 이용 가능 해역 면적의 15%로 제외한다. · 어업 : 어업으로 인한 점유 면적은 고려하고 있지 않다. · 대상 풍차 : 정격 출력 1650kW, 허브 높이 60m, 로터 지름 66m · 풍차의 배열 : $5D \times 10D$(D는 로터 지름)	치요다 데임즈 앤 무어 주식회사(2000)
		0~20m 깊이	5,400(1,230)	GPV, 등대 등의 풍황 관측 데이터	
		0~30m 깊이	8,800(2,000)		
	6 이상	0~10m 깊이	1,800(460)		
		0~20m 깊이	4,100(1,000)		
		0~30m 깊이	6,600(1,700)		
	7 이상	0~10m 깊이	1,100(330)		
		0~20m 깊이	2,400(740)		
		0~30m 깊이	4,000(1,200)		
	8 이상	0~10m 깊이	540(190)		
		0~20m 깊이	1,100(390)		
		0~30m 깊이	1,600(370)		
연평균 월속 〔m/s〕	5 이상	0~20m 깊이	11,335	기상 해석 모델 LOCAL(CFD)	· 풍차 건설 가능 지역 : 각 풍속 조건을 만족하는 해상 개발 가능 면적의 10%가 건설 가능하다. · 풍차의 점유 면적 : 0.0615 km^2 · 대상 풍차 : 정격 출력 2,000kW	CRC 솔루션즈(2004)
		20~300m 깊이	144,201		
	6 이상	0~20m 깊이	5,724		
		20~300m 깊이	129,064		
	7 이상	0~20m 깊이	1,764		
		20~300m 깊이	77,724		
	8 이상	0~20m 깊이	181		
		20~300m 깊이	16,420		

② 각종 부체형 해상 풍력 발전 시스템

일본에서도 해상 풍력 발전에 대한 기대가 높아지고 있지만 상기의 여러 조건들을 해결할 수 있는 유망한 부체형 시스템을 몇 가지 생각해 내어 그 적극적인 연구를 진행하고 있다. 이들 부체형 시스템은 설치 해역의 수심이 연안역 수심(약 20~300m) 정도의 경우를 대상으로 한 것이다. 또, 복원성 관점에서 시스템의 허용 경사 각도로는 정격 시(풍속 14m/s 정도) 및 풍차 블레이드 정지 시(풍속 25m/s)에는 3° 이하, 폭풍 시(풍속 50m/s, 돌풍 80m/s)에는 7~10° 정도로 하는 것을 기준으로 하고 있다.

그림 11.2(b)는 적절한 해역을 선정하면 우수한 동요 성능을 기대할 수 있는 타입이며, 매우 심플한 구성 형식으로 되어 있기 때문에 건설 비용의 저감을 기대할 수 있다. **그림 11.3(a)**는 삼각형 형부체에 풍력 발전기 3기를 설치한 강도적으로 안정된 디자인이고, **그림 11.4(a)**는 박스 거더 구조 부체에 5기의 종축형 풍력 발전기를 탑재한 것으로 발전량 증가와 도크 내 일체 구조로 인한 건설 비용 저감을 도모한 것이다.

그림 11.2 >>>

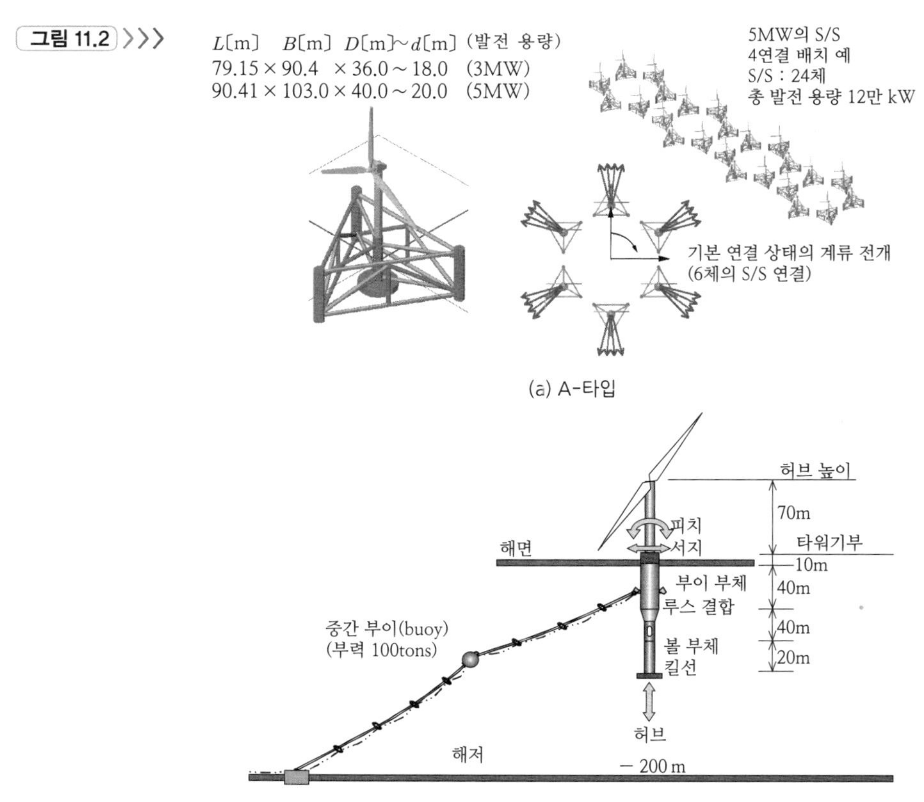

복수의 풍력 발전기를 탑재하는 것으로 높은 경제성을 추구할 수 있지만, 그와 같은 거대 구조물을 어떻게 건조하고 설치할 것인지, 풍차 상호 간의 공력 간섭을 어떻게 피할 것인지가 과제이다.

그림 11.3 >>>

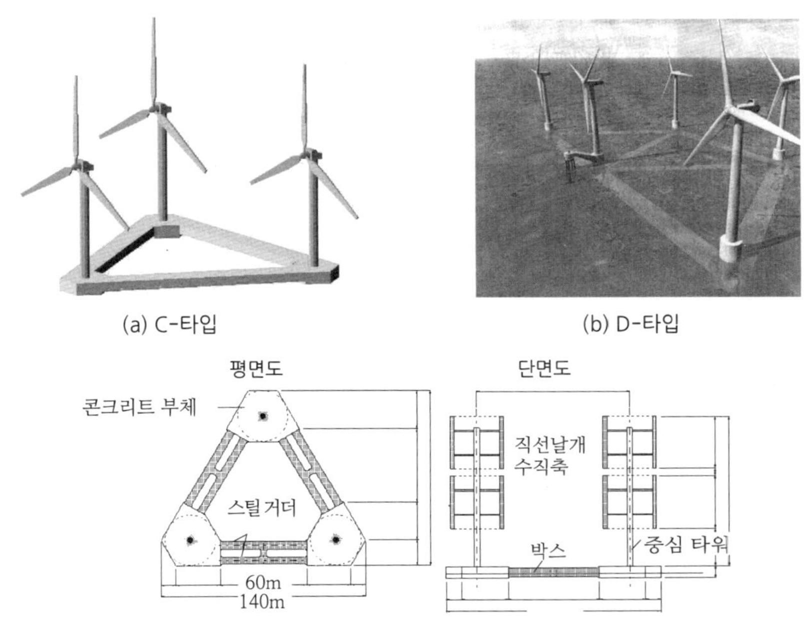

(a) C-타입　　　　(b) D-타입

(c) E-타입

그림 11.4 >>>

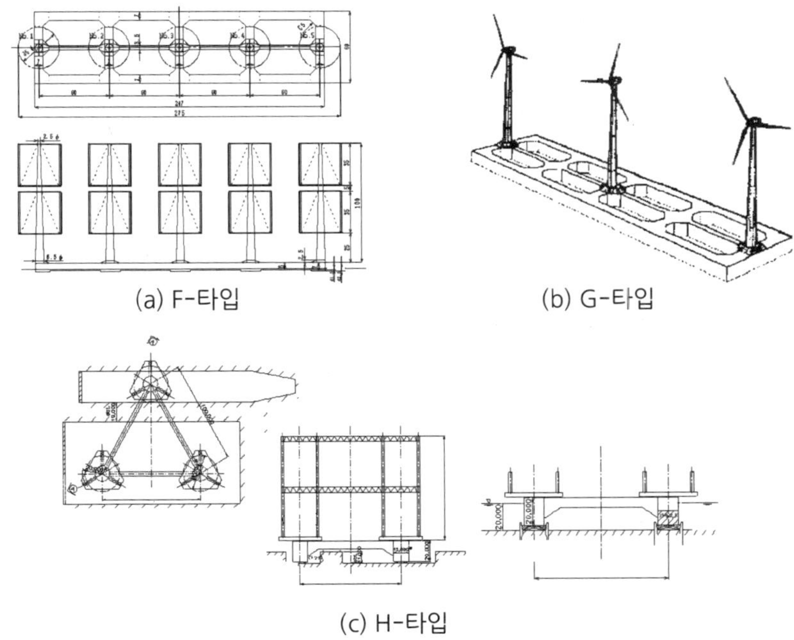

(a) F-타입　　　　(b) G-타입

(c) H-타입

일본에서의 해상 풍력 발전의 잠재 가능량이 매우 큰 것은 분명하지만, 우선 해상에서 풍황 조사를 실시하고, 보다 정밀도 높은 실현 가능량을 측정할 필요가 있다. 또, 일본은 물이 얕은 연안이 부족하고 수심이 급격히 깊어지기 때문에 기초 시공비가 비싸지는 것과 앞바다가 될 정도로 전원선이 길어져 비용이 비싸지기 때문에 해상에서 해수의 전기 분해로 수소를 제조하여, 이를 액화하거나 금속으로 흡장(吸藏)시키거나 하여 육상으로 옮겨 연료전지의 연료로서 사용하는 경우의 경제성을 검토하는 것, 기존의 전원선의 위치나 용량에 따라 설치 장소가 한정된 것, 어업권 문제나 각종 법 규제 등 검토해야 할 과제가 매우 많은 것이 현실이다. 그러나 유럽의 여러 나라와 같이 국가 프로젝트로서 장기적인 전망에 서서 기술 개발을 추진해 가는 것은 국제 공헌 국가로서 불가결한 과제라 할 수 있다.

02 도상국용 **적정 기술**로서의 **풍력 에너지** 이용

저자는 지금까지 인도네시아, 중국, 네팔, 필리핀, 베트남, 몽골 등 아시아의 여러 나라에 풍차로 인한 양수나 발전 또는 워터 해머, 펌프로 인한 양수 등의 기술 원조를 해왔다. 또, 저자의 연구실 OB의 이데이 츠토무 씨는 이들 기술을 잠비아, 이집트, 페루, 몽골 등의 기술 원조에 적용하고 있다. 이와 같은 경험으로 그 지역 사회의 주어진 환경, 조건에 적합하게 그 지역 사회의 요구에 가장 유효하게 응해 주는 기술 콘셉트로 '적정 기술(Appropriate Technology)'이 있는데 여기에서는 이 콘셉트를 토대로 풍력 에너지 이용에 적용한 예를 소개한다.[9]

2.1 적정 기술이란?

　저자의 지금까지의 경험으로 개발도상국으로의 기술 원조에 있어서 그 지역 사회에 주어진 환경, 조건에 적합하게 그곳에서의 수요에 가장 유효하게 응해 주는 기술을 적정 기술이라 할 수 있다. 즉, 도상국의 구체적인 상황에 적합하게 활용되는 기술을 생각하여, 이를 이전하고 정착시키지 않으면 안 된다. 그러나 기술 협력을 필요로 하고 있는 여러 나라도 실정은 천차만별이어서 어느 나라의 어느 지역에서 성공한 기술이 다른 나라에서도 반드시 성공한다고는 할 수 없다.

　예를 들면, 풍차 펌프를 사용한 양수를 계획하는 경우, 어떤 풍차와 펌프를 조합시킬 것인지는 그 토지의 풍황이나 강수량, 하천이나 지하수층 등 수원(水原)의 상황, 그 지역의 기술 수준이나 입수 가능한 풍차나 펌프의 재료 또는 사람들의 습관이나 가치관에 따라 크게 달라진다. 이와 같이 '적정 기술'이라는 기술은 보편적인 것으로 존재하는 것이 아니며 개발도상국의 어디에 적용해도 통용하는 적정 기술이 있는 것은 아니다. 즉, 적정 기술이란 전통 기술인지 근대 기술인지, 소규모 기술인지 대규모 기술인지 등과는 관계가 없다. 그 기술이 대상으로 하는 지역의 주민들이 필요로 하는 개성적인 상황에 적합한지 아닌지가 본질인 것이다.

　그리고 선진국에서 이전된 기술이 원조를 필요로 하는 지역에서 활용되어, 적정 기술이라는 이름에 걸맞게 되려면 현지의 요구 확인, 그것에 적합한 기술 적용, 그리고 하드웨어의 사용법, 보수나 수리, 그리고 인재 육성까지도 포함한 소프트웨어가 필요하다. 이미 확립되어 있는 획일적인 근대 기술은 하드웨어와 매뉴얼만으로 전달할 수 있지만 적정 기술은 그 다양성과 현지에 적응하는 것과 수용의 문제가 천차만별이기 때문에, 체계화하여 학문으로서 확립하는 것은 불가능에 가깝다. 그래서 먼저 구체적인 시행착오 사례를 집적할 필요가 있다.

2.2 적정 기술을 토대로 실천한 예

　최근 NGO로 인한 개발도상국으로의 기술 협력이 활발해지고 있지만, 외무성이나 경제 산업성 등의 정부 기관, 공적인 단체에서도 JICA(국제

협력기구)나 AICAF(국제농림업협력협회) 등 이전부터 기술 협력을 실시하고 있는 곳도 많다. 저자와 관련된 것으로는 JICA의 TIATC(쯔쿠바 국제농업연수센터)에서의 농업 기계 설계 코스와 농업 기계화 코스의 개발도상국으로부터의 연수생에 대한 '풍력 이용 입문' 및 '풍차 설계 입문'의 집중 강의가 있다. 이때의 인도네시아에서의 연수생 중 한 명은 귀국 후에 저자와 공동으로 인도네시아 자와 섬 중부에서 풍력 양수의 2년간의 프로젝트를 실시해 성과를 올리기도 했다.

다음은 필자와 관련된 구체적인 개발도상국으로의 기술 협력 프로젝트의 일부이다. 필자는 지금까지 故나카다 마사이치 박사가 설립한 '바람의 학교'의 양수 풍차에 대한 기술 협력을 하거나 ICAJapan으로 기술 협력, CEF(Clean Energy Forum)을 통해 네팔로 WISH(풍력, 태양광 하이브리드) 시스템과 워터 해머, 펌프의 도입, 소노 아야코 대표의 JOMAS(해외 일본인 선교활동원조후원회) 등에 협력하고 있다. 또, 저자의 소형 풍차의 설계서가 중국어나 토르코 어로 번역되어 출판되기도 했으며, 중국 내 몽고 자치구의 풍력 발전기 공장의 기술 지도로도 교류를 행하고 있다.

게다가 저자 연구실에는 청년해외협력대 OB가 사회인 입학으로 대학원에 들어가 도상국용 적정 기술 연구를 행하거나 중국, 대만, 스리랑카, 몽골 등의 유학생이 바이오매스 이용 스타링, 엔진 개발, 간이형 풍력 발전의 연구, 풍력 양수 펌프, 워터 해머, 펌프 개발 등을 해왔다.

■1 인도네시아에서의 풍력 양수 프로젝트[10]

이 프로젝트는 1988년부터 2년간의 프로젝트로 인도네시아 자와 섬 중앙부에서 저자와 가자마다 대학의 T. Pruwadi 교수의 그룹과 공동으로 진행한 것으로, 풍차는 **그림 11.5**와 같이 지중해의 크레타 섬에서 예로부터 사용되어 온 포제(布製)의 세일윙 풍차를 모델로 하고 있다. 또, 이 양수 시스템에 로프 순환식 펌프를 사용했지만, 그 원리는 천공개물(天工開物) 시대로 거슬러 올라가는 옛것이다. 그러나 이 풍차와 로프 순환식 펌프와의 정합성은 매우 좋고, **그림 11.6**과 같이 풍속 4~5m/s로, 양수량은 대강 50l/min을 얻을 수 있고, 밭의 관개용으로 실용화되고 있다. 또, 이 프로젝트는 히타치 국제장학재단의 자금 원조에 의해 행해진 것이다.

그림 11.5 >>>
인도네시아 자와 섬에서의
세일윙 양수 풍차
(우시야마 촬영)

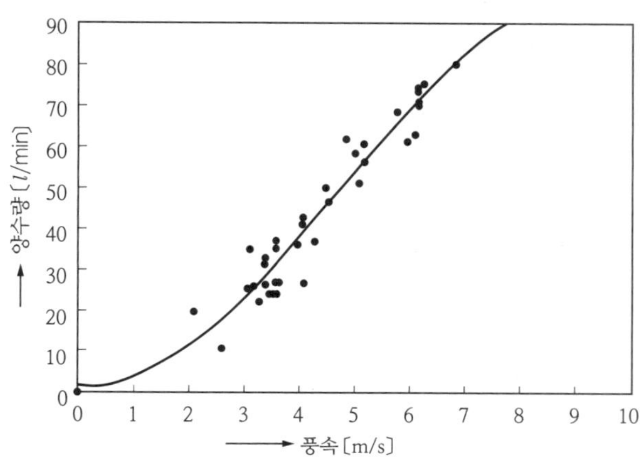

그림 11.6 >>>
세일윙 풍차 구동
양수 펌프의 성능

게다가 이 세일윙 양수 풍차는 1996년에 일본의 NGO 단체 ICAJapan과 ICAPeru의 협력 하에 페루는 리마의 남쪽으로 대략 200km 떨어진 카니테 현에 설치되고 실용하는 데 이바지하고 있다. 이 양수 풍차를 설치하는 데에는 청년해외협력대 OB에서 본 대학원을 수료한 이데이 츠토무 씨가 지도했다. 또, 이 펌프는 통상의 왕복동 피스톤 펌프가 이용되고 있다.

❷ 페루에서의 풍력 양수 프로젝트 [11]

저자의 연구실에서는 위에서 서술한 인도네시아에서 사용한 수평축 세일윙 풍차 이외에 수직축 세일윙 방식 양수 풍차의 개발도 실시했다. 이는 오래 전, 중국의 톈진 부근에서 염전의 양수용으로 이용되어 온 수직축 풍차에서 힌트를 얻어, 풍압으로 세일이 풍하에서 휘는 항력을 발생하는 것을 이용한 새로운 착상의 풍차이다. 이에 대해서는 모형에 따른 풍동 실험으로 세일의 형상과 매수(1~5매)를 변화시켜 최적 매수가 4매인 것을 알아냈고 이것을 토대로 **그림 11.7**과 같은 시작기(試作機)를 제작하여, 다이어그램 펌프와 조합시켜 장치의 풍동 실험을 했다. 그 양수 성능은 **그림 11.8**과 같지만 동일 사이즈의 수직축 사보니우스 풍차로 구동하는 경우와 비교하여, 동일 풍속에 대해서 보다 큰 양수량을 얻을 수 있다는 것을 알 수 있다. 또, 경량에 저가인 것도 특징이다.

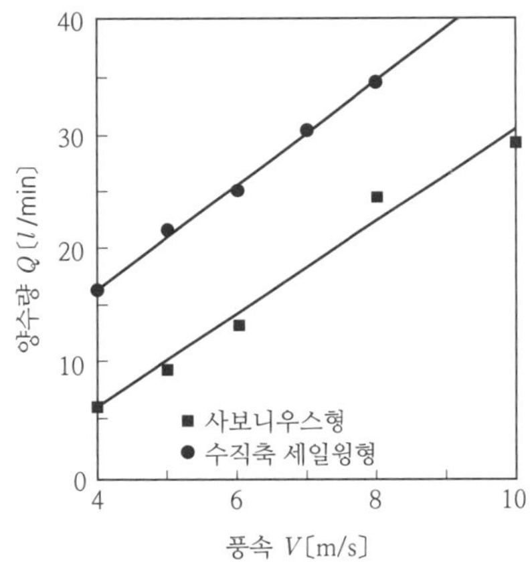

이 양수 풍차도 앞서 서술한 이데이 츠토무 씨가 페루 등에 설치하여 환영받고 있다. 또, 현지에서는 부품의 일부에 중고 자동차 부품을 이용하는 등의 적정한 기술을 연구하고 있다.

3 바람의 학교의 양수 풍차

바람의 학교는 JICA의 농업 지도 전문가로서 80세를 넘길 때까지 개발도상국의 농업 지도와 우물을 파는 데에 온 힘을 다한 故나카다 마사이치 박사에 의해 설립된 단체로, 해외 청년 협력대 등에서 개발도상국의 농업 개발에 종사하고 싶어하는 청년들을 교육시키고 있다. 이곳에서 이용하

고 있는 우물 파는 기술은 치바 현의 전통적인 카즈사보리(上總掘り: 우물의 대표적인 공법)에서 힌트를 얻어, 이를 개발도상국에 맞게 단순화시킨 것이다. 이 그룹은 필리핀이나 멕시코 등을 중심으로 각국에서 우물 파기를 실천하고 있고, 양수 시스템에는 저자의 지도로 세일윙 풍차와 피스톤 펌프의 조합을 이용하고 있다.

④ 교류 발전기를 이용한 풍력 발전기[12]

개발도상국에서 풍력 발전기를 제작하려고 하는 경우, 최대의 과제는 발전기를 입수하는 것이다. 적정 기술적인 관점으로 저가로 어디에서든지 입수할 수 있는 발전기는 자동차용 교류 발전기이다. 저자의 연구실에서는 이를 풍력 발전용으로 돌려 사용하는 것을 시험해봤지만 두 가지 문제를 해결할 필요가 있었다. 한 가지는 교류 발전기 상용 회전역이 풍차 로터의 회전역보다 꽤 높기 때문에 증속이 필요해지는 것, 다른 한 가지는 교류 발전기의 여자(勵磁)를 풍속(혹은 회전수)에 맞게 할 필요가 있다는 것이다. 전자에 대해서는 벨트와 도르래, 톱니가 있는 타이밍 벨트, 혹은 증속 기어 등을 이용하여 비교적 간단하게 행할 수 있지만 후자에 관해서는 독자적인 연구가 필요해진다.

교류 발전기에 손을 많이 대지 않고 여자(勵磁) 스위치를 개폐하기 위해서는 ① 회전수를 검출해서 스위치를 개폐함, ② 전기적으로 회전을 검출해서 스위치를 개폐함, ③ 풍압 스위치를 사용하는 등의 방법을 생각할 수 있다. 저자의 연구실에서는 졸업 연구의 일환으로 교류 발전기가 설정 회전수에 달하면 여자를 개폐하는 것 같은 여자 전류의 제어 회로를 개발했지만 이것은 조금 복잡하고, 첨단 기술이기도 하다. 이에 대해 원심력 이용에 따른 것은 무부하 상태에서 풍차가 회전을 개시하고 차례로 회전수가 상승하면 원심력으로 판자 용수철 끝의 브러시가 스프링과 접촉해서 여자가 개시되는 것이다. 이것은 J. 와트의 원심력을 이용한 거버너와 같은 발상이며, 신뢰성도 높다. 또, 홀소자와 파워 트랜지스터를 조합한 풍압 스위치를 이용하는 방법, 여자용 센서를 이용하는 방법 등도 생각할 수 있다.

 본 절에서는 저자가 경험한 개발도상국에서 실제로 도움이 된 적정 기술의 풍력 양수 및 풍력 발전에 적용한 예를 소개했다. 이들의 대부분이 기술사적인 관점에서의 평가를 거친 것이라는 점은 흥미롭다. 일본에서도 향후의 국제 공헌, 기술 협력을 실효성 있게 하기 위해 개발도상국용 적정 기술을 본격적으로 연구하고 실천해야 한다. 또, 여기에서 소개한 풍력 이용 시스템은 모두 고등학교, 대학교 레벨의 환경 교육용 교재로도 적당하다고 생각된다.

 그 일례로 일본에서 오래 전 장난감으로 사용되어 온 바람개비를 동력용으로 재평가한 것이 바람개비형 풍차이다. 이것은 저자의 연구실에서 네모토가 풍동 실험을 실시하여, 그 결과 4매 날개의 형상이 고성능을 발휘하여, 날개의 일부를 **그림 11.9**와 같이 자르는 것으로, **그림 11.10**과 같이 저속용부터 고속용까지 광범위한 주속비로 사용할 수 있는 것이 분명해졌다. 이 풍차는 실용기로 시판되고 있지만, 1매의 스테인리스판으로 간단히 제작할 수 있기 때문에 개발도상국에서의 적정 기술로도 이용할 수 있는 것이다.

 게다가 일본의 NGO 그룹이 일반 레벨로 개발도상국 원조를 행하는 경우에 매우 유효한 도구가 될 것이라 생각된다. 또, 아시카가 공업대학 총합 연구센터에서는 풍력뿐만 아니라 무동력의 양수 시스템인 워터 해머, 펌프나 목질 바이오매스, 가스 발전 시스템 개발과 실증 시험도 실시하고 있다.

그림 11.9 >>>
바람개비 풍차의 컷13

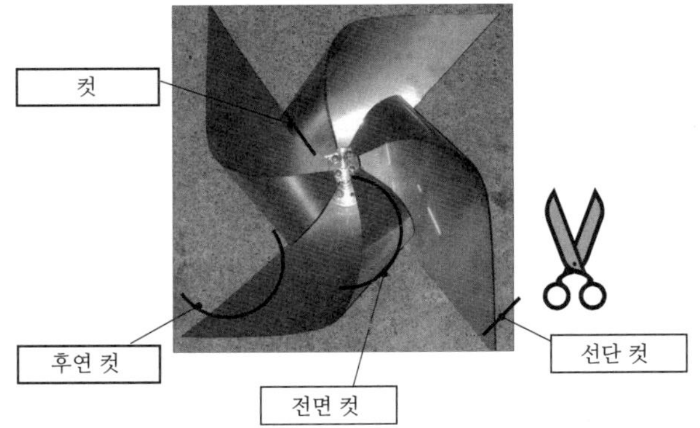

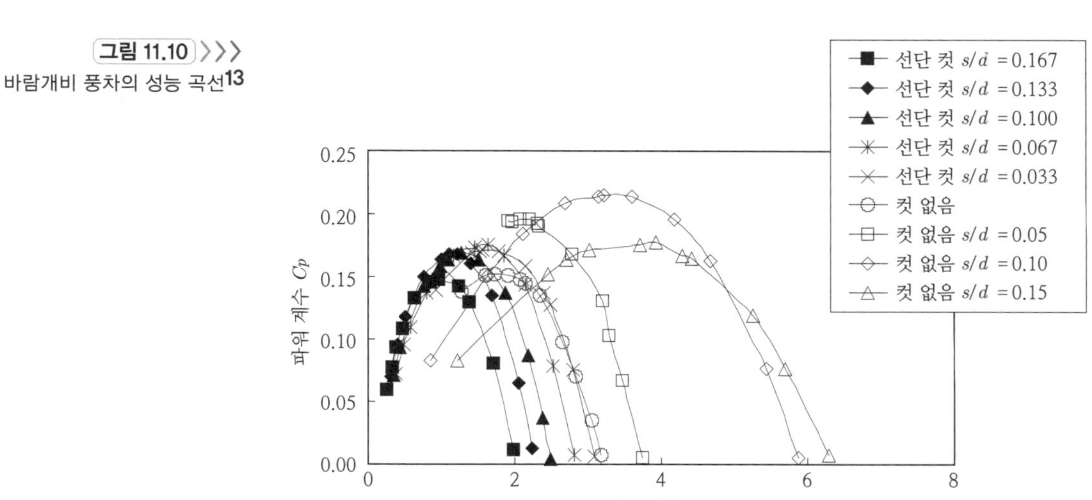

그림 11.10 >>>
바람개비 풍차의 성능 곡선[13]

"윈드 포스 12"를 넘어서

세계의 지속 가능한 발전에 있어서 기후 변동은 큰 과제라 할 수 있다. 이 대응책으로서 지금 우리가 해야 할 것 중 한 가지가 향후 몇 십 년인가에 걸쳐 에너지 시스템을 근본적으로 변혁하고, 화석 연료를 재생 가능 에너지로 대체하는 것과 함께 에너지 효율을 대폭 높이는 것이다. 풍력 발전의 기술은 1970년대의 2회의 석유 파동 후에 본격적으로 개발이 시작되었고 20년 이상에 걸친 기술 혁신을 거쳐, 1기당 출력도 20년 전의 20배 이상이 되고, 로터 지름도 100m를 넘는 것이 출현하였다.

3.1 "윈드 포스 12"의 개요[14]

"윈드 포스 12"란 '2020년까지 세계의 전력 수요의 12% 상당을 풍력 발전에 맡긴다.'는 유럽 풍력에너지협회(EWEC)의 목표이다.

그리고 이것이 실제로 가능한지의 여부를 분명히 하기 위해 기술적, 경제적, 자원적인 측면에서 주로 다음의 정보를 토대로 검토가 이루어진다.

· 세계의 풍력 자원량과 그 지리적인 분포
· 필요한 발전량 추정과 그 전력을 배전망이 받아들일 수 있는지의 여부를 검토
· 풍력 에너지 시장의 현상과 향후의 성장률
· 풍력 에너지 기술 및 그 비용 검토
· 다른 신규 기술과의 학습 곡선 이론에 따른 비교

이는 1999년 발표한 윈드포스 10의 개정판으로 2002년 5월에 발표된 것이다. 이 검토 결과는 예측이 아닌 실용 가능성 조사(피지빌리티 스터디)이며 실현될지 어떨지는 각국 정부가 어떤 의견 결정을 하는지에 달려 있다.

■1 세계의 풍력 자원과 전력 수요

여러 가지 연구에 의해 세계의 풍력 자원은 방대하고, 모든 국가나 지역에 분산되어 있는 것을 알 수 있다. 기술적으로 이용 가능한 풍력 자원은 53,000TWh/년으로 추정되고 있다(TWh란 테라와트시, 킬로와트로는 10억 kWh). 이는 2020년 시점에서 예상할 수 있는 세계의 전력 수요의 2배에 해당된다. 즉, 풍력 발전으로는 자원 부족이 제한 요인이 된다는 것은 우선 생각할 수 없다.

어느 국가에 대해서 상세한 검토를 하면 전반적인 검토로 분명해진 것보다도 많은 풍력 발전 자원이 특정되는 경향이 있다. 예를 들면, 독일에서는 연방 경제성이 행한 상세한 연구로는 OECD 국가들 전체에 대해서 1993년에 실시한 연구로 독일에 존재한다고 추정된 자원량의 5배의 풍력 자원이 존재한다는 결과가 나왔다. 결국 유럽 전체를 통해도 2020년까지 전력 수요의 20% 이상을 풍력 발전으로 맡기게 될 가능성은 높다. 특히, 실용 운전이 시작되고 있는 오프쇼어 풍력 발전 시장을 고려한다면 충분히 달성 가능하다고 할 수 있다.

미래의 전력 수요 예측은 국제에너지기관(IEA) 등이 정기적으로 행하고 있다. IEA의 '세계 에너지 전망 2002'에서는 2020년에 세계의 전력 소비량은 연간 25,578TWh가 된다고 예상하고 있다. 즉, 풍력 발전으로 세

계 소비량의 12%를 조달하기 위해서는 2020년에는 3,000TWh/년 레벨의 발전을 풍력 발전으로 행할 필요가 있다.

풍력 발전에 따른 이와 같은 대량의 전력을 배전망에 통합할 즈음에, 특히 큰 문제는 발생하지 않는다. 덴마크 서부에서는 바람이 강한 시기에 순간적이나마 풍력 발전 50%로 배전망을 운전하는 것을 성공한 사례도 있다. 윈드포스 12 보고서에서는 조심스런 가정으로 20%를 시장 침수율의 상한으로 했지만 이는 쉽게 달성할 수 있는 수치이다.

❷ 세계 전력의 12%를 풍력 발전으로

현재의 트렌드로 판단해 보면 향후 2008년까지의 기간 동안, 풍력 발전의 설비 용량이 매년 25%씩 증가할 것이 예상된다. 이는 이 연구의 대상 기간에 대해서 가장 높은 성공률이고, 이 결과 2008년 말의 설비 용량은 약 133,746MW로 예측된다.

2009년부터 2014년은 성장률이 연률 20%까지 저하할 것이라고 가정하고, 2013년의 설비 용량을 462,253MW로 예측했다. 그 후 성장률은 15%로, 2018년에는 10%로 저하된다. 단, 이 시기에는 절대적인 설비 용량이 매우 증가한 상태에서 설비 확장이 이루어짐을 잊어서는 안 된다.

2020년 말까지는 풍력 발전의 설립 용량은 전 세계에서 120만 MW 가까이에 달할 것이다. 이를 출력 환산하면 연간 3,000TWh가 되지만 이는 세계의 전력 수요의 12%에 상당하는 양이다.

2020년 이후에는 매년 설비 설치 속도가 151,490MW로 일정해진다. 이 결과 2040년에는 전 세계의 풍력 발전 설비 용량이 3,100GW에 달하고, 세계의 전력 소비의 약 22%를 조달하게 될 것이다.

지역마다 12% 시나리오의 검토를 행하고 있다. OECD 국가들, 특히 유럽과 북미가 선행한다고 생각할 수 있지만 중국을 비롯한 다른 지역도 상당량의 풍력 발전을 설치했다고 생각할 수 있다. 이 검토에서는 풍력 발전 산업에 있어서 실적이나 풍력 에너지 분야에 있어서 과거의 실적을 고려하여 검토 범위를 선택했다. **그림 11.11**에서 윈드포스 12의 개발 시나리오의 지역 분포를 나타내고 있다. 주요한 가정은 다음과 같다.

[1] 연성장률

연간 20~25%라는 성장률은 중공업에 있어서 꽤 높은 수치이다. 그러나 풍력 발전 산업을 시작한 시기에는 가장 높은 성장률이 실현된 해도 있다. 과거 5년간의 풍력 발전기 설치 용량의 연성장률은 평균 36%에 달했다.

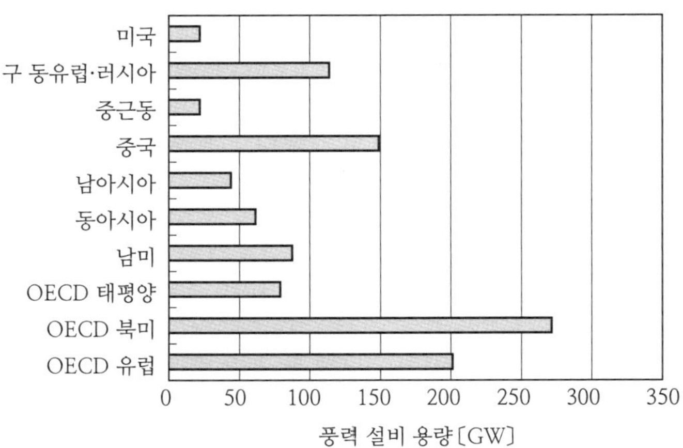

그림 11.11 >>>
윈드포스 12 개발
시나리오(지역 분포)

연성장률은 2013년 이후에는 15%로, 2018년에는 10%로 저하한다. 유럽에서 시작되어 온 오프쇼어 풍력 발전 시장은 중요한 의미를 가진다. 개발도상국에서도 풍력 발전을 보급하기 위해서는 신흥 시장을 지탱하는 정치적 구조를 확립할 필요가 있다.

[2] 진척률

학습 곡선 이론에 의해 설치된 풍차의 수가 배로 증가할 때마다 약 20%의 비용 삭감이 실현된다는 관계를 얻을 수 있다. 본 검토에서는 진척률을 2010년까지 0.85로 설정했다. 그 후 0.90, 2026년에는 1.0으로 저하한다.

[3] 풍력 발전기의 대형화

신설 풍력 발전기의 평균 사이즈는 현재의 1,000kW(1MW)부터 2008년에는 1.3MW, 2013년에는 1.5MW가 된다고 예측된다. 풍력 발전기를 대형화하면 필요한 풍차의 수는 감소하게 된다.

[4] 다른 기술과의 비교

대규모 수력 발전이나 원자력 등의 에너지 기술은 비교적 단기간에 제법 시장 침투를 한 실적을 가지고 있다. 세계시장에 대한 보급률은 현재 원자력이 16%, 대규모 수력이 19%이다. 풍력 발전은 현재 이미, 주요 발전 기술이 될 가능성이 잠재된 산업으로 확립되고 있다. 12%라는 풍력 발전 목표를 달성하는 기간은 원자력 발전이나 대규모 수력 발전의 실적과 동등하다고 할 수 있다.

３ 투자, 비용, 고용

앞서 서술한 풍력 발전 설비의 설치에 필요한 연간 투자액은 2003년의 72억 유로(약 9,576억 엔)에서 점점 증가하여, 2020년에는 752억 유로(약 10조 16억 엔)라는 피크를 맞게 된다. 2020년에 풍력 발전 총량을 약 1,200GW으로 하기 위해 필요한 투자는 총액이 6,740억 유로(약 89조 6,420억 엔)에 달한다. 이것은 막대한 투자이지만 발전 부문은 1990년대에 매년 1,580~1,860억 유로(약 21조 140억~24조 7,380억 엔)를 투자해왔다. 지역마다 필요한 투자도 검토했다.

기기 제조 비용 등이 대폭으로 저하되어, 단위 전력(kWh)당 풍력 발전 비용은 이미 꽤 저하하고 있다. 이 검토에서는 2002년에는 '최신' 풍력 발전기가 최적의 상황에 있을 때의 기준치로서 설비 용량 1kW당 823유로(약 11만 엔), 단위 발전 전력당 3.88유로센트(약 5.2엔)/kWh라는 수치를 채용했다.

앞서 서술한 진척률에 관한 가정을 사용하여 평균적인 풍력 발전기 사이즈와 그 설비 이용률의 개선을 고려한 결과, 2010년에는 설비 용량 1kW당 623유로(약 8만 2,900엔), 단위 발전 전력당 2.93유로(약 3.9엔)/kWh가 된다고 예측하고 있다. 2020년에는 설비 용량 1kW당 497유로(약 6만 6,100엔), 단위 발전 전력당 2.34유로(약 3.1엔)/kWh로, 2002년 레벨에서 40%의 삭감이 실현될 것이다. 이와 같이 향후에는 다른 발전 기술에 대한 풍력 발전의 상대적인 매력이 높아지고 있다.

고용 효과도 12% 풍력 발전 시나리오의 비용이나 편익을 생각했을 때 고려해야 할 중요 사항이다. 이 시나리오에 의하면, 2020년에는 제조와 설치를 비롯해 여러 분야에 있어서 총계 179만 명의 고용이 창출되어질 것으로 보인다. 고용 효과에 대해서도 지역마다 검토를 행하고 있다.

4 환경상의 이점

풍력 발전이 가지는 환경상의 큰 이점으로 지구의 대기권으로 배출되는 이산화탄소량의 삭감을 들 수 있다. 이산화탄소는 파멸적인 영향을 초래하는 지구 규모의 기후 변동으로 이어지는 온실 효과의 주요 원인이 되고 있는 가스이다.

풍력 발전으로의 전환에 의해 삭감되는 이산화탄소의 양은 600톤/GWh로 추정되며, 본 시나리오에 의해 삭감되는 이산화탄소를 연마다 어림잡아보니 2020년에 18억 1,300만 톤, 2040년에 48억 6,000만 톤이라는 결과를 얻었다. 누적 삭감량은 2020년까지 109억 2,100만 톤, 2040년까지 859억 1,100만 톤에 달한다.

환경 파괴 등의 외부 비용을 화폐 가치로 환산하여 연료 비용에 산입하면, 다른 발전 연료의 비용이 대폭으로 상승하기 때문에 풍력 발전이 상대적으로 유리해진다.

3.2 풍력 에너지의 장래[15]

풍력 발전은 이미 저가 에너지원이 되어 향후에도 그 발전 비용은 낮아질 것이라 생각된다. 풍력의 경우에는 석유와 달리 석유수출국기구(OPEC)와 같이 시장 가격을 지배하고 있는 것이 없다. 또, 가격 변동이 큰 천연가스 등과는 달리 풍력의 가격은 하락하고 있다.

풍력의 또 한 가지의 매력은 넓게 분포되어 있다는 것이다. 세계의 석유는 중동 지역의 몇몇 나라가 지배하고 있는데, 풍력의 경우에는 거의 모든 국가가 각자 이용할 수 있다. 풍력 발전이 발전 수요 전체에 차지하는 비율은 2004년 현재, 덴마크가 18%로 세계의 선두를 달리고 있다. 풍력 발전의 누적 설치 용량에서는 2,000만 kW인 독일이 두드러진다. 2010년에 1,250만 kW를 달성하는 것이 독일의 목표였지만 2003년에 이미 그 목표에 도달했다. 2020년까지 탄소 배출량의 40%를 삭감하려는 독일에게 풍력의 급속한 성장은 그 목표 달성을 위한 주역이 되고 있다.

덴마크 등 인구 밀도가 높은 나라에서는 육상에는 풍력 발전용 부지가 적기 때문에 해상 풍력 발전을 해야 한다. 이제야말로 풍력은 장래성이 있는 급성장 산업이다. 게다가 풍력으로 얻을 수 있는 저가의 전력은 물을 전기 분해해서 수소를 제조하는 데도 경제적이다. 수소는 효율이 높은 연료 전지의 연료로 가장 적합하다. 그리고 미래에 자동차를 움직이게 하거나 건물에 전력이나 냉난방을 공급하기 위해서도 연료 전지는 널리 사용되게 될 것이다. 또, 풍력 에너지를 수소로 바꾸면 저장할 수도 있다. 파이프라인을 사용하거나 액상으로 해서 배에 싣거나 하여 효율적으로 수송할 수 있다. 풍력 산업과 관련된 기술적 지식과 제조 경험만 있다면 이 산업의 규모를 확대하는 것은 비교적 용이하다.

향후, 기후 온난화의 원인인 이산화탄소 배출량을 감소시켜야 한다는 여론이 많아질 것으로 예상되지만, 그와 같은 경우에도 풍력과 수소라면 바로 화석, 석유를 대체할 수 있다.

또, 자동차용 엔진을 가솔린에서 수소로 전환하는 경우에도 그리 고가가 아닌 전환 장치를 이용해 엔진을 개조하면 연료를 가솔린에서 수소로 변경할 수 있다.

세계의 화석 연료는 석탄 소비량이 1996년에 한계점에 도달하여, 그 이후 2004년까지 2% 정도 저하되고 있으며 석탄 산업은 소멸을 향하고 있다. 석유에 투자하는 것도 장래성이 있다고는 할 수 없다. 왜냐하면 세계의 석유 생산량이 현재의 수준을 크게 뛰어넘을 가능성은 없어 보이기 때문이다. 단, 화석 연료 중에서 가장 깨끗하고, 기후 변동에의 영향이 가장 적은 천연가스의 생산은 향후에도 계속해서 확대될 가능성이 높지만, 쉘 석유에 의하면 이것도 2030년경에 피크를 맞고 그 후에는 쇠퇴기에 들어갈 것이라 한다. 그러나 다행히도 이때에는 수소 생산에도 적응할 수 있는 산업 기반이 발전하게 될 것이다.

20세기의 세계는 석유에 의존하는 모습이었고, 그 결과로 에너지 경제는 서서히 지구 규모로 밀접하게 관련되게 되었다. 그러나 이제는 석유로 대대로 물려온 쉘 석유가 쉘 솔라와 쉘 윈드와 같은 재생 가능 에너지로 이전되고 있고, 세계는 풍력과 풍력 발전으로 생산되는 수소와 태양전지로 시선을 돌리고 있다. 이에 따라 에너지 경제의 조류가 역전하여 대규모 집중에서 더욱 소규모, 국지적인 것으로 될 것이라 생각할 수 있다.

풍력과 수소는 단순히 지구 경제의 에너지 부문만이 아닌 지구 경제 그 자체의 형태를 바꾸려 하고 있는 것이다.

【1장】

1) 牛山　泉：エネルギー工学と社会，pp. 12-24，放送大学出版　（1998）
2) 森　俊介：地球環境と資源問題，pp. 61-64，岩波書店　（1992）
3) 茅　陽一：エネルギーアナリシス，電力新報社　（1981）
4) 押田勇雄：エネルギー工学概論，オーム社　（1983）

【2장】

1) Suzanne Beedell ： Windmills, David & Charles （1975）
2) John Vince ： Power before Steam, John Murray （1985）
3) 佐貫亦男：風車物語，メカニックマガジン，KK ワールドフォトプレス （1983.3）
4) Wind and Watermill Section newsletter, No.31, S.P.A.B. in London （April 1987）
5) Karl Handschuh ： Windkraft gestern und heute, Oekobuch （1991）
6) Using Wind for Clean Energy, The British Wind Energy Association （1990）
7) D.E. Spera（ed）：Wind Turbine Technology, p.36, ASME Press （1994）
8) E.Rogier：Les pionniers de electricite eolienne, Systemes Solaires, janvier-fevier,　No.129 （1999）
9) Mindre danske vindmoeller 1860-1980, Danmarks Windkrafthistoriske Samling （2001）
10) J.Thrndahl：Danske Elproducerende Vindmoeller,1892-1962,Fra Poul la Cours idealmoelle til Johaneese Juuls Gedsermoelle, Elmuseet （1996）
11) F.L.Smidth Co.：Instruction for FLS-Aeromotor,Internal Memo 7050, April （1942）
12) N.I.Meyer：Some Danish Experiences with Wind Energy Systems, Proc.of Advanced Wind Energy Systems Workshop, Stockholm, Aug.29 （1974）
13) J.Juul：Wind Machines, Proc.of Wind and Solar Energy, New Delhi Symposium, Paris UNESCO （1956）
14) 内村鑑三：デンマルク国の話，岩波書店 （1946）
15) 中島峰広：わが国における風車灌漑の地理学的研究，地理学評論，57 巻（Ser.A）5 号 （1984）
16) I.Ushiyama, et al.：Reconstruction of Water-Pumping Windmill at Konda Area in Tsukuba, Transaction of The International Molinological Society （2002）
17) 本岡玉樹：満州国における風力利用の研究（第 1 報），大陸科学院研究報告，pp. 85-107，1936 年 8 月

18) 本岡玉樹：満州における風力の利用，大陸科学院研究報告，第 2 巻第 8 号，pp. 315-345，1938 年 11 月
19) 小川久門：風車工学，山海堂（1944）
20) 岡本竹雄：ホロンバイルの残照，創栄出版社（1997）
21) 本岡玉樹：風車と風力発電，オーム社（1949）
22) 牛山　泉：さわやかエネルギー風車入門，三省堂（1991）
23) I.Ushiyama ：Historical Development of Wind Power in Japan, Wind Engineering, Vol.15, No.2, pp.75-93（1991）

【3장】

1) NEDO 新エネルギー・産業技術総合開発機構：風力発電導入ガイドブック（2001）
2) 竹内清秀：風の気象学，pp. 144-154，東京大学出版会（2001）
3) 福田　寿：風力発電機位置決定方法および発電量予測手法に基づく風況評価，資源・素材学会秋季大会講演集，資源開発編，pp.197-200（2003）

【4장】

1) 竹内清秀：風の気象学，pp.16-121，東京大学出版会（2001）
2) NEDO 新エネルギー・産業技術総合開発機構：風力発電導入ガイドブック（2001）
3) NEDO 新エネルギー・産業技術総合開発機構：風力発電導入ガイドブック（2005）

【5장】

1) 本間琢也：風力エネルギー読本，オーム社（1979）
2) 牛山　泉，長井　浩：サボニウス風車の最適設計形状に関する研究，日本機械学会論文集（B編），52 巻 480 号，pp. 2973-2982（1986）
3) 牛山　泉，一色尚次，柴　国鐘：クロスフロー形風車の設計形状とその性能評価，太陽エネルギー，Vol.20, No.4, pp.36-41
4) C. Brothers：HAWTs and VAWTs-Myths and Facts, Atlantic Wind Test Site Inc., Prince Edward Island, Canada, May（1997）

5) I. Paraschivoiu：Wind Turbine Design with Emphasis on Darrieus Concept, Polytechnic International Press, pp. 377-381（2002）

6) R.Gasch and J.Twele ：Wind Power plants, James & James, pp. 29-39（2002）

7) 牛山　泉，柴　国鐘：水平軸風車の推力に関する基礎実験，日本機械学会論文集（B編），56巻523号，pp. 773-779（1990）

8) 牛山　泉，三野正洋：小型風車ハンドブック，pp. 83-86，パワー社（1980）

9) 東　昭：風力利用の力学（第7回），風力エネルギー，pp. 3-4（1998）

10) 佐藤義久：都市型風力発電システムの実用化研究，大同工業大学紀要，第40巻，pp. 87-97（2004. 12）

【6장】

1) A. Betz：Wind-Energie und ihre Ausnutzung durch Windmuehlen, Vandenhoeck & Ruprech, Goettingen（1926）

2) G. Schmitz：Theorie und Entwurf von Windraedern optimaler Leistung, Wiss.Zeitschrift der Universitaet Rostock, 5. Jahrgang（1955/1956）

3) A.Betz：Einfuehrung in die Theorie der Stroemungsmaschinen, Verlag G. Brauen, Karlsruhe（1959）

4) R.Gasch and J.Twele：Wind Power Plants, James & James（2002）

5) H.Tokuyama, I. Ushiyama,and K. Seki：The Experimental Determination of Optimum Design Configuration for Micro Wind Turbines at Low Wind Speeds, Wind Engineering, Vol.26, pp. 39-49（2002）

6) Y.Nemoto and I.Ushiyama：Re-evaluation of Yamada Wind urbines, Proc. of TIMS, pp. 124-127（2004）

7) E. Hau：Windkraftanlagen, Springer-Verlag（1996）

8) NEDO 新エネルギー・産業技術総合開発機構：風力発電導入ガイドブック（2005）

9) 永尾　徹：実現が待たれる日本型風力発電，ターボ機械，第32巻11号，pp. 55-60（2004. 11）

10) 牛山　泉：技術的側面から見た風力発電の現状と課題，日本エネルギー学会誌，Vol.83, No.1,pp. 53-56（2004）

11) NEDO 新エネルギー・産業技術総合開発機構：平成16年度　風力発電の利用率向上に関する研究調査委員会報告（2004）

12) 永尾，加藤，吉田：わが国における風力発電の信頼性・安全性設計への考察，第30回日科技連信頼性・保全性シンポジウム，pp. 275-280（2000. 12）

13) 石原，山口，藤野：2003年台風14号による風力発電設備の被害とシミュレーションによる強風の推定，土木学会誌（2003. 11）

14) 小垣，松宮，小川：Jクラス風モデル開発構想，第 25 回記念風力エネルギー利用 シンポジウム，pp. 221-224（2003. 11）

15) NEDO：平成 15 年度　風力発電の技術的課題に対するアクションプランの検討 課題報告書，p.70（2004. 3）

16) 久保典男：風力発電システムの落雷対策，日本風力発電協会，p.10（2004）

【7장】

1) R.Gasch and J.Twele：Wind Power Plants, James & James, pp. 319-331 （2002）

【8장】

1) 牛山，三野：小型風車ハンドブック，パワー社（1981）

2) 牛山　泉：風車工学入門，森北出版（2002）

3) 街づくりにおける風力発電の利用に関する研究委員会編：街づくりにおける風力 発電の利用に関する研究報告書，電気設備学会（2001）

4) 市販小型風力発電機の紹介，風力エネルギー，Vol.27，No.1（2003）

5) 伊藤瞭介：小型風車の国際展望，ターボ機械，第 32 巻第 12 号，pp.36-41（2004. 12）

6) 嶋田隆一（監），佐藤義久：電力システム工学，丸善（2001）

7) NEDO 新エネルギー・産業技術総合開発機構：風力発電導入ガイドブック， pp.44-45（2005）

8) 資源エネルギー庁新エネルギー対策課：風力発電系統連系対策委員会資料（2004）

9) R.Gasch and J.Twele：Wind Power Plants, James & James, pp. 233-253 （2002）

10) M.M.Sherman ：The Design and Construction of Low-Cost Wind-Powered Water Pumping System, Proc. Of Expert Working Group on the Use of Solar and Wind Energy, Energy resources development series, No.16, United Nations, p. 77（1976）

【9장】

1) 牛山　泉（監修），日本自然エネルギー（編著）：風力発電マニュアル 2003，エネルギーフォーラム（2003）
2) 藤沢良樹：風力発電事業の立ち上げと運営，新エネルギー開発シンポジウム 2004 講演論文集，〔山口大学工学部〕（2004.12）
3) 飯田哲也：日本におけるグリーン電力の取り組みと世界の趨勢，港湾，pp.36-38（2004.11）

【10장】

1) NEDO 新エネルギー・産業技術総合開発機構：風力発電のための環境影響評価マニュアル（2003）
2) 魚崎耕平：風力発電に伴う環境影響とアセスメント，風力エネルギー，Vol.28,No.3,pp. 4-9（2004）
3) 環境省自然環境局：国立・国定公園における風力発電施設設置のあり方に関する基本的考え方（2004）
4) 財団法人 日本野鳥の会：風力発電の鳥類に与える影響に関する評価，9-15，財団法人 日本野鳥の会，東京（2004）
5) http://www.awea.org/pubs/documents/Outlook2004.pdf
6) http://www.audubon.org/chapter/ny/ny/wind_power.html
7) http://www.rspb.org.uk/policy/windfarms/index.asp
8) http://www.bewa.com/pdf/wfd.pdf
9) http://www.wbsj.org/info/index.html
10) http://www.city.wakkanai.hokkaido.jp/

【11장】

1) 長井　浩，牛山　泉：日本におけるオフショア風力発電の可能性，風力エネルギー，Vol.22 No.1（1998）
2) 長井　浩，牛山　泉：日本沿岸のオフショア風力発電の可能性，日本太陽エネルギー学会・日本風力エネルギー協会合同研究発表会（2000.11）
3) 藤井朋樹：An Estimation of the Potential of Offshore Wind Power in Japan by Satellite Data，日本太陽エネルギー学会・日本風力エネルギー協会合同研究発表会（1999.11）
4) R. Leutz, T.Ackermann, A.Suzuki, and T. Kashiwagi ：Offshore Wind Energy Potentials of Japan and South Korea, Proc. of ISOPE（2002）

5) （社）海洋産業研究会：平成 10 年度沿岸域における新エネルギー開発プロジェクト
の実現化研究報告書，（1999. 3）

6) （財）沿岸開発技術研究センター：洋上風力発電基礎工法の技術（設計・施工）マニ
ュアル（2000. 11）

7) （社）日本電機工業会：平成 12 年度離島用風力発電システム等技術開発（離島地域
等における洋上風力発電システムの技術課題および今後の方向性に関する調査）
（2001. 3）

8) 村上，牛山：洋上風力発電，日本造船学会，第 877 号（2004. 1）

9) I.Ushiyama, Y.Nakajo, Y.Nemoto and T.Dei：Technical Assistance to
Developing Countries through Appropriate Technology

10) I.Ushiyama and T. Pruwadi：Development of a Simplified Wind-powered
Water Pumping System in Indonesia, Wind Engineering, Vol.16, No.1,pp. 1-9
（1992）

11) 牛山　泉：技術史の再評価に基づく開発途上国援助技術，技術史教育学会誌，2
巻，1 号（2001）

12) I.Ushiyama and N.Ishiguro：On the Excitation Methods of An Automotive
Alternator Derivative Type Small-Scale Wind Drive Generator, Renewable
Energy, Vol.5, part I, Elsevier Science Ltd., pp. 650-652（1994）

13) Y.Nemoto and I.Ushiyama：Experimental Study of a Pinwheel-Type Wind
Turbine, Wind Engineering, Vol.27, No.4, pp.227-236

14) Wind Force 12 － A Blue Print to Achieve 12% of The World's Electricity from
The Wind Power by 2020 －, European Wind Energy Association（2003）

16) レスター・ブラウン，地球を読む；次世代のエネルギー，読売新聞，2003 年 8 月
10 日付

풍력에너지 기초

원제 | 風力エネルギーの基礎

2013. 6. 3 초판 1쇄 인쇄
2013. 6. 14 초판 1쇄 발행

지은이 | Ushiyama Izumi (牛山 泉)
역자 | 김필호
펴낸이 | 이종춘
펴낸곳 | BM 성안당
주소 | 121-838 서울시 마포구 양화로 127 첨단빌딩 5층
413-120 경기도 파주시 문발로 112(출판도시)
전화 | 02) 3142-0036
031) 955-0511
팩스 | 031) 955-0510
등록 | 1973.2.1 제13-12호
출판사 홈페이지 | **www.cyber.co.kr**
ISBN | 978-89-315-2363-8 (13560)
정가 | **23,000원**

이 책을 만든 사람들

기획 | 최옥현
교정 | 이용화
편집 | 북누리
영업 | 변재업, 차정욱, 채재석
표지 | 정희선
제작 | 구본철